青海省湖泊监测与评估

李晓东　主编

气象出版社
China Meteorological Press

内容简介

本书利用长时间序列卫星遥感数据，从1987年开始，对青海省范围内湖泊面积小于4 km^2 的17个、大于4 km^2 的101个以及1993年开始蓄水的温泉水库，共计119个湖泊，进行了全面分析和研究，比较直观地展现了青海省湖泊面积的时空演变特征。主要内容包括湖泊名称、位置、地理坐标、水面面积变化趋势等信息，并随文字插入30多年多时相卫星遥感影像和水面形态矢量图，客观反映近年青海省湖泊水域变化状况。

青海省位于青藏高原东北部，是长江、黄河、澜沧江等江河发源地，素有“中华水塔”之称，研究青海省湖泊现状对于科学认识青海省生态价值、加快推进水生态文明建设，具有重要借鉴意义和参考价值。

《青海省湖泊监测与评估》为社会各界了解、认识和研究青海省主要湖泊资源状况，提供了新的基于卫星遥感的权威资料。可供从事湖泊、地理、生态、水利、环保、气象等专业的业务科研人员和大专院校相关专业的师生参考。

图书在版编目（CIP）数据

青海省湖泊监测与评估 / 李晓东主编. -- 北京 : 气象出版社, 2024. 11. -- ISBN 978-7-5029-8289-8

Ⅰ. P942.440.78

中国国家版本馆CIP数据核字第202411RV73号

青海省湖泊监测与评估

Qinghaisheng Hupo Jiance yu Pinggu

出版发行：气象出版社

地　　址：北京市海淀区中关村南大街46号　　**邮政编码：**100081

电　　话：010-68407112（总编室）　010-68408042（发行部）

网　　址：http://www.qxcbs.com　　**E-mail：**qxcbs@cma.gov.cn

责任编辑：王元庆　　**终　　审：**张　斌

责任校对：张硕杰　　**责任技编：**赵相宁

封面设计：艺点设计

印　　刷：北京地大彩印有限公司

开　　本：787 mm×1092 mm　1/16　　**印　　张：**17.25

字　　数：438千字

版　　次：2024年11月第1版　　**印　　次：**2024年11月第1次印刷

定　　价：108.00元

《青海省湖泊监测与评估》

编 委 会

主　　编：李晓东

副 主 编：达鹏奎　苏文将

编　　委（按作者姓名的汉语拼音排序）：

白　福　才文求藏　柴　源　陈　晶

达海钰　杜华礼　姬海娟　刘子希

马红璐　苏淑兰　孙玮婕　薛万顺

杨　雪　余　倩　张　欢　赵　敏

编制单位：青海省气象科学研究所

本书出版得到国家自然科学基金区域联合基金项目(U23A2062)、国家自然科学基金项目(41961012)、青海省科学技术厅科技创新能力提升项目(西部之光 1-1)的共同资助。

湖泊监测和评估涉及许多学科与研究领域，作为高原气候变化和湖泊生态环境监测评估的业务科技工作者，对于高原湖泊自身的研究与认识，长期以来由于受地域影响和自身水平所限而难免存在局限性。因此，本书关于青海省湖泊变化的认识水平有限，书中不足之处在所难免，敬请广大读者批评和指正，使今后的工作更加符合客观实际。

作者

2024 年 2 月 20 日

《青海省湖泊监测与评估》

编 委 会

主　　编：李晓东

副 主 编：达鹏奎　苏文将

编　　委（按作者姓名的汉语拼音排序）：

白　福　才文求藏　柴　源　陈　晶

达海钰　杜华礼　姬海娟　刘子希

马红璐　苏淑兰　孙玮婕　薛万顺

杨　雪　余　倩　张　欢　赵　敏

编制单位：青海省气象科学研究所

前　言

湖泊是全球水圈和水循环的重要组成部分，湖泊面积和水量的变化，特别是高原地区的湖泊变化，对气候变化非常敏感。湖泊是陆地水资源的重要组成部分，也是局地气候和全球环境变化的敏感指示器之一。湖泊也受气候变化和土地利用等人为因素的影响，作为一个动态系统，它的出现/消失、扩张/收缩、湖冰提前/推迟、水温升高/降低等变化是人类活动引起气候变化的重要且敏感指标。湖泊面积和水量的变化直接反映了所在流域水量平衡变化过程，对区域和全球气候变化的反应较为敏感。湖泊面积和水量等变化不仅反映了它所在流域水量平衡状态，而且对局部气候变化和人类活动都会产生巨大的影响。湖泊面积和水量是了解湖泊变化特征的重要参数，而且长时间序列湖泊水量变化能反映当地气候及环境的变化。因此，对湖泊面积进行动态连续变化监测已成为研究地球环境变化的一个重要组成部分。当前，对整个省域尺度的湖泊管理过程中，还存在数据来源多源、多头管理、全域定量监测技术落后等问题，急需利用卫星遥感监测技术来获取大尺度的信息，从而提升监测能力和管理水平。

为此，本书以青海省湖泊为研究对象，利用卫星遥感技术和水量评估模型等技术手段来监测和研究青海省湖泊面积和水量的长时序变化动态，为了解和掌握全省范围内湖泊面积和水量的长时序变化特征奠定基础，为湖泊生态保护和系统管理提供关键技术保障。本论著通过几年的实践，完成了包括青海省范围内119个湖泊的名称、位置、地理坐标、水面面积变化趋势等信息，并插入了基于Landsat系列卫星遥感数据的30多年多时相卫星影像和水面形态矢量图，客观反映近年青海省湖泊水域变化状况。根据上述思路，在整理总结了多年基础研究成果的基础上，经过反复讨论和修改，最终于2024年2月完稿，得以付梓出版。本书共分6章，第1章简要介绍了青海省湖泊的分布特征以及本书所涉及的数据和方法。第2章到第6章分别总结了青海湖、龙羊峡水库以及青海省果洛州、玉树州和海西州的湖泊面积和部分湖泊的水量变化特征，并插入了相关的图件，进行了湖泊面积变化的直观展示。另外，增加了湖泊信息汇总附录、图表索引和湖泊景观画卷。

本书是在项目研究成果和有关资料基础上，由李晓东、达鹏奎和苏文将完成全书的总体设计、数据的下载处理、各章节的编写、统稿和修改工作。各章节执笔人分别为，第1章：张欢、马红璐、达海钰、达鹏奎；第2章到第6章：达鹏奎、姬海娟、陈晶、达海钰、赵敏、苏淑 兰；附录信息：杨雪、才文求藏、柴源、薛万顺、白福、达鹏奎、杜华礼、余倩。在本书籍编制过程，参与编写的人员在各阶段都提供了必要的帮助和贡献，协力完成了本书籍。另外，除上述人员外，先后参加项目研究、野外考察和材料审核等相关工作的还有数人，在此一并感谢。

本书出版得到国家自然科学基金区域联合基金项目(U23A2062)、国家自然科学基金项目(41961012)、青海省科学技术厅科技创新能力提升项目(西部之光1-1)的共同资助。

湖泊监测和评估涉及许多学科与研究领域，作为高原气候变化和湖泊生态环境监测评估的业务科技工作者，对于高原湖泊自身的研究与认识，长期以来由于受地域影响和自身水平所限而难免存在局限性。因此，本书关于青海省湖泊变化的认识水平有限，书中不足之处在所难免，敬请广大读者批评和指正，使今后的工作更加符合客观实际。

作者

2024年2月20日

目　录

第 1 章 青海省湖泊分布研究

1.1 数据与方法

本书通过收集 1987—2022 年 Landsat 系列卫星遥感数据来提取湖泊面积信息。Landsat 系列卫星是美国国家航天局(NASA)分多年发射,从 1972 年第一代 Landsat-1 卫星开始至今已发展到第四代 Landsat-9 卫星,主要包括多光谱扫描仪(MSS)、专题制图仪(TM)、增强型专题制图仪(ETM+)和陆地成像仪(OLI)的多种传感器影像数据。从 Landsat-4 开始,由于其数据免费可用性、全球覆盖性、40 年的连续性和空间分辨率高(30 m)等优势,是水体提取和监测领域广泛使用的影像数据之一。虽然 1982 年 7 月 Landsat-4 号就已发射成功,但因其在 1982—1984 年运行不稳定,导致数据不连续,无法获取青海省区域上空完整的影像资料,直至 1987 年才能输出连续完整的影像数据,加之研究需要从 Landsat-4 号开始才有短红外波段数据参与计算。在综合考虑下,本书选择使用了 1987 年至 2022 年谷歌地球引擎云处理平台(Google Earth Engine,GEE)上所有可用的 Landsat-4 号(LANDSAT/LT04/C01/T1_SR)、5 号(LANDSAT/LT05/C01/T1_SR)、8 号(LANDSAT/LC08/C01/T1_SR)影像,并用 Landsat7 号(LANDSAT/LE07/C01/T1_SR)影像做补充,具体应用的是,1987—2011 年影像源为 Landsat-4 和 Landsat-5,2012 年影像源为 Landsat-7,2013—2022 年影像源为 Landsat-8。

目前水体提取和监测手段中,基于水体遥感指数的水体遥感信息技术是应用最广泛技术手段之一。水体指数从其构建可分为比值型和差值型两种类型,其中比值型水体指数应用最广,有较强的普适性(徐涵秋,2021),尤以 Mcfeeters (1996)提出的归一化差异水体指数(NDWI)以及在 NDWI 基础上研究提出的改进归一化差异水体指数(Modified normalized difference water index,MNDWI)应用最为广泛(徐涵秋,2005)。NDWI 利用绿色和近红外波段提取水,MNDWI 是将 NDWI 计算公式中的近红外波段替换为中红外波段,解决了水体提取中难以消除阴影的难题,但是纯粹的 MNDWI 提取过程中容易将地表水体和其他土地覆盖类型混合,尤其是有植被和水体的区域(史剑聪 等,2021)。Menarguez(2015)研究发现,MNDWI 与归一化植被指数(Normalized Difference Vegetation Index,NDVI)和增强植被指数(Enhance Vegetation Index,EVI)条件应用可以提高混合像元中水体提取的精度。Wang 等(2020)在 Google Earth Engine 中,筛选了 1722 个随机水点和 1148 个随机非水点来研究光谱指数的分布。结果发现约 99.42%的水点 MNDWI>EVI,98.22%的非水像元有 MNDWI<EVI,99.07%的水像元有 MNDWI>NDVI,99.09%的非水像元有 MNDWI<NDVI。因此,其团队确定了以 MNDWI>EVI 和 MNDWI>NDVI 为区分水体与非水体的良好标准,以消除 MNDWI 的不准确因素。并经过研究确定了 MNDWI>EVI 或 MNDWI>NDVI,以及

EVI<0.1 的水体判断方法。该算法在 Landsat 影像水体提取中表现精度较高，生产者精度（任意地类图斑与实际分类数据类型一致的概率）为 98.1%和用户精度（某类目标地类像元被正确划分到指定地类的概率）为 91.0%。计算首先对每个图像经过云覆盖度筛选以及去云处理，并用水体频率（Water frequency，WF）（Zou et al.，2018）方法生成了 1987—2022 年逐年青海省范围内所有像元的地表水频率图。

水体频率定义为：在一段时间内，该像元观测为水体的次数占总有效观测次数的比例（0≤WF≤1）。例如，2020 年卫星观测 A 点共 100 次，其中有效观测（晴空条件下观测）为 80 次，其中有 20 次 A 点观测为水体，即 WF=0.25（20/80）。WF 算法首先会使用公式 1 判断每个像元，然后对符合要求的像元用公式 2 计算每个像元的地表水频率。本研究对 WF>0.75 的像元判定为永久性水体。对最终得到的水体频率图，团队对逐年每个湖泊进行了人工检查以及人工纠正，最终历时两年完成了 1987—2022 年青海省 119 个湖泊（青海省湖泊信息附录）的范围矢量提取和面积计算。又利用计算得到的湖泊面积数据和国家青藏高原科学数据中心（http://data.tpdc.ac.cn）下载的青海省部分湖泊的水位数据（Xu et al.，2021，2022；许凤林 等，2021），利用截锥体体积公式（Taube，2000）（公式 3）计算出了青海省 37 个湖泊（含水量信息湖泊附录）十年以上的水量变化数据，单位为 Gt（$1\ \mathrm{Gt}=10^9\ \mathrm{t}$）。对于得到的面积和体积数据利用一元线性回归模型（公式 4）分析了面积（体积）随时间的变化趋势。

公式 1：

水体确认：

$$\mathrm{MNDWI}>\mathrm{EVI}\ 或\ \mathrm{MNDWI}>\mathrm{NDVI}$$

$$以及\ \mathrm{EVI}<0.1$$

$$\mathrm{MNDWI}=\frac{\rho_{\mathrm{green}}-\rho_{\mathrm{swir}}}{\rho_{\mathrm{green}}+\rho_{\mathrm{swir}}}$$

$$\mathrm{EVI}=2.5\times\frac{\rho_{\mathrm{nir}}-\rho_{\mathrm{red}}}{\rho_{\mathrm{nir}}+6\times\rho_{\mathrm{red}}-7.5\times\rho_{\mathrm{blue}}+1}$$

式中：ρ_{blue} 为蓝色波段；ρ_{green} 为绿色波段；ρ_{red} 为红色波段；ρ_{swir} 为短波红外波段；ρ_{nir} 为近红外波段。

公式 2：

$$\mathrm{WF}=\frac{N_{\mathrm{water}}}{N_{\mathrm{good}}}$$

式中：N_{water} 为判定为水的像元数量；N_{good} 为所有参与判定的像元数量；永久性水像元判定条件：WF>0.75。

公式 3：

$$V=\frac{1}{3}H\left(A_1+A_2+\sqrt{A_1+A_2}\right)$$

式中：V 为相对水量（Gt）；A_1 为研究时间线上早些年份的湖泊面积；A_2 为晚于 A_1 年份的湖泊面积；H 为 A_1 和 A_2 相对应年份水位的湖泊水位差（$H_{A1}-H_{A2}$）。

公式 4：

$$\hat{y}_i=ax_i+b \qquad (i=1,2,\cdots,n)$$

式中：a 为线性回归系数，表示湖泊水面积变化速率；b 为线性回归常数；$\hat{y}_i$ 为样本量为 n 的某一湖泊水面积变量；x_i 为 $\hat{y}_i$ 所对应的时间。

湖泊名称依据中国湖泊名称代码标准（中华人民共和国水利部建设与管理司 等，1998），并对别名湖泊通过查询中国科学院青海盐湖研究所（www.isl.cas.cn）以及《中国湖泊志》

(王苏民 等,1998)求证,进行了补充完善。湖泊的基础信息主要依据《中国湖泊志》的记录,并参考了诸多胡东生先生的研究成果,如地理位置、地形地貌特征、主要入湖河流等描述内容;极小部分湖泊经纬度为人工找出湖泊中心点取值,格式为度分秒制;对部分有卫星遥感湖泊水位(海拔)数据(许风林 等,2021)进行了额外补充;对于极个别的小湖泊,入湖河流数量、流量、流域面积、盐碱度值等客观上易发生变化的记录和描述,因受限于影像分辨率和无实地考察结果,本书并未开展讨论。

1.2　青海湖泊分布

本书选取了青海省境内的 119 个湖泊,主要研究对象为面积在 4 km^2 以上的湖泊,共计 101 个;此外,还提取研究了 17 个面积在 4 km^2 以下的湖泊和 1993 年 8 月开始蓄水的温泉水库(图 1-1、图 1-2、图 1-3、图 1-4)。湖泊类型除天然湖泊外,还包括龙羊峡水库,东台吉乃尔湖,东达布逊湖等水库,以及受人类活动影响较大的湖泊。

2022 年青海省境内(湖泊主体完全在境内)面积在 4 km^2 以上的湖泊共 103 个,另外还包括 4 个面积小于 4 km^2 湖泊,总面积为 13520.97 km^2,约占青海省总面积的 1.87%。其中,青海湖(含错果、尕海)面积 4636.74 km^2,面积在 1～10 km^2、10～100 km^2、100～500 km^2、500～1000 km^2的湖泊分别有 31 个、53 个、17 个、5 个。另外,扎陵湖和卓让错、茶木错相连,永红湖和西金乌兰湖、湾湖、S63017、S63009 五湖相连,明镜湖和 S63020 相连,涟湖和月亮湖相连,盖增孟将玛错钦玛和 Z63014 相连,海丁诺尔和 S63001 相连(表 1-1)。

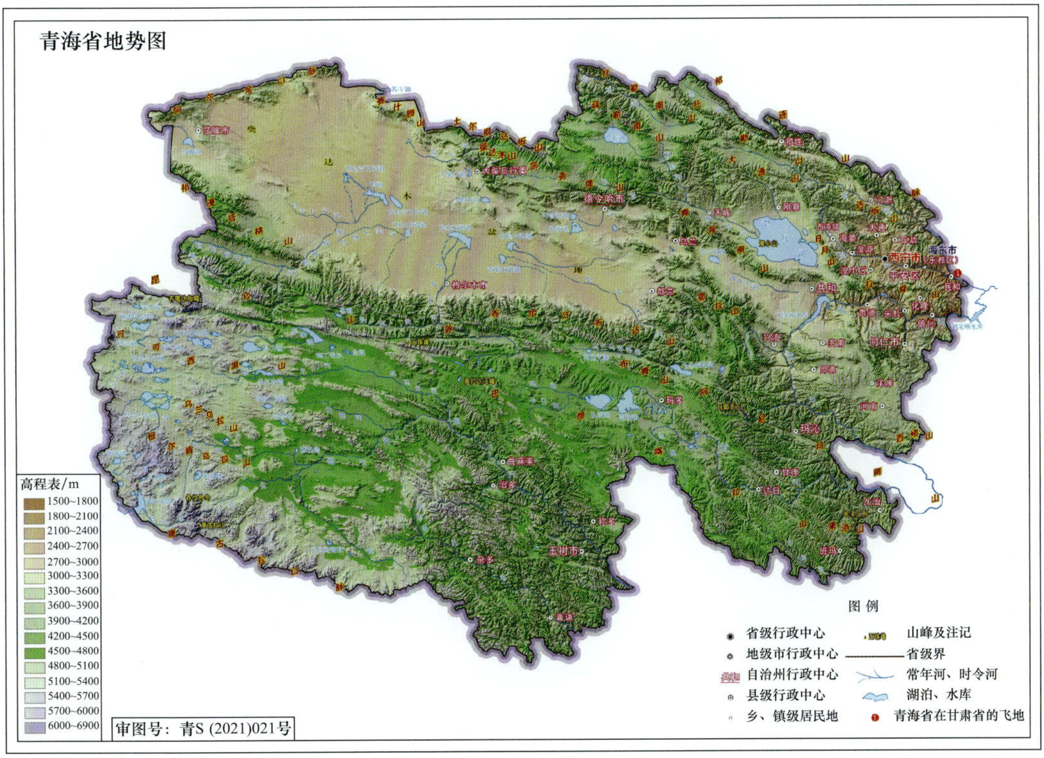

图 1-1　青海省地势图

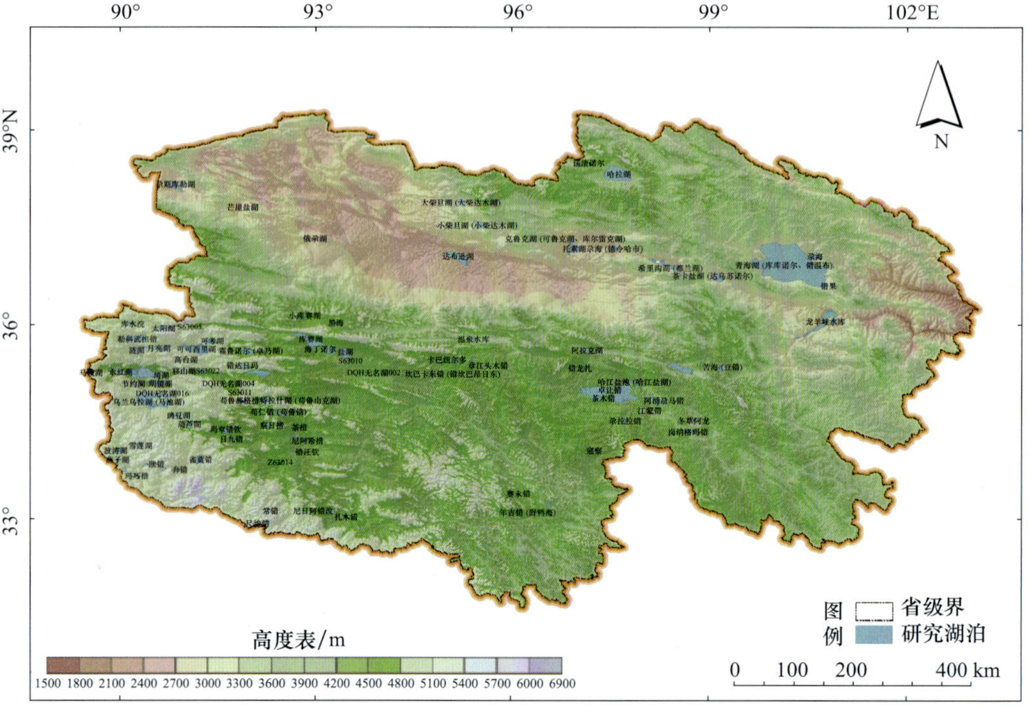

图 1-2　青海省湖泊地势分布图

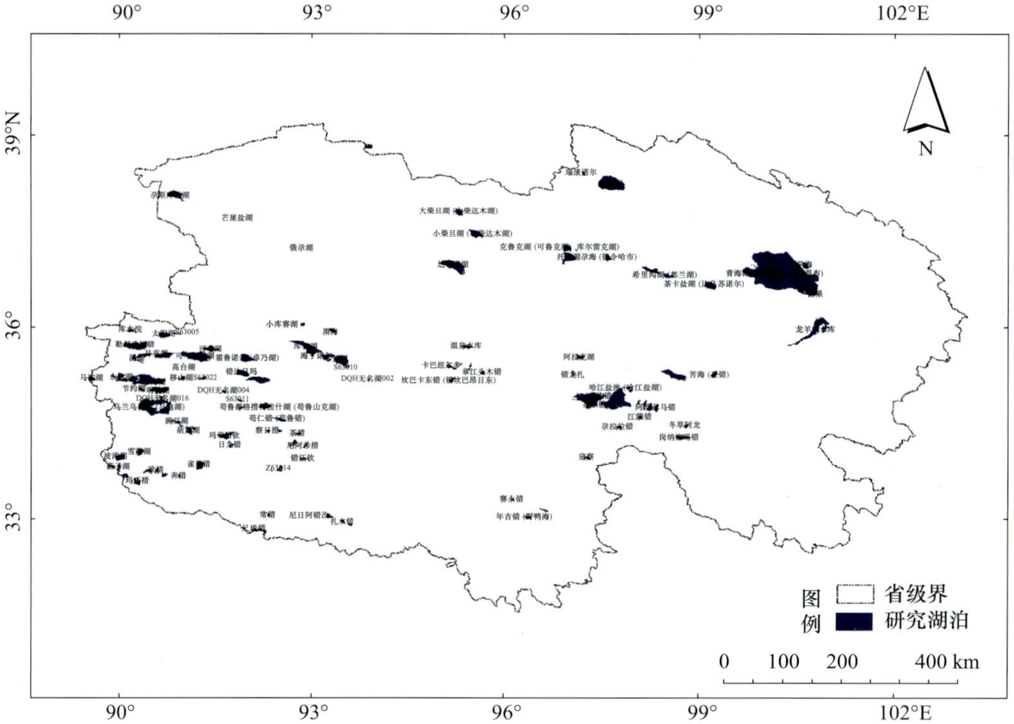

图 1-3　青海省湖泊矢量分布图

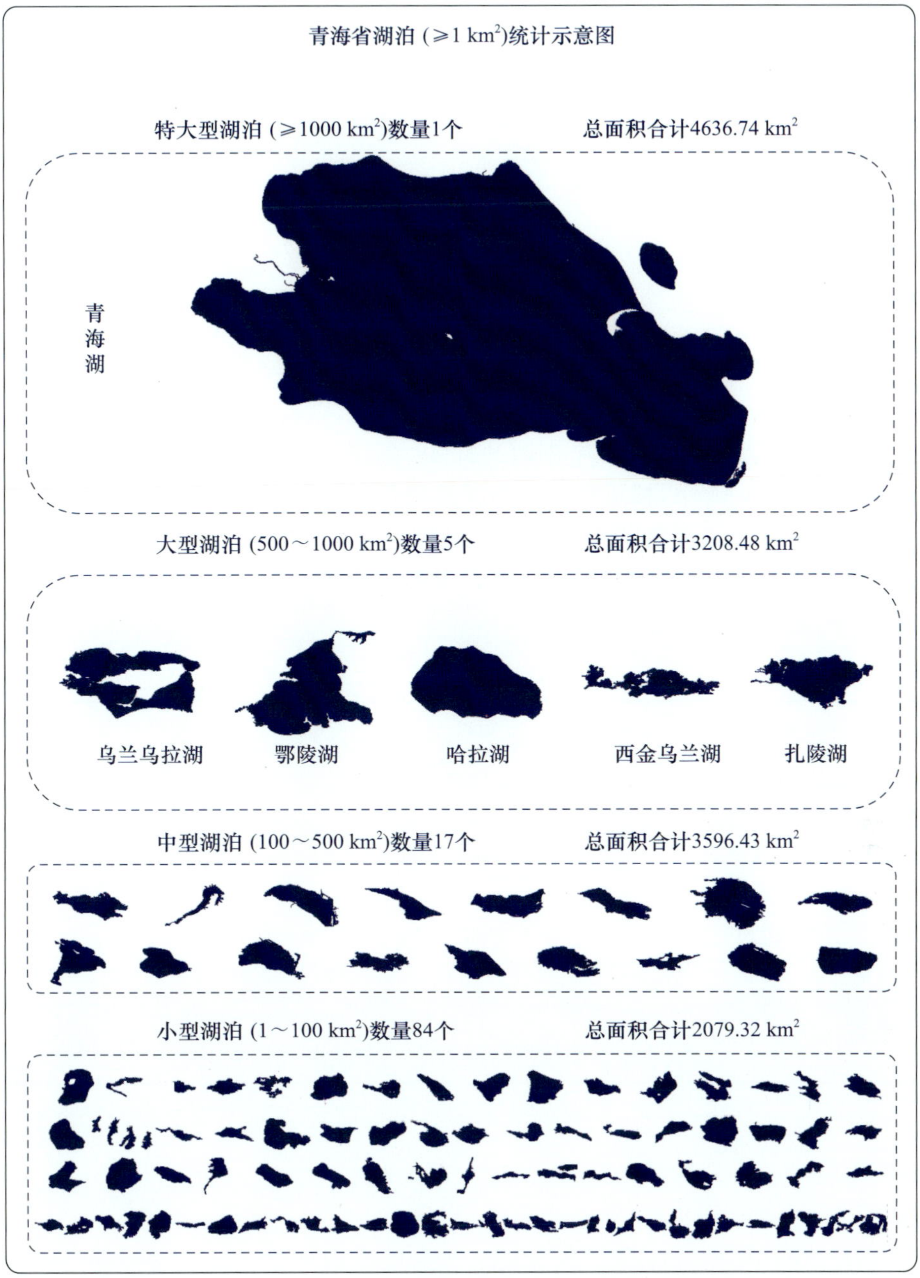

图 1-4 青海省境内湖泊统计示意图

表 1-1 1987—2022 年青海省相连湖泊及相连开始年份统计

湖泊	相连湖泊	相连开始年份
扎陵湖	茶木错	2009 年
	卓让错	2006 年
盖增孟将玛错钦玛	Z63014	2005 年
海丁诺尔	S63001	2012 年

续表

湖泊	相连湖泊	相连开始年份
西金乌兰湖	永红湖	2011 年
	湾湖	2012 年
	S63009	2011 年
	S63017	2014 年
月亮湖	涟湖	2017 年
明镜湖	S63020	2010 年

两湖相连判断依据：①水频率算法提出的湖泊范围矢量连年相连；②从第一个条件判断出相连年份开始对照影像资料分析两湖湖体、水道变化，从湖体相近、水道变短变宽的判断角度确定相连年份，因主观影响较大，相连开始年份仅作参考。

青海省湖泊数量分布最多的地区是玉树藏族自治州，湖泊总面积 3469.53 km^2，占全省总湖泊面积的 25.66%；面积 4 km^2 以上湖泊共计 46 个，占全省湖泊总数的 42.99%；其中面积大于 100 km^2 的湖泊有 11 个，接近全省大型湖泊数量的 47.83%。青海湖是青海省最大的湖泊，也是中国内陆最大的咸水湖，中国面积最大湖泊；乌兰乌拉湖为青海省第二大湖泊及第二大咸水湖；鄂陵湖为青海省第三大湖，也是青海省第一大淡水湖；哈拉湖为青海省第四大湖泊及第三大咸水湖(表 1-2)。

表 1-2　2022 年青海省各州湖泊数量和面积统计

项目	面积 >1000 km^2	面积 500～1000 km^2	面积 100～500 km^2	面积 10～100 km^2	面积 1～10 km^2	数量合计 /个	面积合计 /km^2
跨多个州和县的湖	1	0	0	0	0	1	4636.74
海南藏族自治州	0	0	1	0	0	1	377.19
海西蒙古族藏族自治州	0	2	5	25	10	42	3297.42
果洛藏族自治州	0	2	1	8	5	16	1740.09
玉树藏族自治州	0	1	10	20	16	47	3469.53
合计	1	5	17	53	31	107	13520.97

第 2 章

青海湖(库库诺尔、错温布)

青海湖,湖水清澈碧蓝,湖面广袤如海,故名,蒙语称库库诺尔、藏语称错温布,意为青色的海。古称西海、鲜水、鲜禾羌海和错温波,从北魏起才得名为“青海”。青海湖长 105 km,宽 63 km,位于东经 99°36′—100°10′,北纬 36°32′—37°15′,既是中国最大的内陆湖泊,也是中国最大的咸水湖,处于青藏高原东北隅,祁连山的东南部,北部以大通山、东部以日月山、南部以青海南山、西部以阿尼可山为界,形成一内陆盆地,青海湖位于盆地最洼处,跨海北、海南藏族自治州海晏、刚察、共和 3 县(胡东生,1989;付博 等,2013)。湖水来源主要依赖地表径流、湖面降水补给和少量的冰雪融水。入湖的河流有 40 余条,主要有布哈河、沙柳河、乌哈阿兰河和哈尔盖河,其中布哈河是入湖河流中最大一条河。青海湖流域河流呈明显的不对称分布,湖北岸、西北岸和西南岸河流多,流域面积大,支流多;湖东南岸和南岸河流少,流域面积少(王苏民 等,1998)。1981 年实测湖面水位海拔 3193.92 m(王苏民 等,1998),2020 年卫星遥感监测水位海拔 3197.00 m(Xu et al.,2021,2022;许风林 等,2021)。

青海湖是中国最大的咸水湖,也是中国最大的内陆湖,是 5A 级国家自然风景区。湖区的自然景观主要有:青海湖、鸟岛、海心山、沙岛、三块石、二郎剑;湖滨山水草原区主要有日月山、倒淌河、小北湖、布哈河、月牙湖、热水温泉、错搭湖、夏格尔山、包忽图听泉和金银滩草原等;青海湖东岸是国家一级保护动物黑颈鹤的栖息地,该保护区是因水位下降、水体面积缩小后遗留的一片沼泽草甸。

随着青海湖水位下降和面积缩小,分离出了两个子湖,分别是尕海和错果。尕海,藏语称“错倾俄日”意为宝贝湖,“尕”是青海方言,意为小。位于青海省海北藏族自治州海晏县,青海湖东北方 3.5 km 处,系青海湖退缩过程中残留的子湖,呈长椭圆形。位于东经 100°34′,北纬 37°00′,2020 年卫星遥感监测水位海拔 3110.75 m(王苏民 等,1998)。错果,位于青海省海南藏族自治州共和县,青海湖东南角,与青海湖仅一岸之隔。34 年来,错果湖泊面积稳定,虽然青海湖湖岸线向东扩张,但是湖面尚未相连(图 2-1),其地理坐标为东经 100°43′48″,北纬 36°34′12″(中华人民共和国水利部建设与管理司 等,1998)。

多源卫星遥感监测显示,1987—2022 年青海湖(含错果、尕海,下同)面积呈显著扩张趋势,平均每年扩张 5.32 km^2。1987—2004 年青海湖面积萎缩,2004 年是近 34 年来青海湖面积最小的年份。2005—2022 年湖泊面积显著扩张,2015 年湖泊面积超过了 1987 年以来的最大面积记录(1990 年:4446.59 km^2,2015 年:4457.99 km^2)。2022 年青海湖面积为 4636.74 km^2,较 1987 年(4389.10 km^2)扩张 247.64 km^2,扩张率为 5.64%(图 2-2a,表 2-1)。1989—2020 年期间,青海湖水量变化与面积变化趋势一致,整体呈显著增加趋势,平均每年增加 0.21 Gt,其中,1989—2003 年青海湖水量下降,2004—2020 年湖泊水量增加,2020 年水量较 1989 年增加了 8.42 Gt(图 2-2b)。在空间变化上,青海湖西部布哈河等入湖河流入湖区、湖北部伊克乌兰曲等入湖河流入湖区、湖东部沙岛区是变化最明显的区域(图 2-1,图 2-3)。

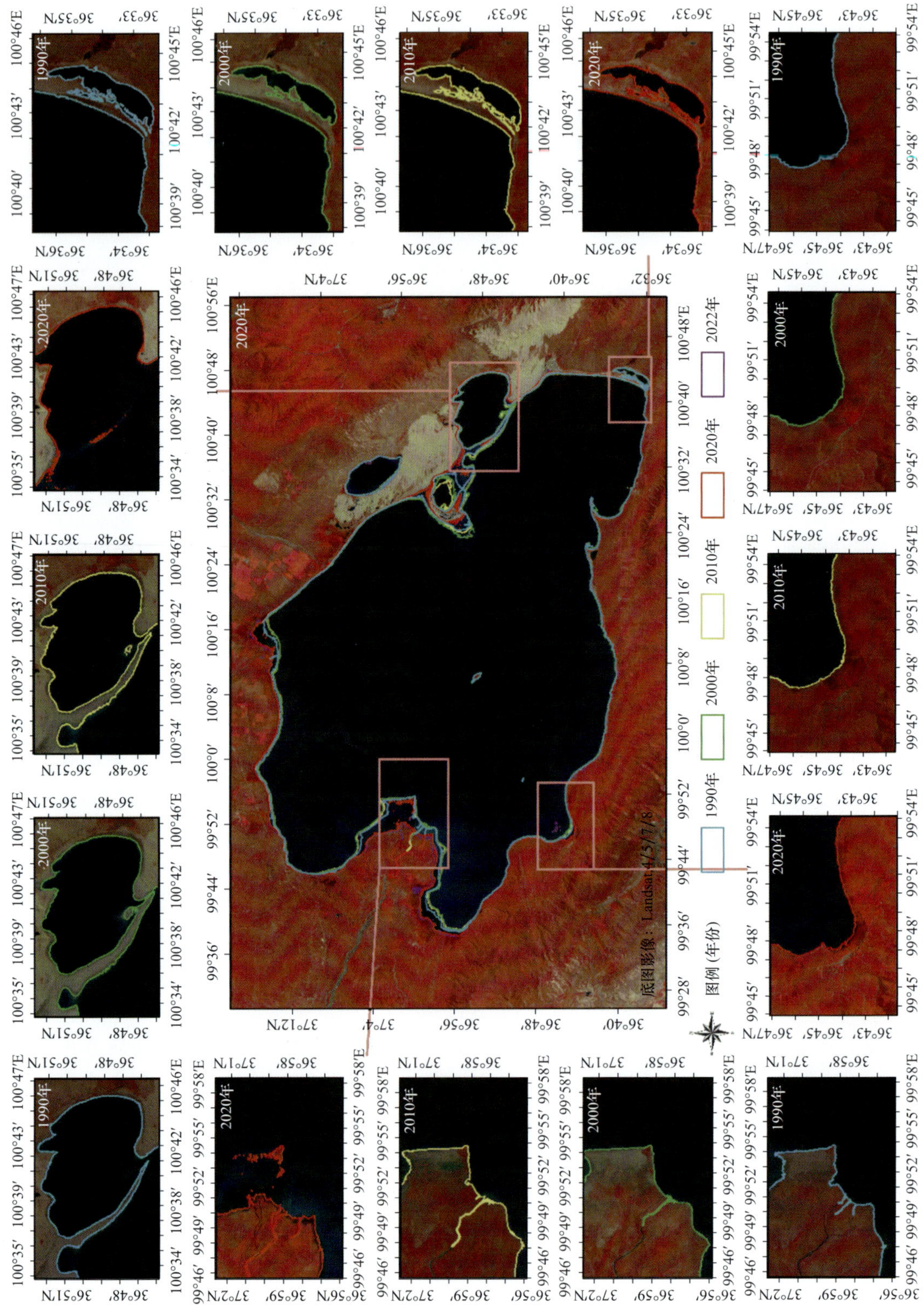

图 2-1　1987—2022 年青海湖面时空变化

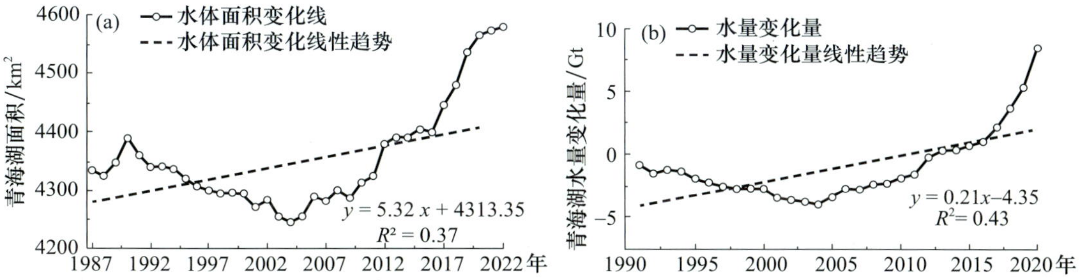

图 2-2　1987—2022 年青海湖面积变化(a);1990—2020 年青海湖水量变化量(b)

表 2-1　1987—2022 年青海湖逐五年* 面积统计　　单位:km^2

年份	1987	1990	1995	2000	2005	2010	2015	2020	2022
错果	7.02	7.81	7.11	6.41	6.01	7.42	7.19	7.14	6.78
尕海	46.61	48.76	47.21	46.80	46.05	46.24	46.50	49.54	49.69
青海湖	4335.47	4390.02	4321.07	4296.82	4256.52	4313.79	4404.30	4566.75	4580.28
合计	4389.10	4446.59	4375.39	4350.03	4308.58	4367.45	4457.99	4623.43	4636.74

* 因使用卫星影像时段为 1987—2022 年资料,为全面展示湖泊面积变化规律,逐五年面积统计表增加了 1987 年和 2022 年湖泊数据,全书同

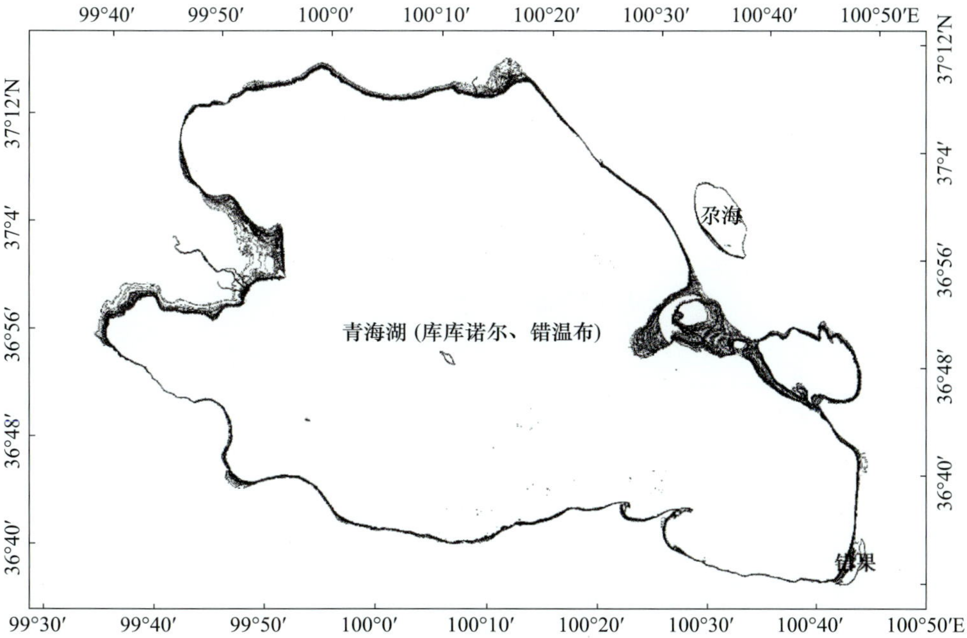

图 2-3　1987—2022 年青海湖边界变化

第3章 海南藏族自治州

青海省海南藏族自治州(简称海南州)平均海拔在 3000 m 以上,最高点虽根尔岗海拔 5305 m,最低海拔 2168 m。地理位置大致介于东经 98°55—105°50′,北纬 34°38′—37°10′,东与海东市和黄南藏族自治州毗连,西与海西蒙古族藏族自治州接壤,南与果洛藏族自治州为邻,北隔青海湖与海北藏族自治州相望。东西宽 260 km,南北长 270 km,面积为 4.45 万 km^2,占青海省总面积的 6.18%。现辖共和、贵德、贵南、同德、兴海 5 县。

海南藏族自治州内主要湖泊为龙羊峡水库,龙羊峡水库在黄河上游的共和县境内,是黄河流经青海大草原后,进入黄河峡谷区的第一峡口,位于东经 100°12′2″—101°29′34″,北纬 35°19′52″—36°33′19″(李森 等,2011)。东北部连祁连山脉瓦里关山、拉脊山和日月山,西南为昆仑山系的河卡山,东南和中部为较平坦的木格滩和塔拉滩草原(沙占江 等,2005)。

多源卫星遥感监测显示,1987—2022 年龙羊峡水库面积呈显著扩张趋势,平均每年扩张 5.13 km^2。2022 年龙羊峡水库面积为 377.19 km^2,较 1987 年(185.66 km^2)扩张191.53 km^2,扩张率为 103.16%(图 3-1,表 3-1)。在空间变化上,水库向四周均有扩张,南北向扩张明显(图 3-2,图 3-3)。

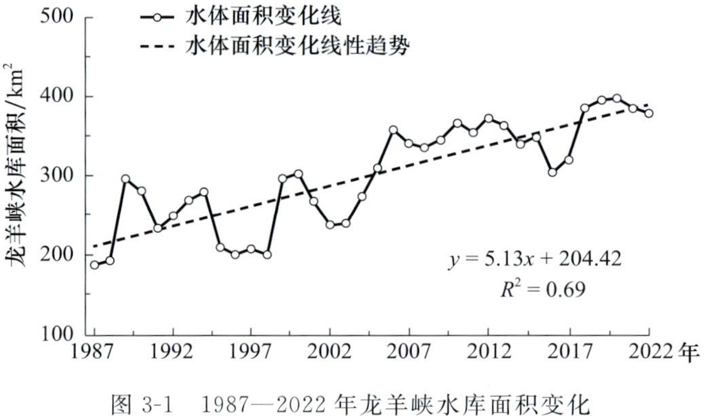

图 3-1 1987—2022 年龙羊峡水库面积变化

表 3-1　1987—2022 年龙羊峡水库逐五年面积统计　　单位：km^2

年份	1987	1990	1995	2000	2005	2010	2015	2020	2022
龙羊峡水库	185.66	279.82	207.44	300.77	308.47	364.84	364.81	396.17	377.19

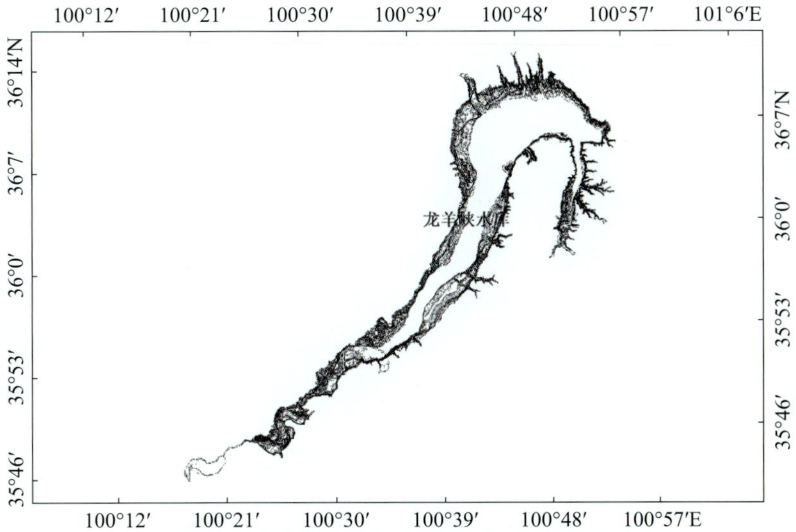

图 3-2　1987—2022 年龙羊峡水库边界变化

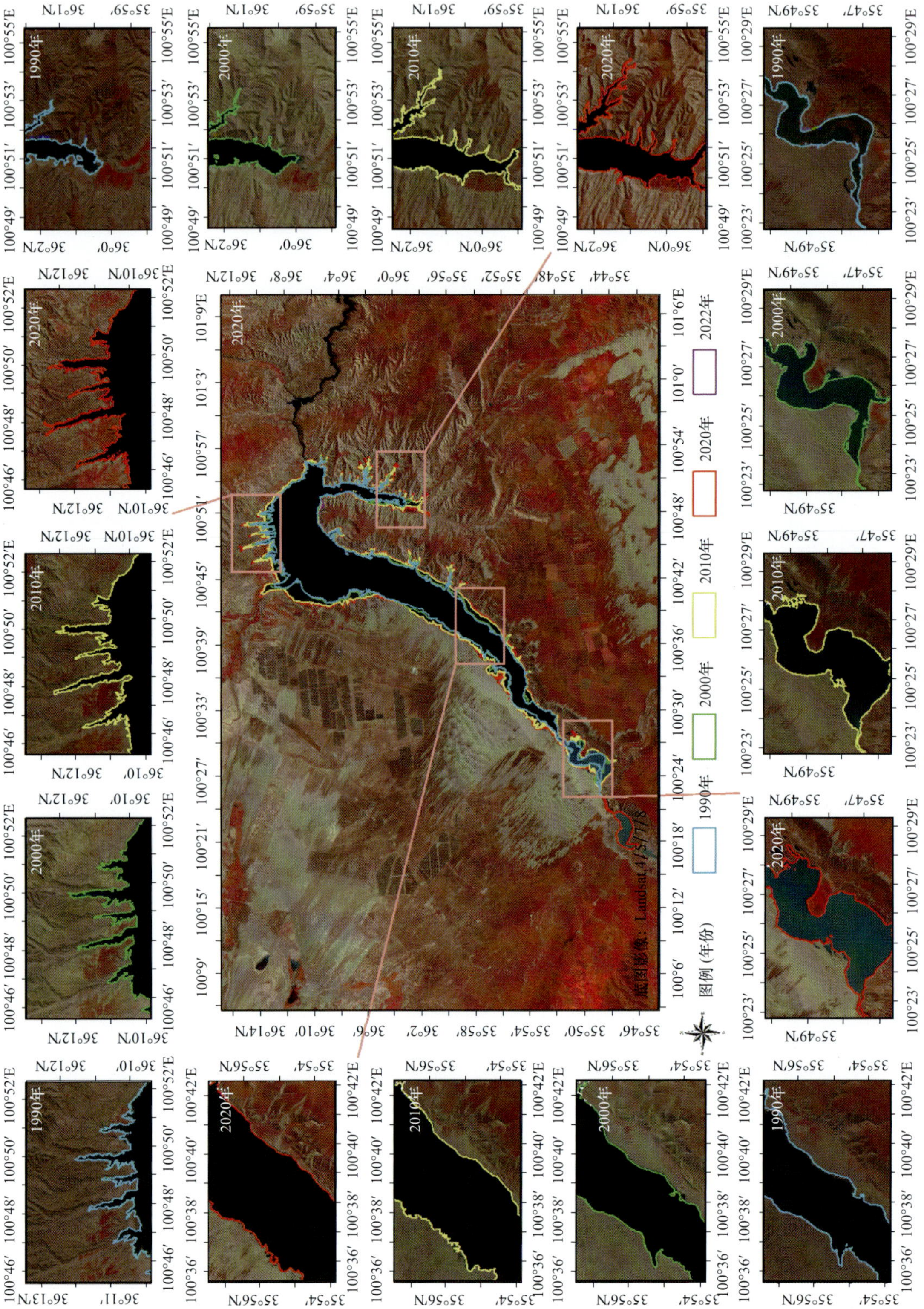

图 3-3 1987—2022 年龙羊峡水库湖面时空变化

第 4 章

果洛藏族自治州

果洛藏族自治州(简称果洛州)位于青海省东南部,地处青藏高原腹地的巴颜喀拉山和阿尼玛卿山之间,平均海拔 4200 m 以上,大气含氧量仅为海平面的 60%。地理位置大致介于东经 97°54′—101°50′,北纬 32°31′—35°40′,东临甘肃省甘南藏族自治州和青海省黄南藏族自治州,南接四川省阿坝藏族羌族自治州和甘孜藏族自治州,西与青海省玉树藏族自治州毗连,北和青海省海西蒙古族藏族自治州、海南藏族自治州接壤。土地总面积 76442 km^2,占青海省面积的 10.55%。现辖玛沁、玛多、甘德、达日、班玛、久治 6 县。

1987 年,青海省果洛藏族自治州面积 4 km^2 以上湖泊有 18 个,2009 年扎陵湖与相邻的卓让错、察木错相连后变为 16 个(图 4-1)。1987—2022 年果洛藏族自治州湖泊总面积呈显著增加趋势,平均每年增加 3.88 km^2,2022 年果洛藏族自治州湖泊总面积为 1740.09 km^2,较 1987 年(1636.36 km^2)增加 103.73 km^2,增加率为 6.34%。其中湖泊面积增加主要来源于鄂陵湖(错鄂朗),鄂陵湖 2022 年湖泊面积较 1987 年增加 51.49 km^2(图 4-2)。

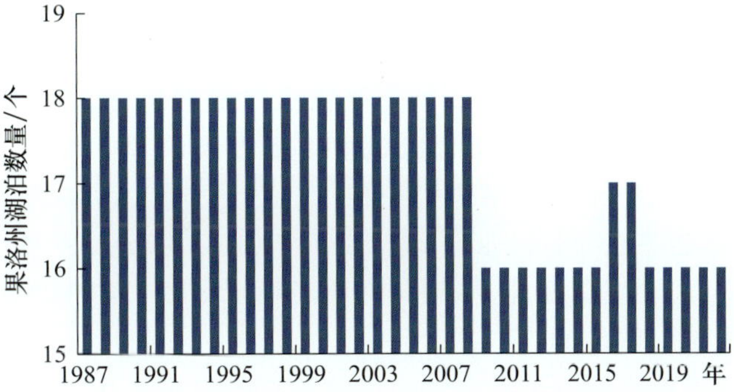

图 4-1 1987—2022 年果洛藏族自治州湖泊数量变化

图 4-2 1987—2022 年果洛藏族自治州湖泊总面积变化

4.1 隆热错(龙日茶错)、星星海(阿涌贡玛错)、阿涌吾哇马错、阿涌尕玛错

隆热错,又名龙日茶错。位于青海省果洛藏族自治州玛多县,地理坐标为东经 98°1′,北纬 35°52′,湖面水位海拔 4213.00 m(王苏民 等,1998)。隆热错西距鄂陵湖 8 km,东距星星海 5 km,滨湖群山环抱。与星星海、阿涌吾哇马错、阿涌尕玛错三湖相间等距坐落(图 4-3)。

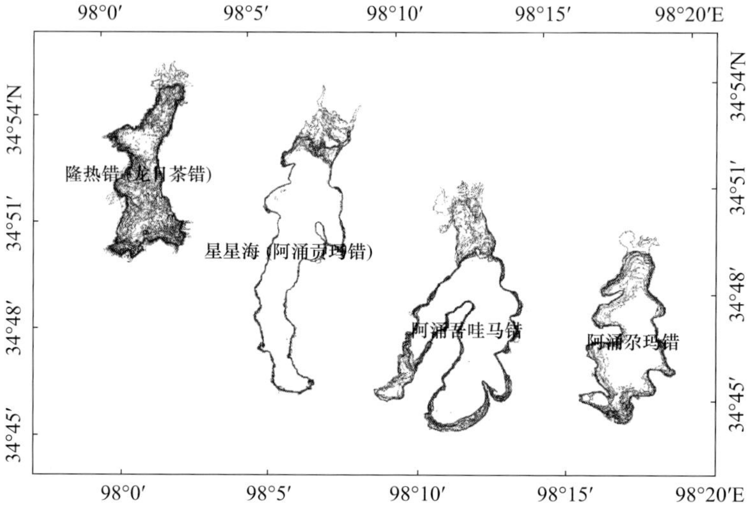

图 4-3　1987—2022 年隆热错、星星海、阿涌吾哇马错、阿涌尕玛错边界变化

多源卫星遥感监测显示,1987—2022 年隆热错水体面积呈显著扩张趋势,平均每年扩张 0.19 km²。其中,1987—1996 年期间,湖泊面积呈萎缩趋势,1996 年湖泊面积萎缩至 1.50 km²,与 1987 年(19.26 km²)的水体面积相比,几近干涸。1996 年至今湖水量充盈面积恢复,2022 年湖泊水体面积为 20.11 km²,较 1987 年(19.26 km²)扩张 0.85 km²,扩张率为 4.41%(图 4-4a,表 4-1)。在空间变化上,因隆热错经历了由萎缩到充盈的变化过程,所以湖泊整体四周扩张明显(图 4-3,图 4-5)。

星星海,又名阿涌贡玛错。位于青海省果洛藏族自治州玛多县,与隆热错、阿涌吾哇马错、阿涌尕玛错三湖相间等距坐落(图 4-3)。地理坐标为东经 98°09′,北纬 34°49′,湖面水位海拔 4220.00 m,面积 29.3 km²(王苏民 等,1998)。

多源卫星遥感监测显示,1987—2022 年星星海水体面积呈显著扩张趋势,平均每年扩张 0.05 km²。其中,1987—2006 年期间,湖泊面积略微萎缩,2007—2022 年扩张。2022 年星星海水体面积为 28.96 km²,较 1987 年(28.50 km²)扩张 0.46 km²,扩张率为 1.61%(图 4-4b,表 4-1)。在空间变化上(图 4-3,图 4-5),星星海水体变化明显的区域为湖的北部出流注入黄河的冲积扇区域。

阿涌吾哇马错,位于青海省果洛藏族自治州玛多县,与隆热错、星星海、阿涌尕玛错三湖相间等距坐落(图 4-3),属黄河上游右岸外流淡水湖。地理坐标为东经 98°12′,北纬 34°47′,湖面水位海拔 4210.00 m,面积 37.60 km²(王苏民 等,1998),2020 年卫星遥感监测水位海拔 4214.79 m(Xu et al.,2021,2022;许风林 等,2021)。

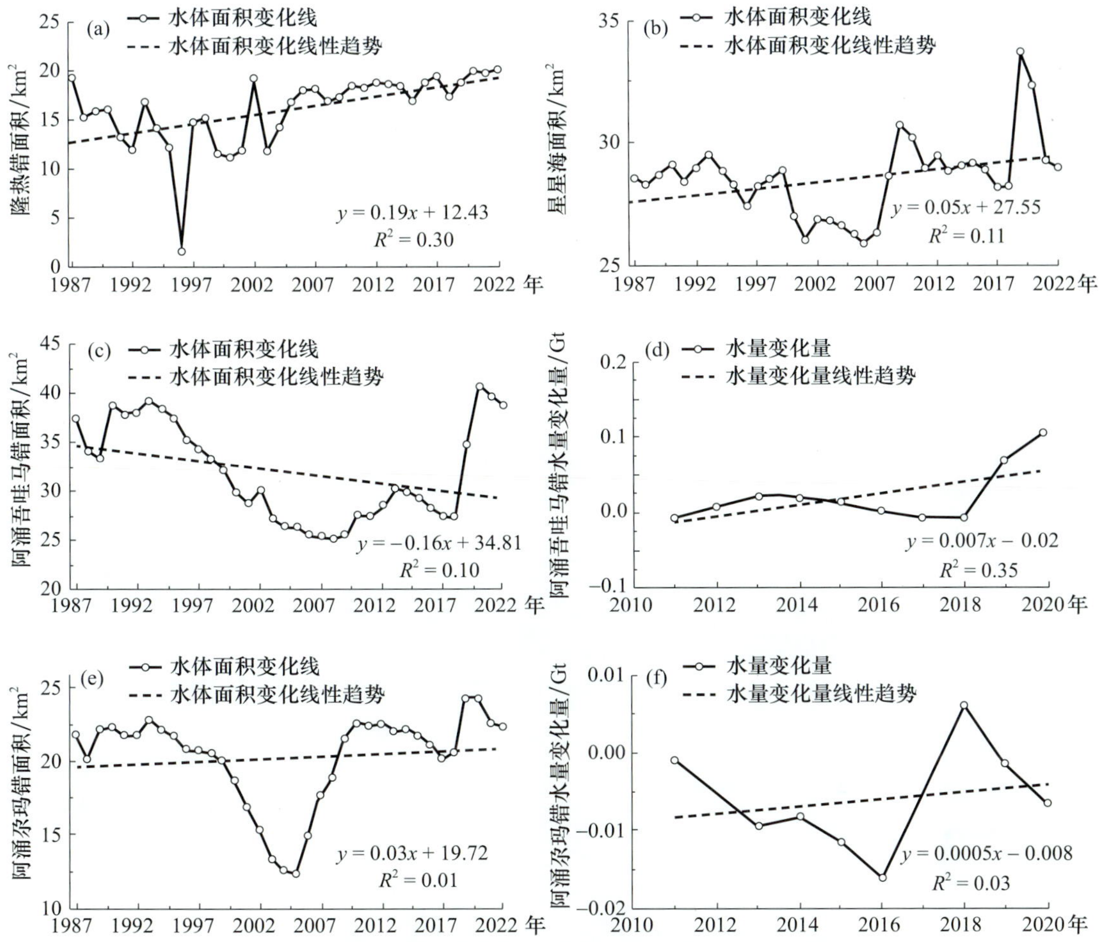

图 4-4　1987—2022 年隆热错(a)、星星海(b)、阿涌吾哇马错(c)、阿涌尕玛错(e)面积变化，2010—2020 年阿涌吾哇马错(d)、阿涌尕玛错(f)水量变化量

表 4-1　1987—2022 年隆热错、星星海、阿涌吾哇马错、阿涌尕玛错逐五年面积统计　单位：km²

年份	1987	1990	1995	2000	2005	2010	2015	2020	2022
隆热错	19.26	15.99	11.52	11.17	16.77	18.45	16.87	19.96	20.11
星星海	28.50	28.98	28.21	26.89	26.20	30.16	29.11	32.31	28.96
阿涌吾哇马错	37.44	38.81	37.57	29.97	26.48	27.64	29.29	40.69	38.67
阿涌尕玛错	21.93	22.38	21.76	18.70	12.35	22.64	21.78	24.24	22.40

多源卫星遥感监测显示，1987—2022 年阿涌吾哇马错面积呈显著萎缩趋势，平均每年萎缩 0.16 km²。其中，1987—2008 年期间，湖泊面积萎缩，2009—2020 年湖泊面积扩张。2022 年阿涌吾哇马错水体面积为 38.67 km²，较 1987 年(37.44 km²)扩张 1.23 km²，扩张率为 3.29%(图 4-4c，表 4-1)。2010—2020 年期间，阿涌吾哇马错水量显著增加，2020 年水量较 2011 年增加了 0.11 Gt(图 4-4d)。在空间变化上，阿涌吾哇马错水体变化明显的区域为湖的南部入湖河流注入的洪积扇区域和北部出流注入黄河的冲积扇区域(图 4-3，图 4-5)。

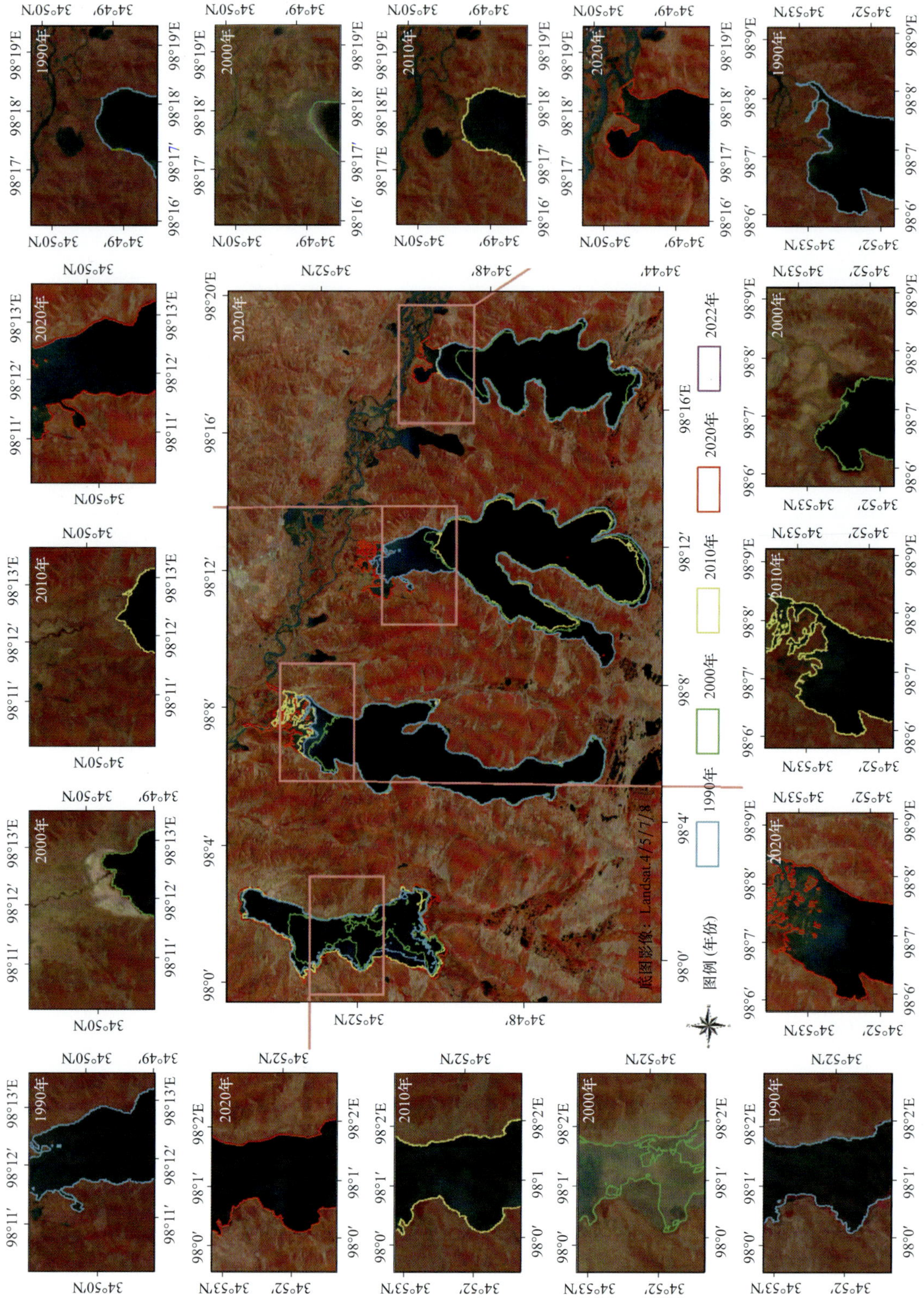

图 4-5　1987—2022 年隆热错、星星海、阿涌吾哇马错、阿涌尕玛错湖面时空变化

阿涌尕玛错，位于青海省果洛藏族自治州玛多县，与隆热错、星星海、阿涌吾哇马错三湖相间等距坐落(图 4-3)，湖水主要依赖地表径流补给，入湖河流 2 条，从南部入湖。该湖属黄河上游右岸季节性外流湖。地理坐标为东经 98°17′，北纬 34°46′，湖面水位海拔 4200.00 m，面积 22.7 km^2(王苏民 等，1998)，2020 年卫星遥感监测水位海拔 4210.88 m(Xu et al.，2021，2022；许凤林，2021)。

多源卫星遥感监测显示，1987—2022 年阿涌尕玛错湖泊面积呈扩张态势，平均每年扩张 0.03 km^2。其中，1987—2006 年期间，湖泊面积萎缩，2006 年面积萎缩至 12.35 km^2，较 1987 年(21.93 km^2)萎缩了 43.68%。2006 年开始湖体水量充盈，面积恢复，至 2022 年阿涌尕玛错湖泊水体面积为 22.40 km^2，较 1987 年(21.93 km^2)扩张 0.47 km^2，扩张率为 2.14%(图 4-4e，表 4-1)。2010—2020 年期间，阿涌尕玛错湖泊水量变化稳定，2020 年水量较 2011 年减少了 0.007 Gt(图 4-4f)。在空间变化上，阿涌尕玛错水体面积变化明显的区域为湖的北部出流注入黄河的冲积扇区域(图 4-3，图 4-5)。

4.2　鄂陵湖(错鄂朗)

鄂陵湖，又名错鄂朗，古称鄂灵海。错鄂朗系藏语音译名，意为青蓝色之湖，因湖水清澈蔚蓝得名。鄂陵湖是青海省第三大湖泊，也是青海省第一大淡水湖。扎陵湖与鄂陵湖同为黄河上游最大的一对淡水湖，两湖由一天然堤相隔，“西扎东鄂”，形似蝴蝶。鄂陵湖位于青海省果洛藏族自治州玛多县，青藏高原巴颜喀拉山北、布青山南的黄河上游宽谷中，地理坐标为东经 97°31′—97°55′，北纬 34°45′—35°05′，湖面水位海拔 4268.70 m，面积 610.70 km^2(王苏民 等，1998)。2002 年湖北部出流口下游形成子湖(编者注：随着水面积的扩张，2002 年开始，湖北东流向东的峡谷盆地内出现子湖泊，通过水道与鄂陵湖相连。在本书编著过程中，考虑其间水道稳定，又有“子母湖”关系，故将其视为一体)。湖水主要依赖地表径流和湖面降水补给，入湖河流有勒那曲、黄河等，其中黄河干流西入北出，穿湖而过。2020 年卫星遥感监测水位海拔 4271.49 m(Xu et al.，2021，2022；许凤林 等，2021)。

多源卫星遥感监测显示，1987—2022 年鄂陵湖面积呈显著扩张趋势，平均每年扩张 2.14 km^2。2022 年鄂陵湖水体面积为 664.98 km^2，较 1987 年(613.49 km^2)扩张 51.49 km^2，扩张率为 8.39%(图 4-6a，表 4-2)，2010—2020 年期间，鄂陵湖水量减少，平均每年减少 0.04 Gt。2020 年鄂陵湖水量较 2011 年减少了 0.43 Gt(图 4-6b)。在空间变化上，鄂陵湖水体面积变化最明显的区域为湖的西部黄河流入的湖口型洪积扇区域(图 4-7，图 4-8)。

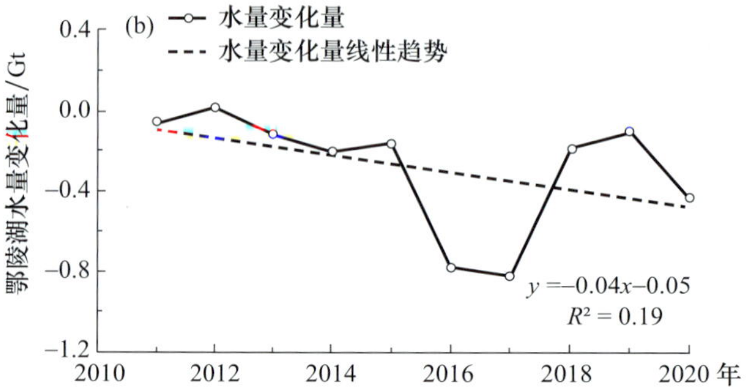

图 4-6 1987—2022 年鄂陵湖面积变化(a)；
2010—2020 年鄂陵湖水量变化量(b)

表 4-2 1987—2022 年鄂陵湖逐五年面积统计 单位：km²

年份	1987	1990	1995	2000	2005	2010	2015	2020	2022
鄂陵湖	613.49	622.15	615.45	625.24	636.11	683.01	669.25	678.03	664.98

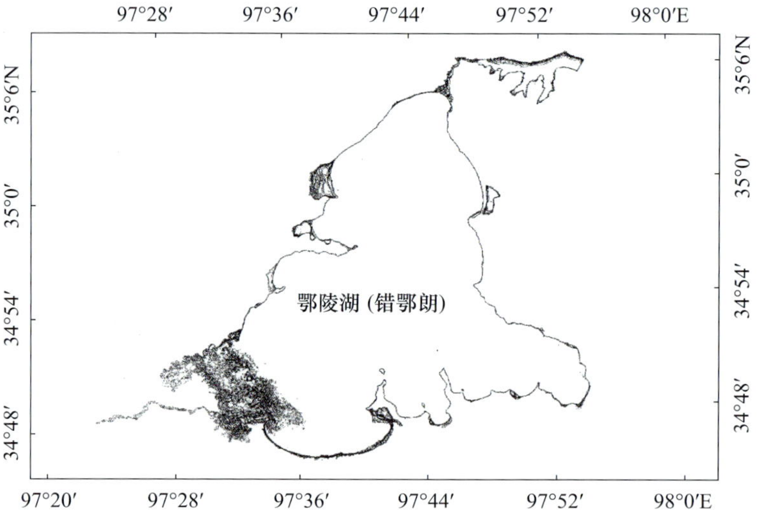

图 4-7 1987—2022 年鄂陵湖边界变化

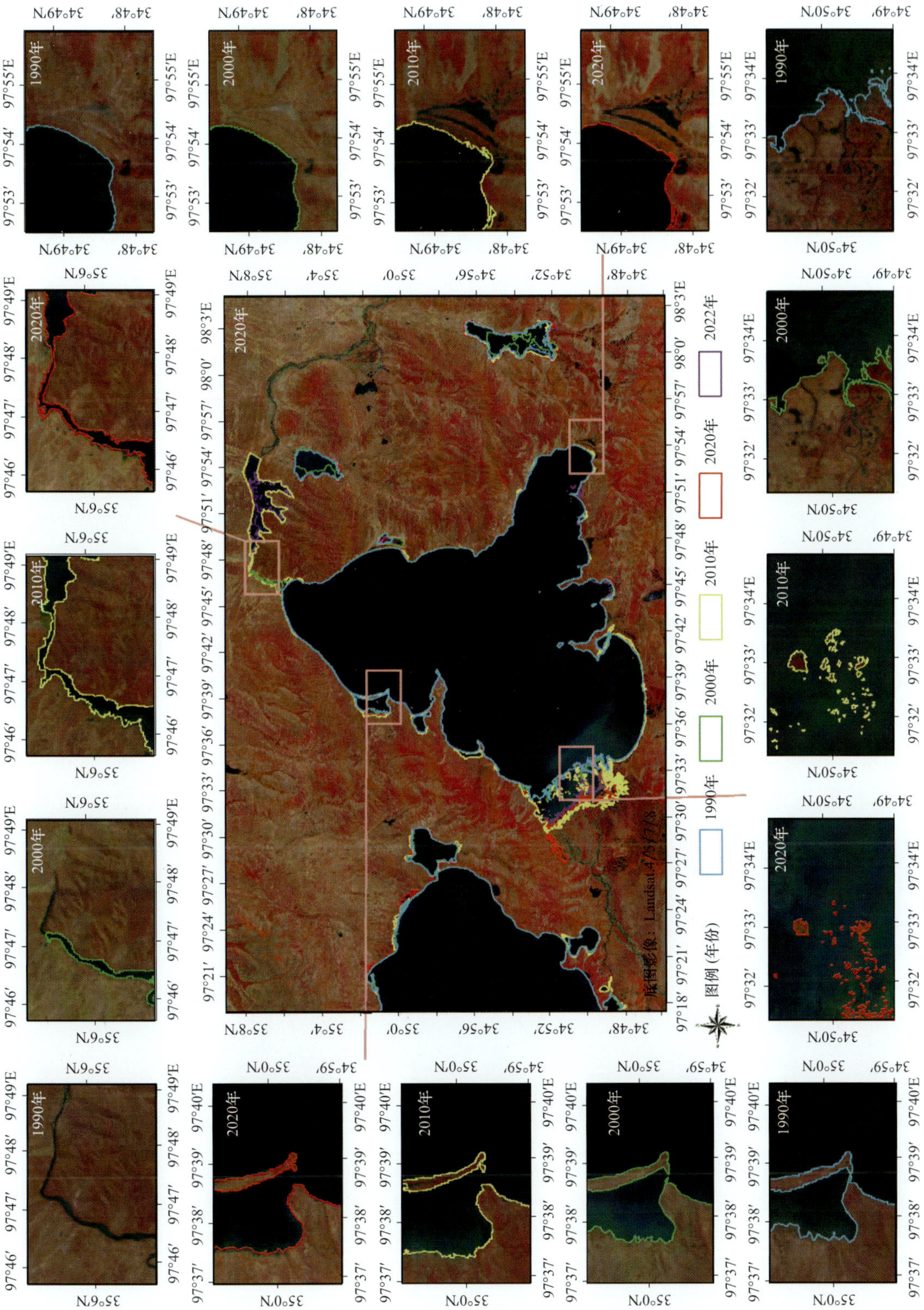

图 4-8　1987—2022 年鄂陵湖湖面时空变化

4.3 扎陵湖(错加郎)、卓让错、茶木错

扎陵湖，又名错加郎，古称柏海、查灵海。错加郎，系藏语音译名，意为灰白色长湖，因湖区风力强劲，白浪翻滚，故名。扎陵湖与鄂陵湖同为黄河上游最大的一对淡水湖，扎陵湖居鄂陵湖西侧，两湖由一天然堤相隔，形似蝴蝶。扎陵湖地跨果洛藏族自治州玛多县和玉树藏族自治州曲麻莱县，坐落于青藏高原巴颜喀拉山北，布青山南的黄河上游宽谷中。地理坐标为东经97°02′—97°30′，北纬34°48′—35°01′，湖面水位海拔4292.00 m，面积526.0 km^2(王苏民 等，1998)，2020年卫星遥感监测水位海拔4292.94 m(Xu et al.，2021，2022；许风林 等，2021)。

卓让错，位于青海省果洛藏族自治州玛多县，扎陵湖西北角。2009年开始与扎陵湖连为一体，2016—2017年短期的分离后又连为一体。地理坐标为东经97°28′12″，北纬34°57′36″(中华人民共和国水利部建设与管理司 等，1998)。

茶木错，位于青海省果洛藏族自治州玛多县，扎陵湖东南方一子湖，两湖之间有天然堤，随着扎陵湖与茶木错水体面积的显著扩张，天然堤被淹没，2009年开始与扎陵湖有水道相通，面积剧增。地理坐标为东经97°22′，北纬34°49′(中华人民共和国水利部建设与管理司 等，1998)。

多源卫星遥感监测显示，1987—2022年扎陵湖(含卓让错、茶木错，下同)面积呈显著扩张趋势，平均每年扩张0.53 km^2。2022年扎陵湖面积为553.87 km^2，较1987年(538.43 km^2)扩张15.44 km^2，扩张率为2.87%(图4-9a，表4-3)。2010—2020年期间，扎陵湖水量略微减少。2020年扎陵湖水量较2010年减少了0.15 Gt(图4-9b)。在空间变化上，扎陵湖水体面积变化最明显的区域为湖西部黄河流入的湖口型洪积扇区域(图4-10，图4-11)。

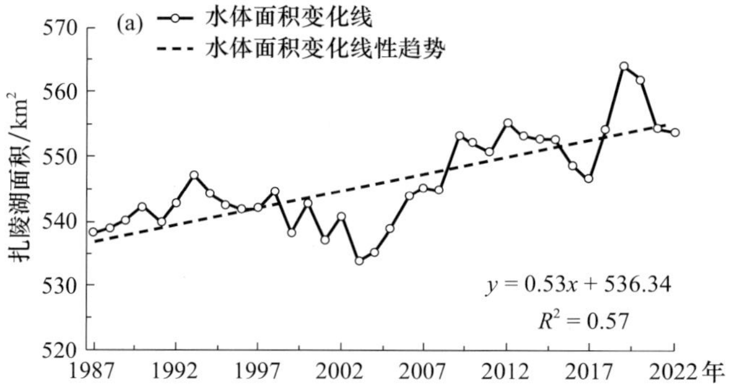

图 4-9　1987—2022 年扎陵湖（含卓让错、茶木错）面积变化(a)；
2010—2020 年扎陵湖(含卓让错、茶木错)水量变化量(b)

表 4-3　1987—2022 年扎陵湖、卓让错、茶木错逐五年面积统计　单位：km^2

年份	1987	1990	1995	2000	2005	2010	2015	2020	2022
扎陵湖	521.73	525.02	525.62	525.57	525.52	546.30	546.78	555.46	547.79
卓让错	11.69	12.29	11.81	11.77	8.05				
茶木错	5.01	5.01	5.05	5.19	5.00	6.06	6.03	6.25	6.08
合计	538.43	542.32	542.48	542.53	538.57	552.36	552.81	561.71	553.87

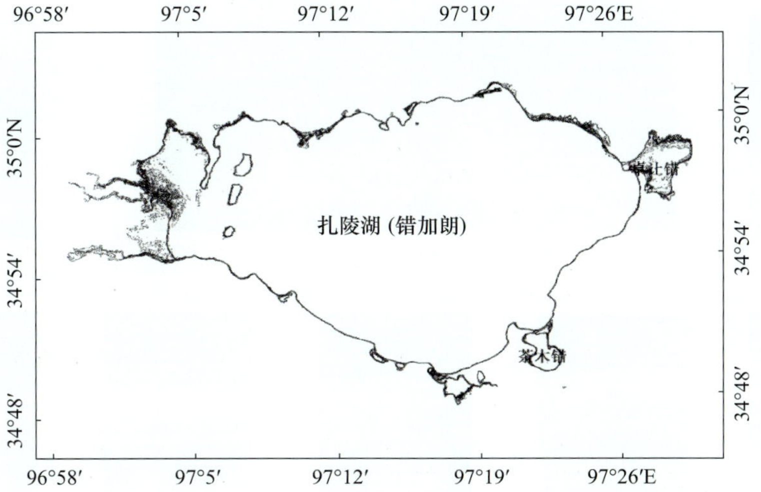

图 4-10　1987—2022 年扎陵湖(含卓让错、茶木错)边界变化

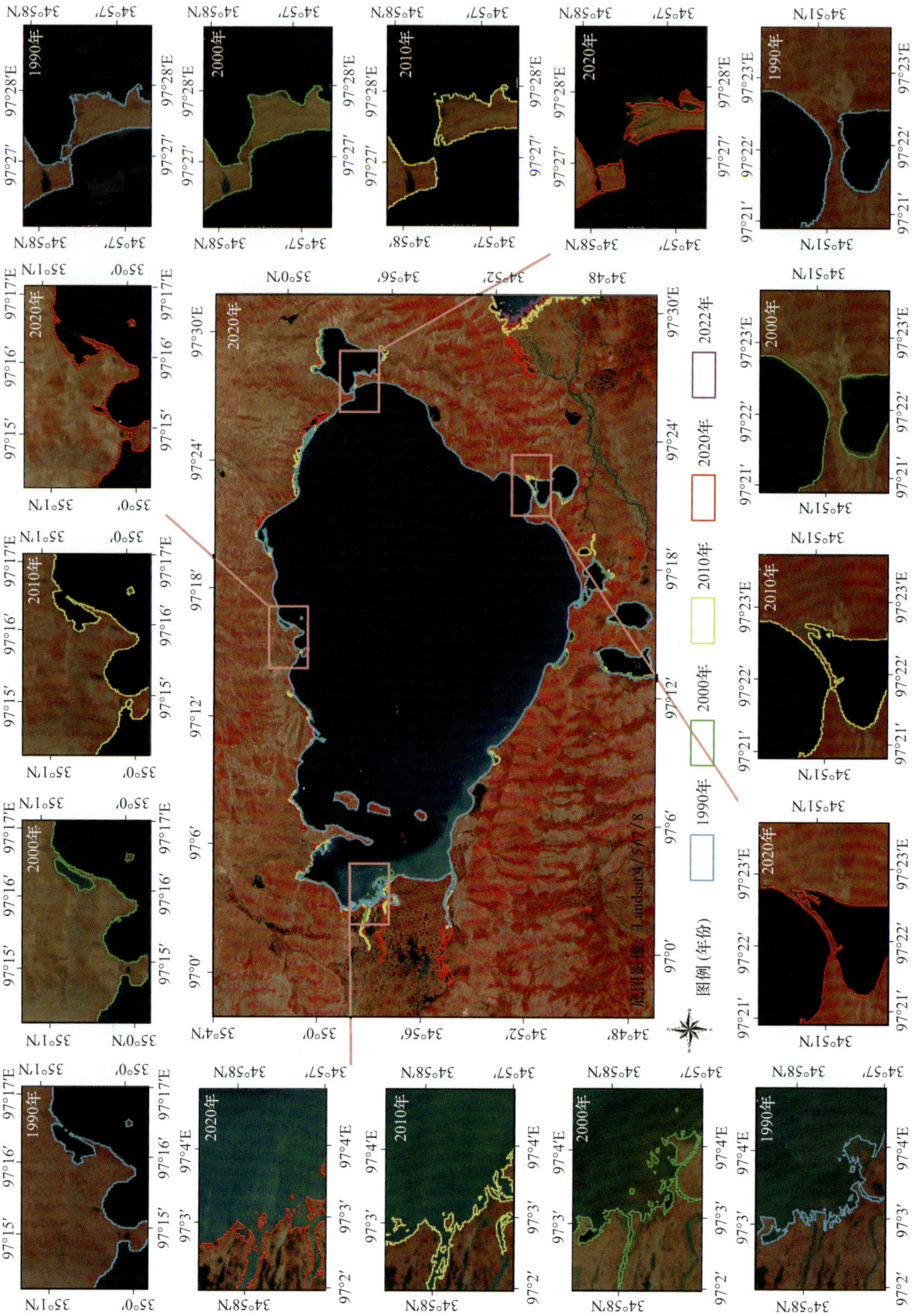

图 4-11　1987—2022 年扎陵湖（含卓让错、茶木错）湖面时空变化

4.4 冬格措纳湖(托索湖、黑海)

冬格措纳湖,又名托索湖、黑海。位于青海省果洛藏族自治州玛多县,布青山、布尔汗布达山间断陷盆地内。地理坐标为东经 98°20′—98°43′,北纬 35°13′—35°23′,湖面水位海拔 4082.00 m,面积 232.2 km²(王苏民 等,1998),2020 年卫星遥感监测水位海拔 4086.73 m(Xu et al.,2021,2022;许凤林 等,2021)。

多源卫星遥感监测显示,1987—2022 年冬格措纳湖面积呈显著扩张趋势,平均每年扩张 0.72 km²。其中,1987—2009 年期间,湖泊面积变化幅度较小,自 2010 年开始,湖泊面积扩张明显。2022 年冬格措纳湖面积为 258.26 km²,较 1987 年(234.83 km²)扩张 23.43 km²,扩张率为 9.98%(图 4-12a,表 4-4)。2010—2020 年期间,冬格措纳湖水量增加,平均每年增加 0.01 Gt,2020 年水量较 2010 年增加了 0.11 Gt(图 4-12b)。在空间变化上,冬格措纳湖东部变化明显,因滨湖东部为湖泊退缩后形成的软质淤泥带,地势开阔,而其他方位山体紧逼湖边,仅河流入湖口有小型洪积扇发育,湖岸陡峭,故湖泊面积扩张主要发生在东部(图 4-13,图 4-14)。

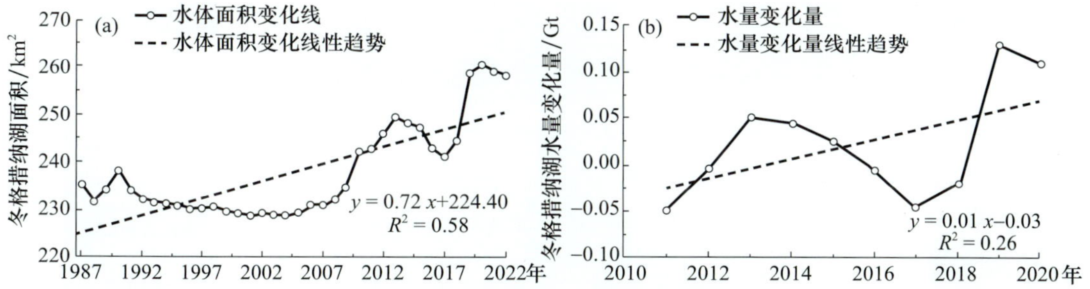

图 4-12 1987—2022 年冬格措纳湖面积变化(a);2010—2020 年冬格措纳湖水量变化量(b)

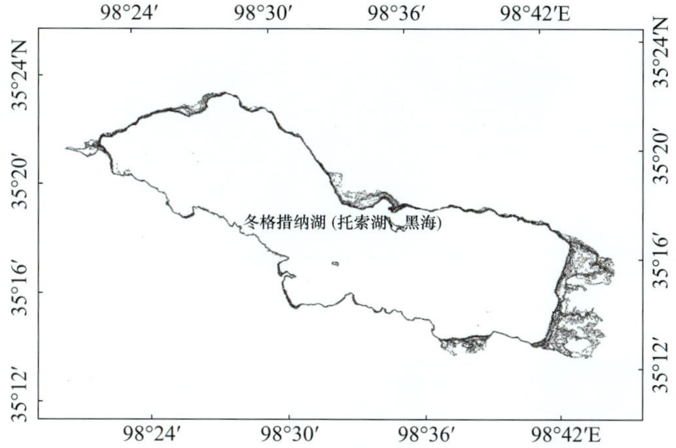

图 4-13 1987—2022 年冬格措纳湖边界变化

表 4-4 1987—2022 年冬格措纳湖逐五年面积统计 单位:km²

年份	1987	1990	1995	2000	2005	2010	2015	2020	2022
冬格措纳湖	234.83	237.48	230.56	228.96	229.30	242.23	247.23	260.33	258.26

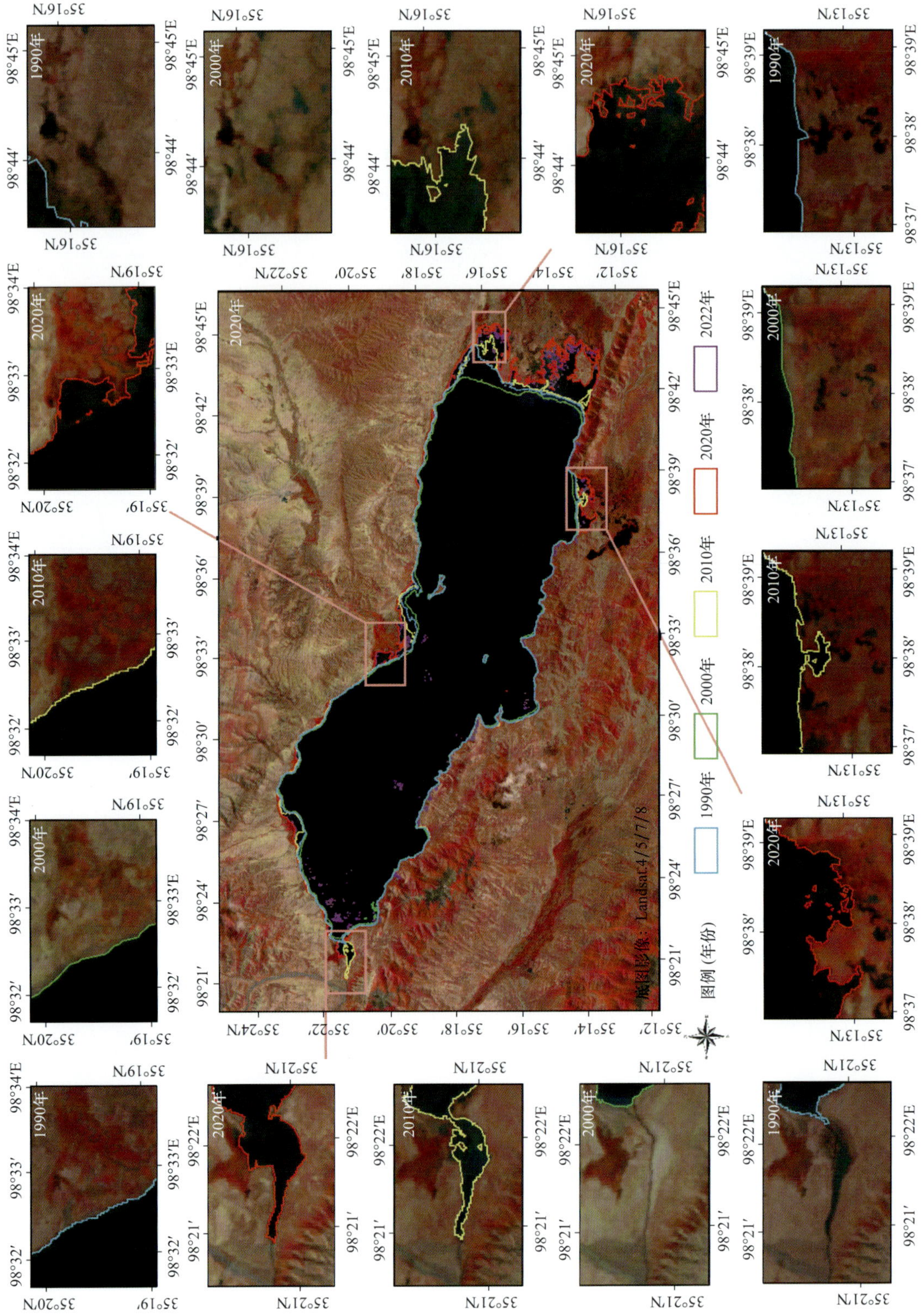

图 4-14 1987—2022 年冬格措纳湖湖面时空变化

4.5　苦海(豆错)

苦海，又名豆错。位于青海省果洛藏族自治州，跨玛多和兴海两县。湖滨东部、北部为洪积平原，岸线平整；西、南部山体紧临湖岸，岸线曲折、陡峭。湖水主要依赖泉水和地下水补给。地理坐标为东经99°10′，北纬35°19′，湖面水位海拔4128 m，面积44.4 km^2(王苏民 等，1998)，2020年卫星遥感监测水位海拔4130.72 m(Xu et al.，2021，2022；许凤林 等，2021)。

多源卫星遥感监测显示，1987—2022年苦海水体面积呈先萎缩后扩张变化趋势，其中，1987—2008年期间，湖泊水体面积萎缩，平均每年萎缩0.08 km^2；2008年以来湖泊水量不断充盈，面积恢复，平均每年扩张0.19 km^2，2020年湖泊面积超过了1987年以来的最大面积(1993年面积最大：49.42 km^2)。2022年苦海面积为50.19 km^2，较1987年(48.65 km^2)扩张1.54 km^2，扩张率为3.17%(图4-15a，表4-5)。2011—2020年期间，苦海水量显著增加，平均每年增加0.008 Gt，2020年水量较2011年增加了0.07 Gt(图4-15b)。在空间变化上，湖泊整体变化不明显，湖北部是变化相对明显的区域(图4-16，图4-17)。

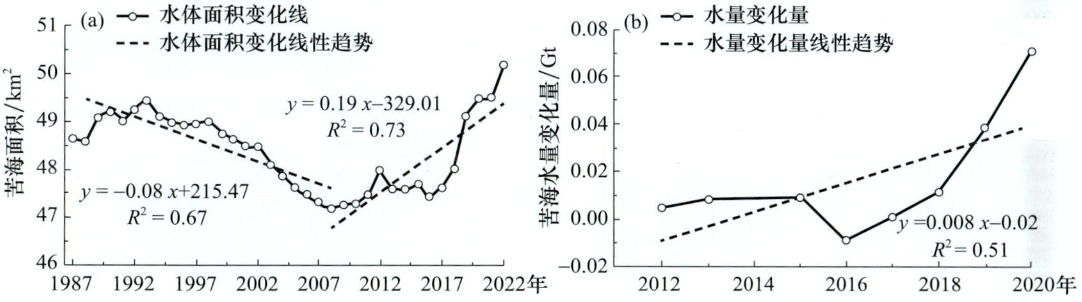

图4-15　1987—2022年苦海面积变化(a)；2011—2020年苦海水量变化量(b)

表4-5　1987—2022年苦海逐五年面积统计　　单位：km^2

年份	1987	1990	1995	2000	2005	2010	2015	2020	2022
苦海	48.65	49.20	48.97	48.62	47.62	47.27	47.70	49.50	50.19

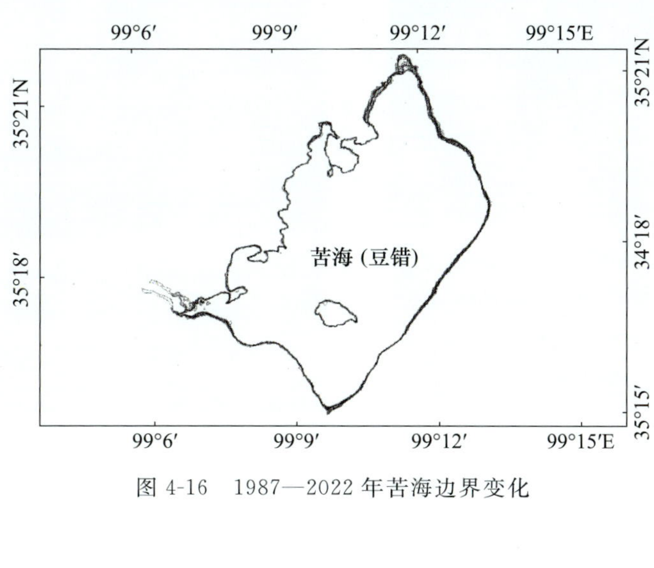

图4-16　1987—2022年苦海边界变化

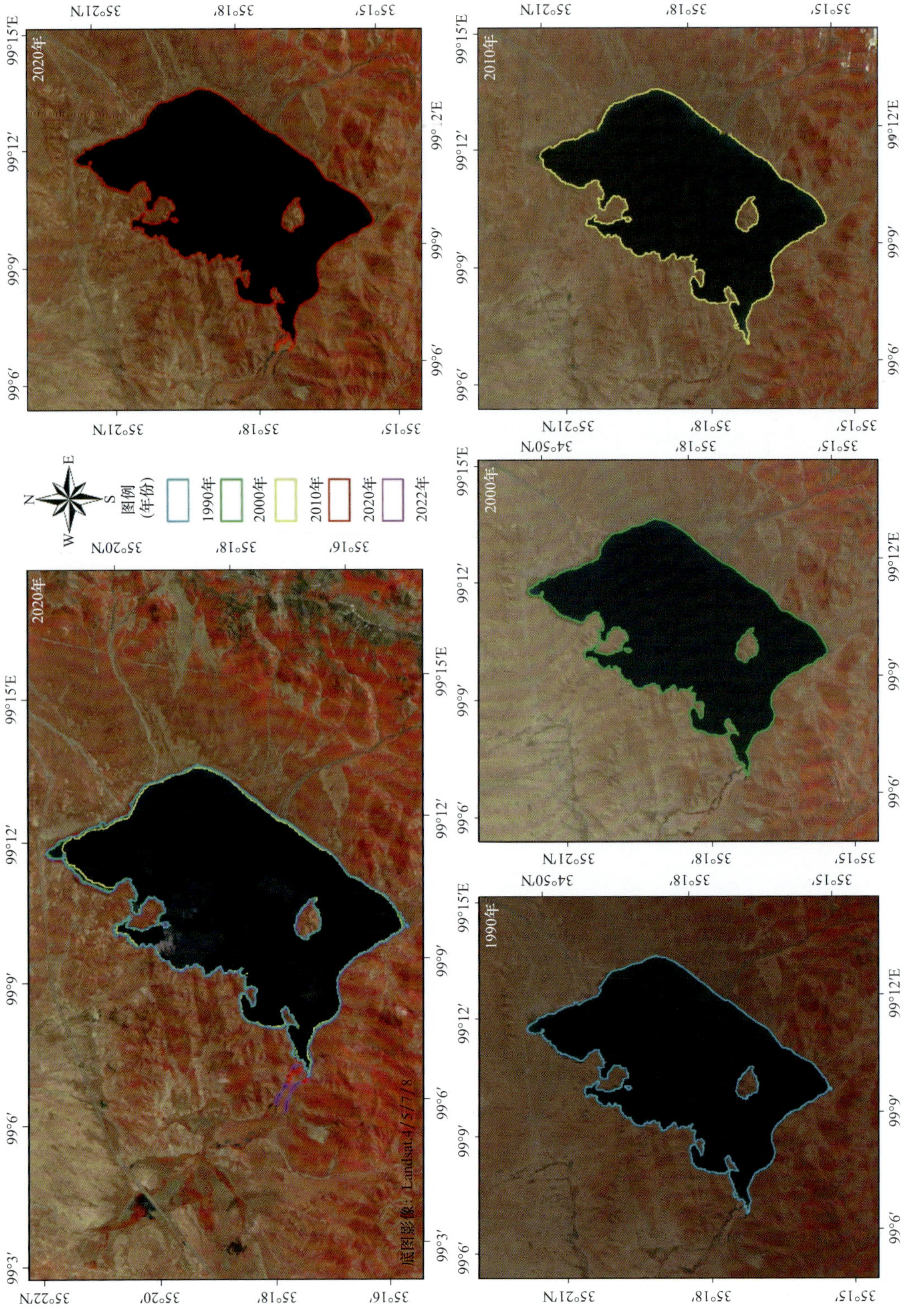

图 4-17 1987—2022 年苦海湖面时空变化

4.6　岗纳格玛错

岗纳格玛错，位于青海省果洛藏族自治州玛多县，系黄河受地列山和狼青卡欧山约束，河道突然变狭，河水下泄不畅，泛滥后在河漫滩低凹地积水成湖。地理坐标为东经 98°40′，北纬 34°20′，湖面水位海拔 4180 m，面积 33.1 km²（王苏民 等，1998），2020 年卫星遥感监测水位海拔 4177.26 m（Xu et al.，2021，2022；许风林 等，2021）。

多源卫星遥感监测显示，20 世纪 80 和 90 年代，岗纳格玛错水体丰枯变化明显，21 世纪初期开始水体面积逐渐增加并趋于平稳。2022 年岗纳格玛错面积为 31.73 km²，较 1987 年（26.23 km²）扩张 5.50 km²，扩张率为 20.97%（图 4-18a，表 4-6）。2010—2019 年期间，岗纳格玛错水量增加，平均每年增加不到 0.001 Gt，2019 年水量较 2010 年增加了 0.02 Gt（图 4-18b）。在空间变化上，岗纳格玛错北部是变化最明显的区域，湖体北进为湖泊，南退变湿地（图 4-19，图 4-20）。

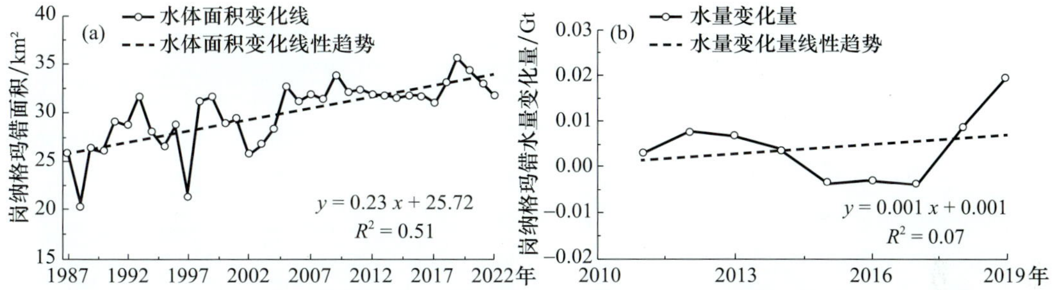

图 4-18　1987—2022 年岗纳格玛错面积变化（a）；2010—2019 年岗纳格玛错水量变化量（b）

表 4-6　1987—2022 年岗纳格玛错逐五年面积统计　单位：km²

年份	1987	1990	1995	2000	2005	2010	2015	2020	2022
岗纳格玛错	26.23	26.38	26.62	29.05	32.61	32.06	31.73	34.33	31.73

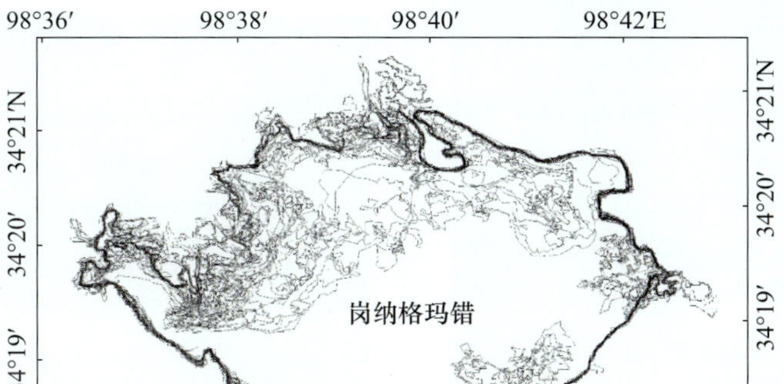

图 4-19　1987—2022 年岗纳格玛错边界变化

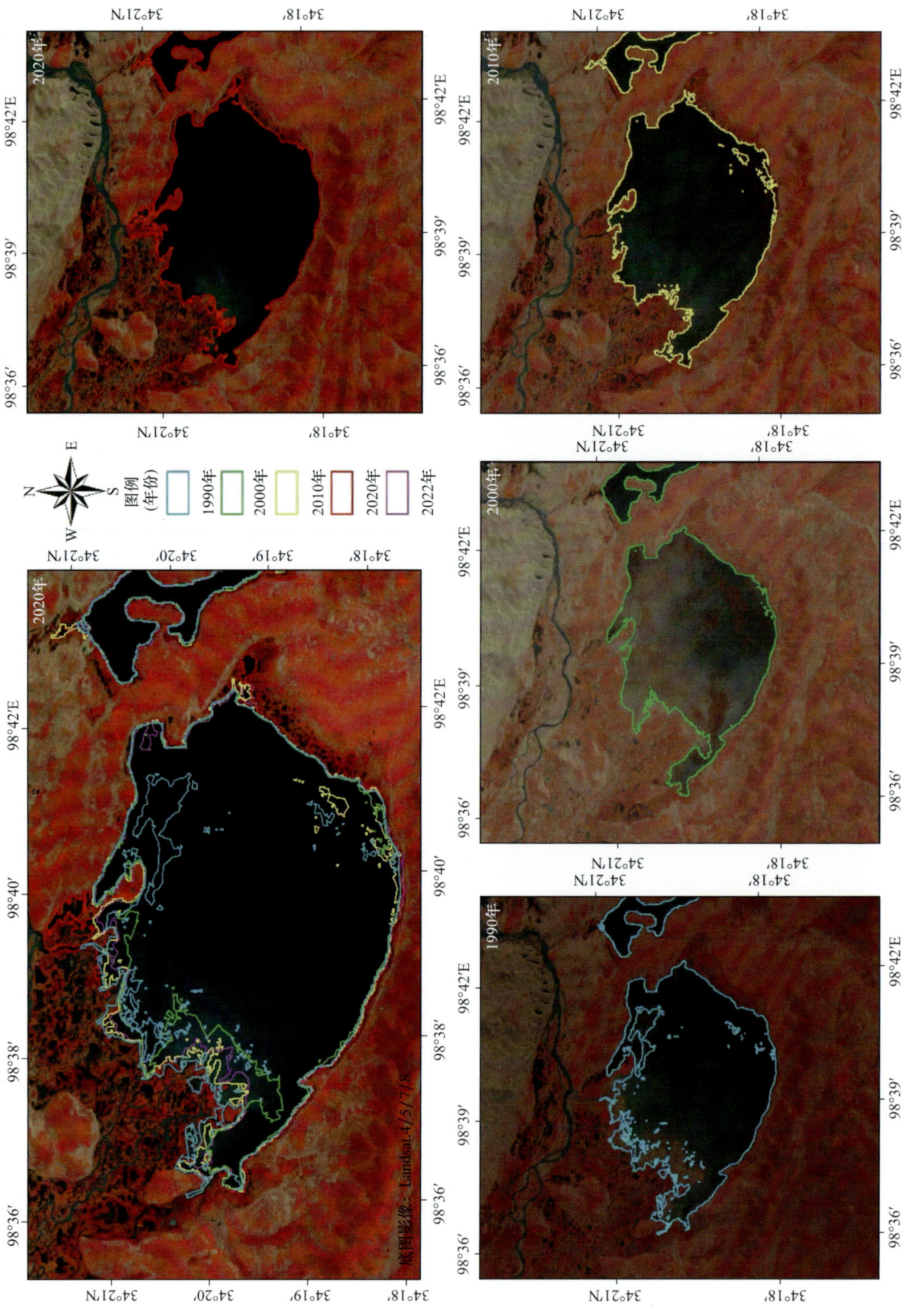

图 4-20 1987—2022 年岗纳格玛错湖面时空变化

4.7　尕拉拉错

尕拉拉错，位于青海省果洛藏族自治州玛多县，巴颜喀拉山主峰勒那冬则山北麓一山间盆地内；滨湖东、西侧山体紧邻湖岸。湖水主要依赖南岸入湖的尕拉曲补给，出流由北部流入黑曲最终汇入黄河，属黄河上游外流淡水湖。地理坐标为东经 97°44′，北纬 34°29′，湖面水位海拔 4412.00 m，面积 22.5 km^2，2020 年卫星遥感监测水位海拔 4419.68 m（Xu et al.，2021，2022；许风林 等，2021）。

多源卫星遥感监测显示，1987—2022 年尕拉拉错面积呈显著扩张趋势，平均每年扩张 0.02 km^2。2022 年尕拉拉错面积为 21.96 km^2，较 1987 年（21.21 km^2）扩张 0.75 km^2，扩张率为 3.54%（图 4-21a，表 4-7），2010—2020 年期间，尕拉拉错水量增加，平均每年增加 0.001 Gt，2020 年水量较 2010 年增加了 0.01 Gt（图 4-21b）。在空间变化上，湖南部变化最明显（图 4-22，图 4-23）。

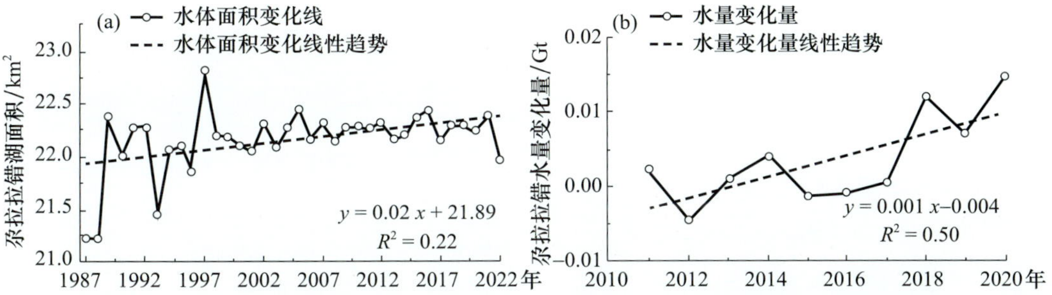

图 4-21　1987—2022 年尕拉拉错面积变化（a）；2010—2020 年尕拉拉错水量变化量（b）

表 4-7　1987—2022 年尕拉拉错逐五年面积统计　　单位：km^2

年份	1987	1990	1995	2000	2005	2010	2015	2020	2022
尕拉拉错	21.21	22.01	22.11	22.11	22.44	22.29	22.37	22.24	21.96

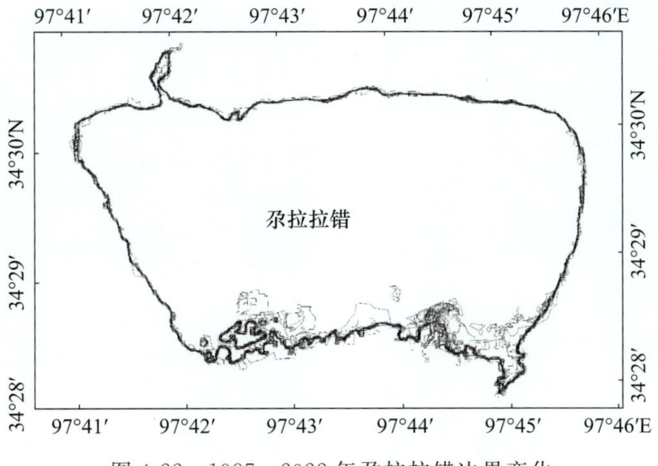

图 4-22　1987—2022 年尕拉拉错边界变化

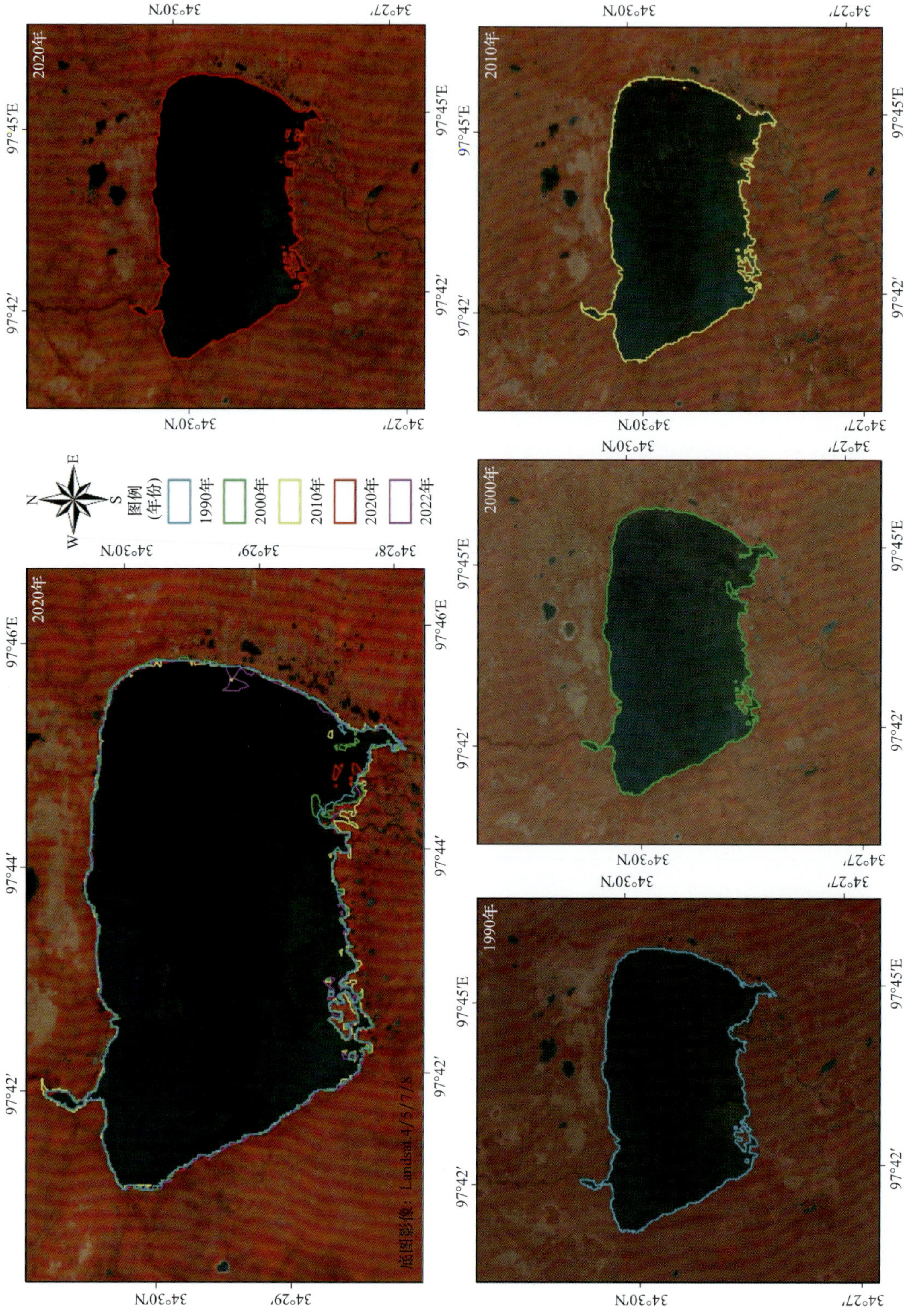

图 4-23　1987—2022 年尕拉拉错湖面时空变化

4.8　日格错(日格错岔玛)

日格错，又名日格错岔玛。位于青海省果洛藏族自治州玛多县，滨湖山地环绕，北部为狼青卡欧山。日格错属黄河源头右岸外流淡水湖，枯水期主要依赖南部入湖的康玛让河补给；丰水期，黄河水从汉河分流岗纳格玛错，并漫岗地、入日格错；洪水过后，湖水回注黄河。地理坐标为东经 98°45′，北纬 34°20′，湖面水位海拔 4180 m，面积 15.0 km^2(王苏民 等，1998)。

多源卫星遥感监测显示，1987—2022 年日格错面积呈显著扩张趋势，平均每年扩张 0.04 km^2。2022 年日格错面积为 14.62 km^2，较 1987 年(13.64 km^2)扩张 0.98 km^2，扩张率为 7.18%(图 4-24，表 4-8)。在空间变化上，日格错南部入湖河流康玛让河注入的洪积扇区是变化最明显的区域(图 4-25，图 4-26)。

图 4-24　1987—2022 年日格错面积变化

表 4-8　1987—2022 年日格错逐五年面积统计　　单位：km^2

年份	1987	1990	1995	2000	2005	2010	2015	2020	2022
日格错	13.64	14.20	13.83	14.60	13.81	15.07	14.70	15.87	14.62

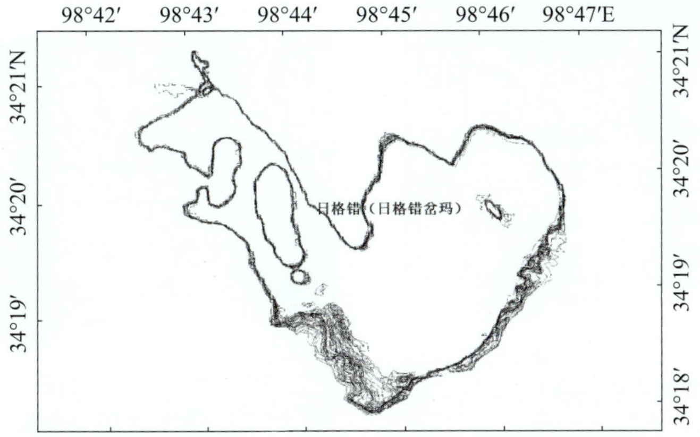

图 4-25　1987—2022 年日格错边界变化

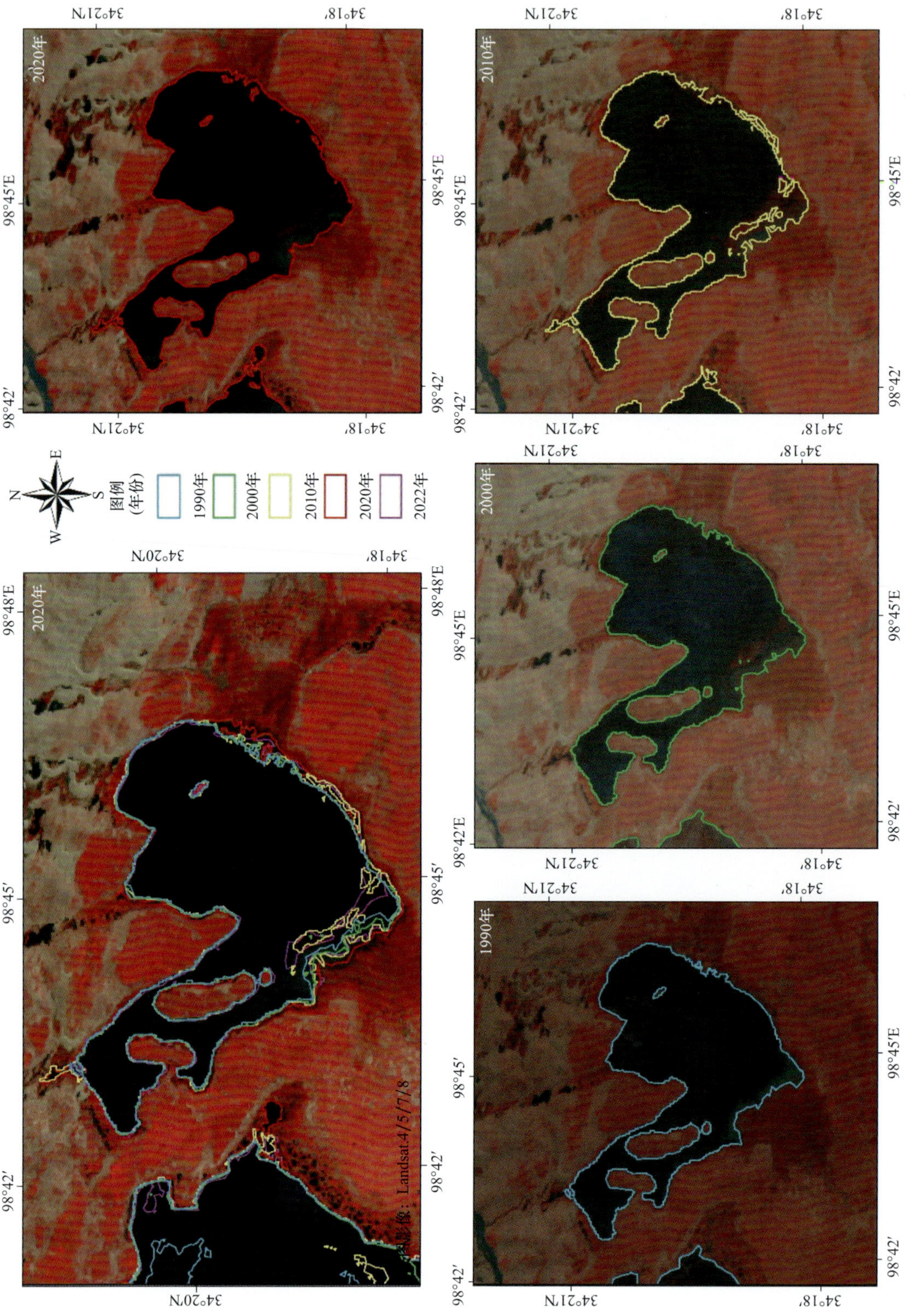

图 4-26　1987—2022 年日格错湖面时空变化

4.9　冬草阿龙

冬草阿龙，位于青海省果洛藏族自治州玛多县，黄河上游左岸，系黄河河床摆动形成的牛轭湖，湖体南部为黄河形成的天然堤和泛滥平原，其他方位为山地；泛滥平原低凹处分布有许多小湖，丰水期与冬草阿龙连成一体。集水面积很小，无任何地表径流入湖，湖水通过天然堤水道与黄河相通，丰水时黄河水入湖，枯水时湖水回流黄河，属黄河上游外流淡水湖。地理坐标为东经 98°44′，北纬 34°30′，湖面水位海拔 4180 m，面积 10.5 km^2（王苏民 等，1998）。

多源卫星遥感监测显示，1987—2022 年冬草阿龙水体面积呈显著扩张趋势，平均每年扩张 0.05 km^2。2022 年冬草阿龙水体面积为 9.70 km^2，较 1987 年（8.83 km^2）扩张 0.87 km^2，扩张率为 9.85%（图 4-27，表 4-9）。在空间变化上，因冬草阿龙水体面积的变化主要受黄河水流量丰枯影响，故西南部与黄河入湖处的河滩是主要变化区域（图 4-28，图 4-29）。

图 4-27　1987—2022 年冬草阿龙水体面积变化

表 4-9　1987—2022 年冬草阿龙逐五年面积统计　　单位：km^2

年份	1987	1990	1995	2000	2005	2010	2015	2020	2022
冬草阿龙	8.83	9.58	8.49	8.58	8.56	9.82	8.63	11.62	9.70

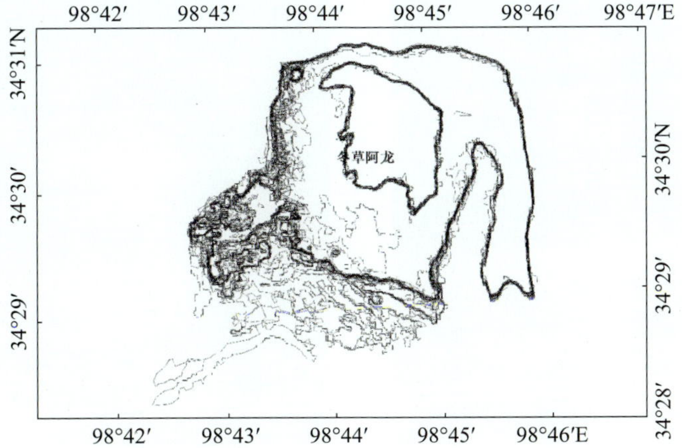

图 4-28　1987—2022 年冬草阿龙边界变化

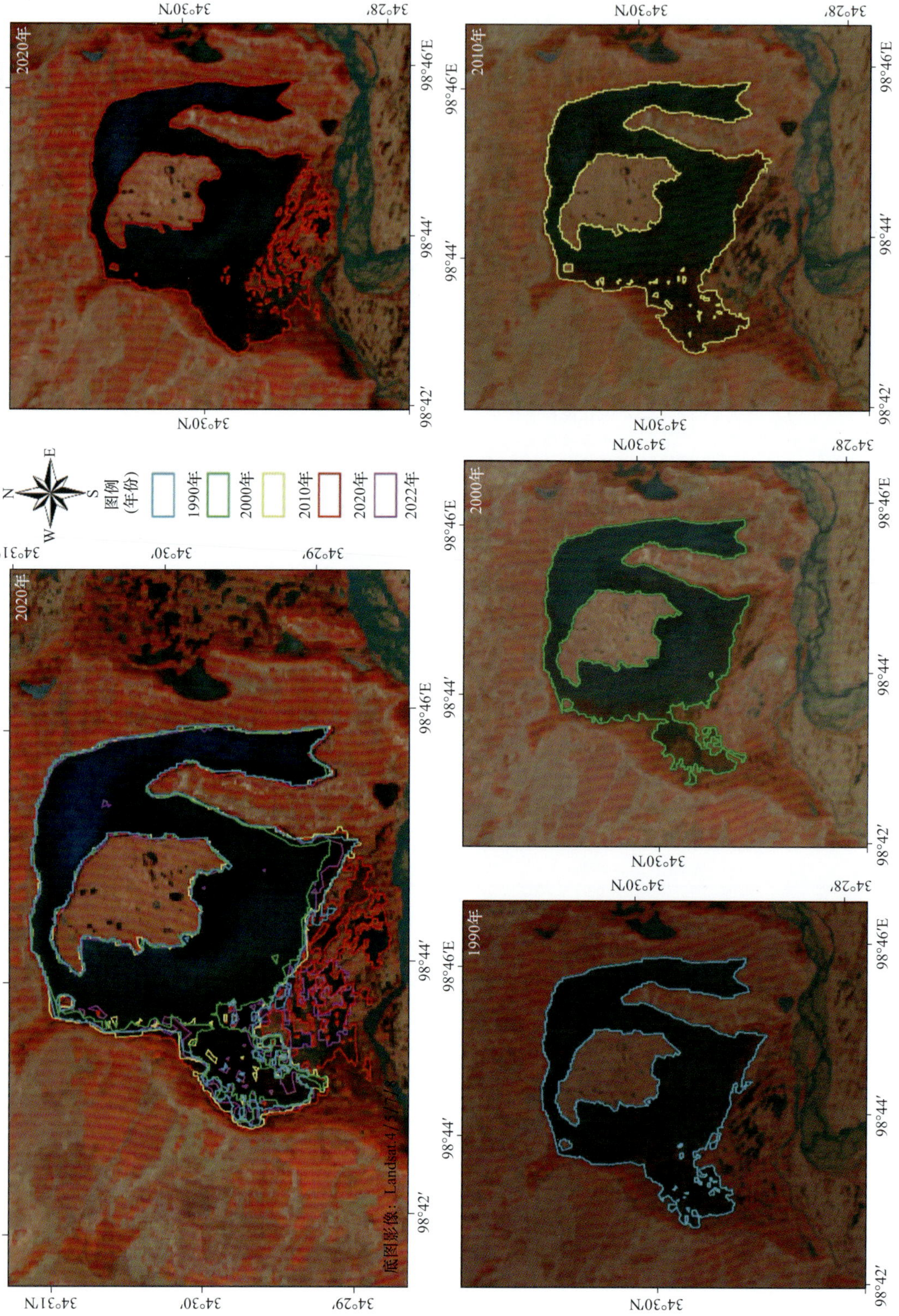

图 4-29 1987—2022 年冬草阿龙湖面时空变化

4.10　哈江盐池(哈江盐湖)

哈江盐池，又叫哈江盐湖。位于黄河上游区的青海省果洛藏族自治州玛多县扎陵湖乡西南方向约 3 km 处。地理坐标为东经 97°54′0″，北纬 35°2′59″(中华人民共和国水利部建设与管理司 等，1998)。

多源卫星遥感监测显示，1987—2022 年哈江盐池面积呈显著扩张趋势，平均每年扩张 0.06 km^2。2022 年哈江盐池面积为 8.74 km^2，较 1987 年(8.28 km^2)扩张 0.46 km^2，扩张率为 5.56%(图 4-30，表 4-10)。在空间变化上，湖滨东部沿岸山势陡峭，湖体向北、西、南三面扩张(图 4-31，图 4-32)。

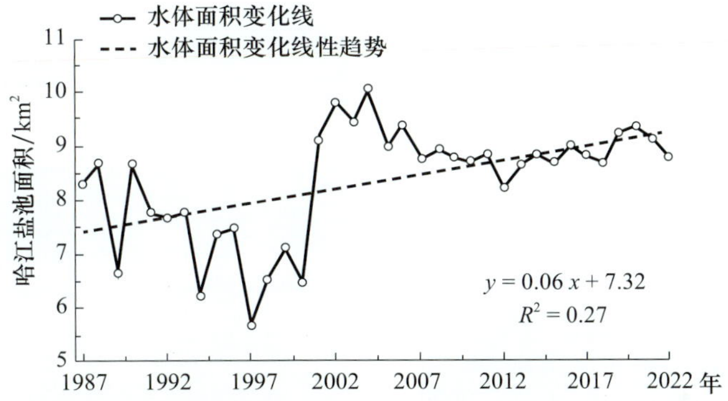

图 4-30　1987—2022 年哈江盐池面积变化

表 4-10　1987—2022 年哈江盐池逐五年面积统计　　单位：km^2

年份	1987	1990	1995	2000	2005	2010	2015	2020	2022
哈江盐池	8.28	8.71	7.35	6.40	8.95	8.72	8.69	9.33	8.74

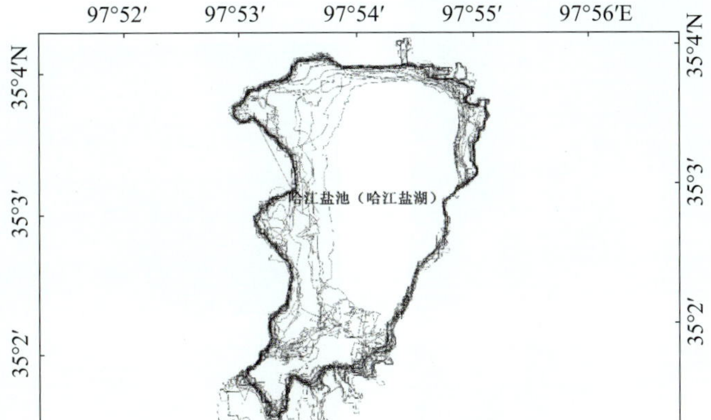

图 4-31　1987—2022 年哈江盐池边界变化

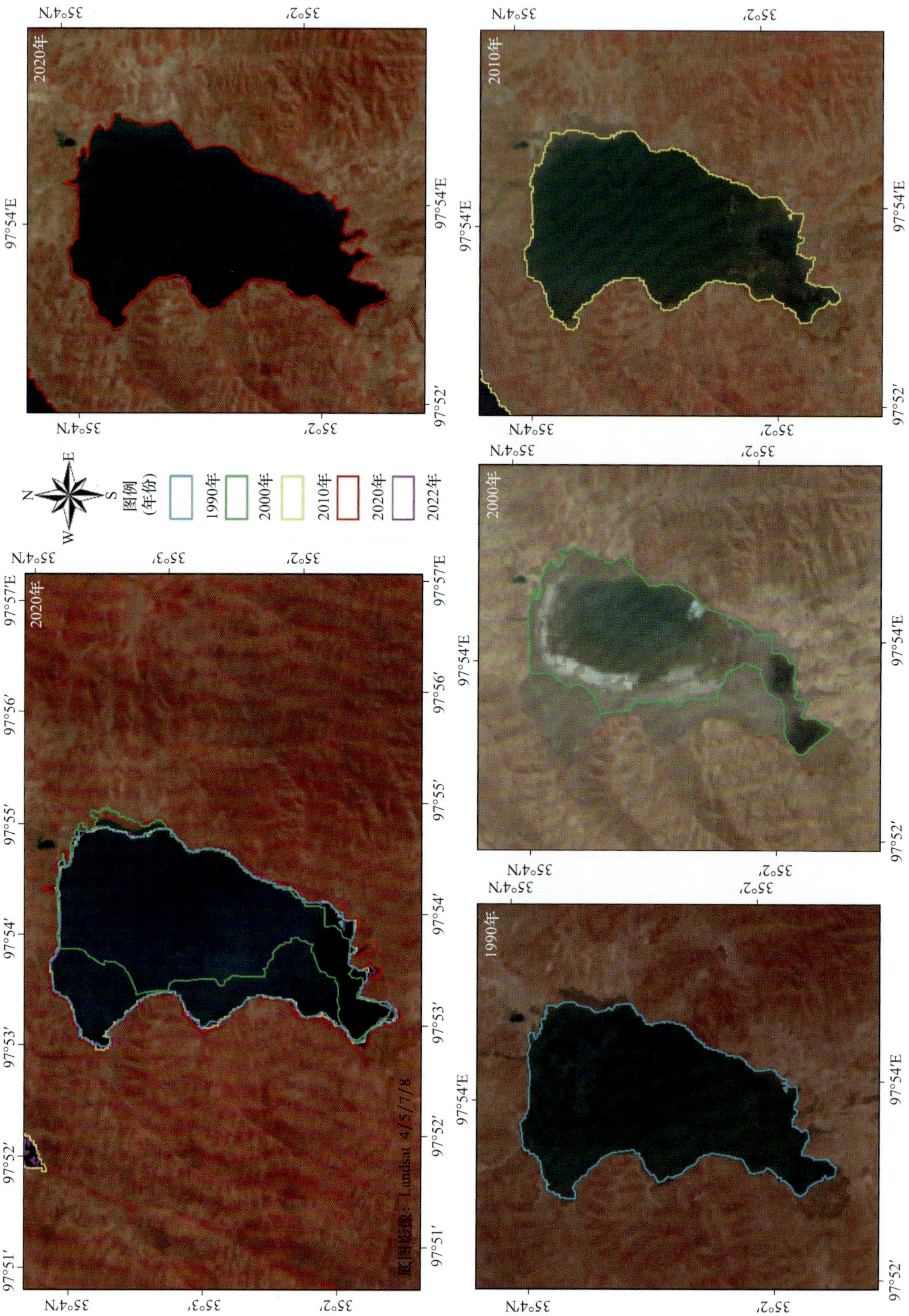

图 4-32 1987—2022 年哈江盐池湖面时空变化

4.11　江蒙错

江蒙错，位于青海省果洛藏族自治州玛多县，西距 G214 国道（西景线）、G0613 高速（西丽高速）240 m。地理坐标为东经 98°3′36″，北纬 34°38′24″（中华人民共和国水利部建设与管理司等，1998）。

多源卫星遥感监测显示，1987—2022 年江蒙错面积呈显著扩张趋势，平均每年扩张 0.02 km^2。2022 年江蒙错面积为 5.63 km^2，较 1987 年（5.10 km^2）扩张 0.53 km^2，扩张率为 10.39%（图 4-33，表 4-11）。在空间变化上，湖西部扩张发育的小湖是变化最明显的区域（图 4-34，图 4-35）。

图 4-33　1987—2022 年江蒙错面积变化

表 4-11　1987—2022 年江蒙错逐五年面积统计　　单位：km^2

年份	1987	1990	1995	2000	2005	2010	2015	2020	2022
江蒙错	5.10	5.18	5.16	5.05	5.14	5.43	5.34	5.78	5.63

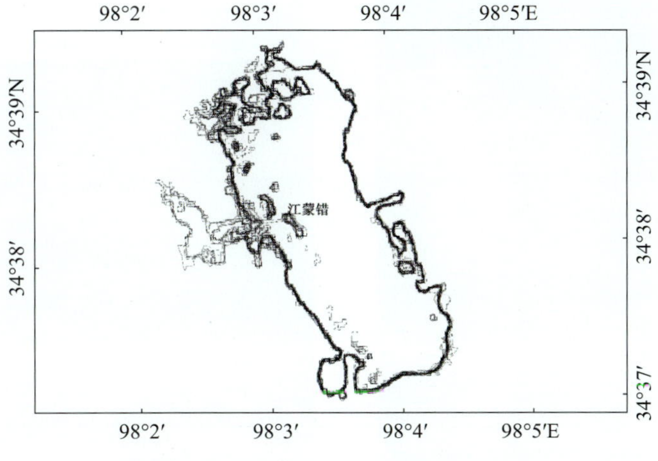

图 4-34　2010—2020 年江蒙错边界变化

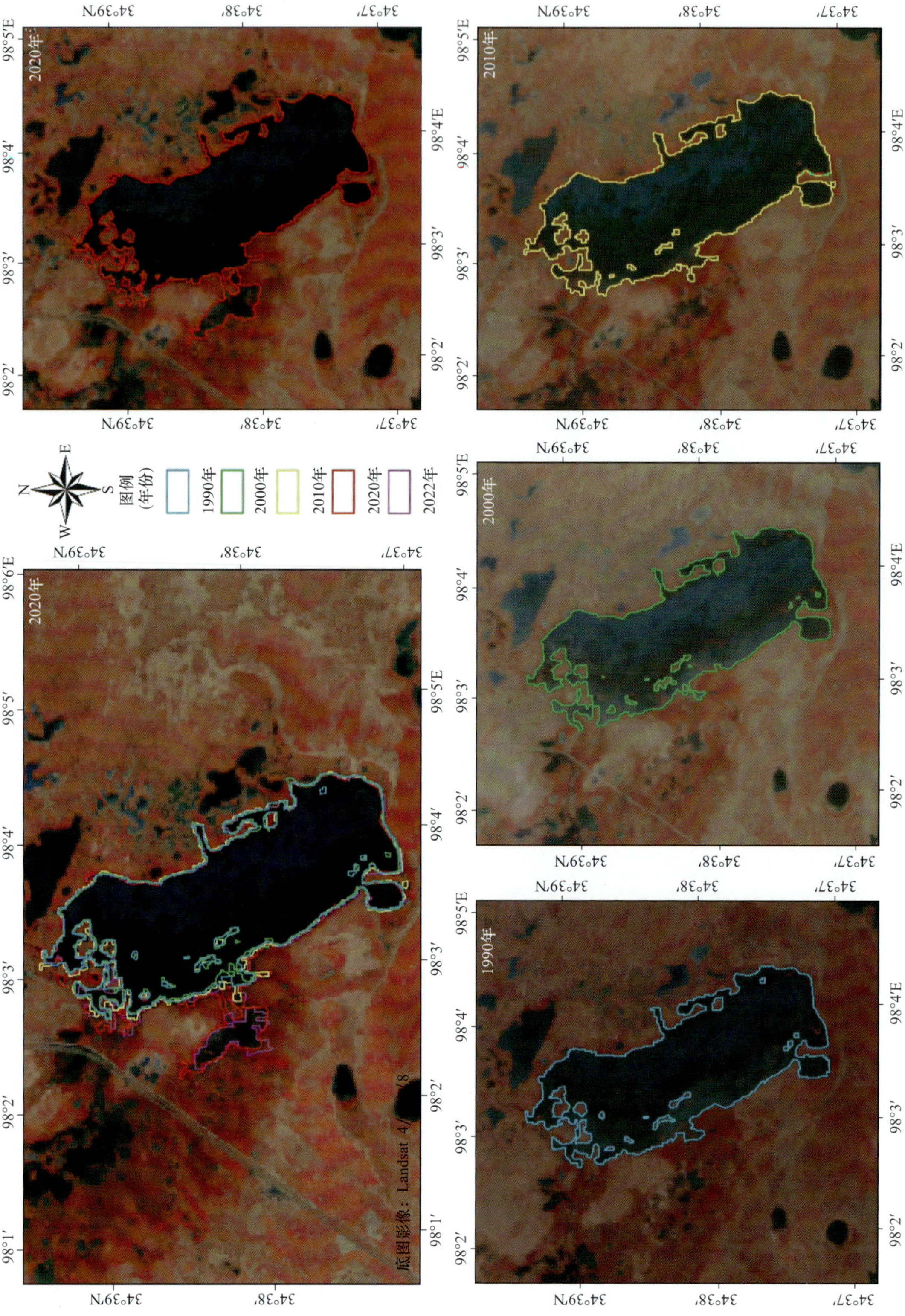

图 4-35　1987—2022 年江蒙错湖面时空变化

4.12　DQH 无名湖 003、Z63001

DQH 无名湖 003，位于青海省果洛藏族自治州玛多县，是扎陵湖南部的一个小湖泊，与其东部毗邻约 1.5 km 处有一个湖泊 Z63001。地理坐标为东经 97°13′48″，北纬 34°47′24″（中华人民共和国水利部建设与管理司 等，1998）。

多源卫星遥感监测显示，1987—2022 年 DQH 无名湖 003 水体面积呈萎缩后恢复的变化状态，整体为萎缩态势，平均每年萎缩 0.01 km²。2004 年湖泊面积萎缩至 3.28 km²，较 1987 年（6.37 km²）萎缩了 48.51%，这种湖泊低水量的状态持续到了 2008 年，从 2009 年开始水量稳定增加，面积稳定恢复。2022 年湖泊面积恢复到了 6.30 km²（图 4-36a，表 4-12）。在空间变化上，湖东部依靠陡峭山势，向湖西部和湖北部扩张明显（图 4-37，图 4-38）。

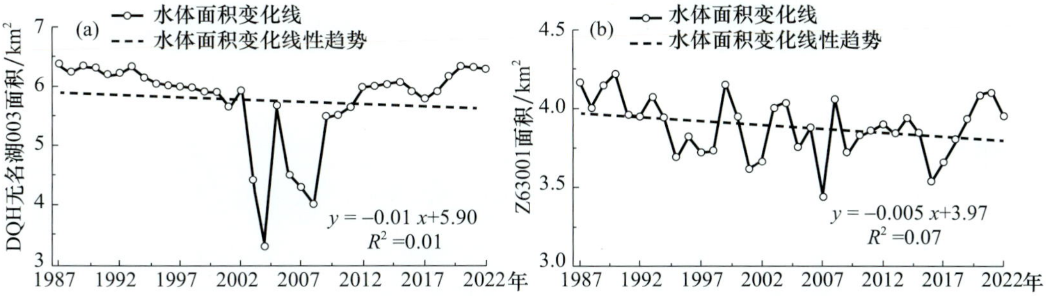

图 4-36　1987—2022 年 DQH 无名湖 003(a)、Z63001(b)面积变化

表 4-12　1987—2022 年 DQH 无名湖 003、Z63001 逐五年面积统计　　单位：km²

年份	1987	1990	1995	2000	2005	2010	2015	2020	2022
DQH 无名湖 003	6.37	6.32	6.04	5.90	5.70	5.51	6.06	6.34	6.30
Z63001	4.16	4.21	3.70	3.95	3.76	3.83	3.84	4.08	3.95

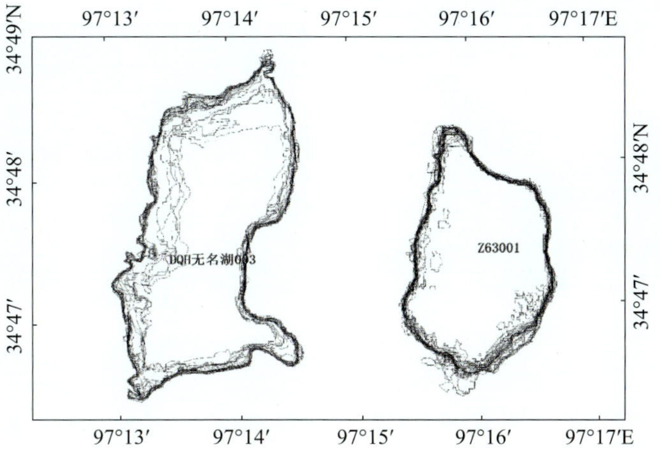

图 4-37　1987—2022 年 DQH 无名湖 003（左）、Z63001（右）边界变化

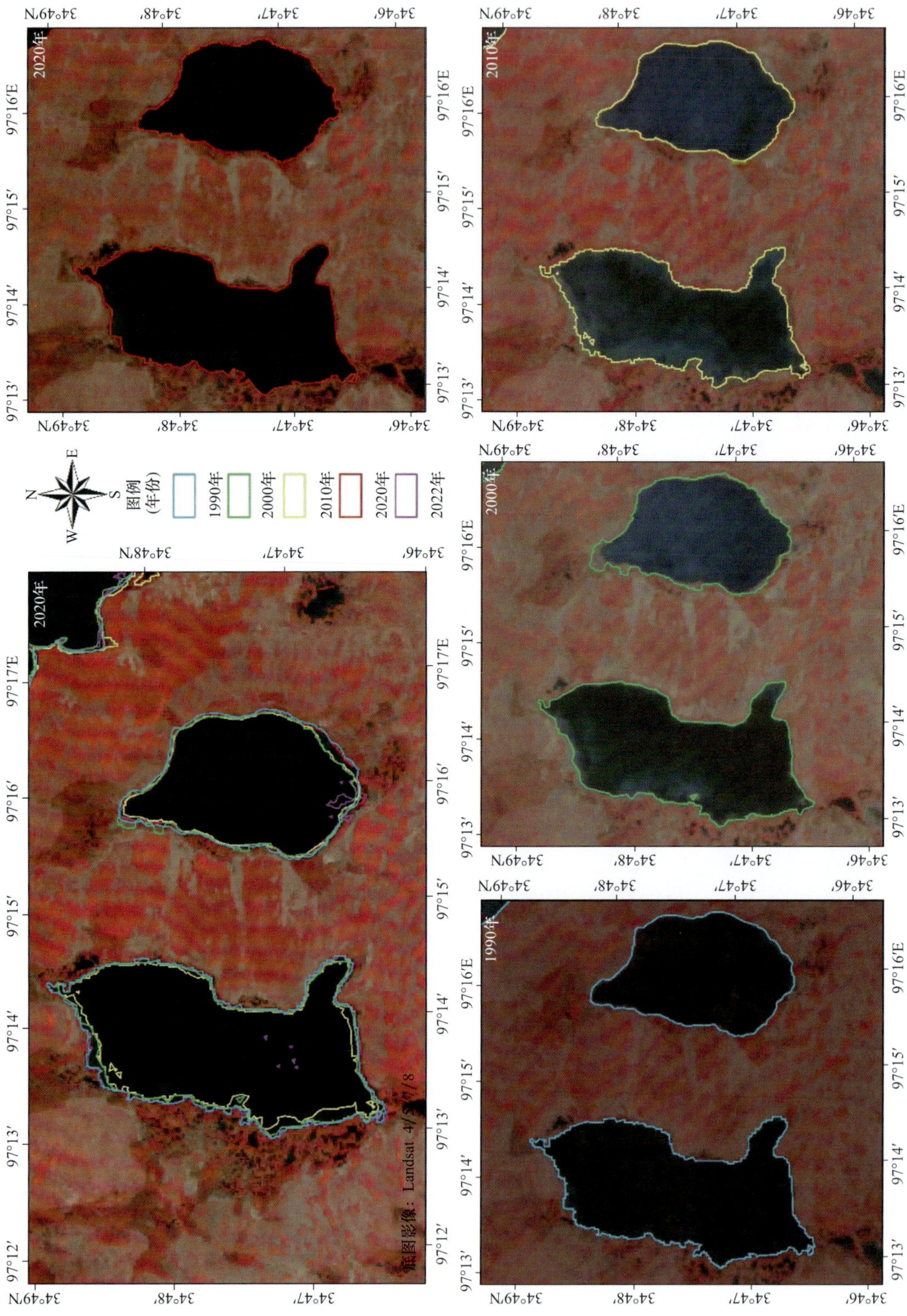

图 4-38　1987—2022 年 DQH 无名湖 003（左）、Z63001（右）湖面时空变化

Z63001，位于青海省果洛藏族自治州玛多县，是扎陵湖南部的一个小湖泊，与其西部毗邻约1.5 km处有一个湖泊DQH无名湖003。地理坐标为东经97°16′12″，北纬34°47′24″（中华人民共和国水利部建设与管理司 等，1998）。

多源卫星遥感监测显示，1987—2022年Z63001水体面积呈萎缩态势，平均每年萎缩0.005 km^2。2022年湖泊面积为3.95 km^2，较1987年（4.16 km^2）萎缩0.21 km^2，萎缩率为5.05%（图4-36b，表4-12）。在空间变化上，湖南部是变化最明显的区域（图4-37，图4-38）。

第5章 玉树藏族自治州

青海省玉树藏族自治州(简称玉树州)位于青海省西南青藏高原腹地的三江源头,平均海拔 4200 m,最高峰布喀达板峰海拔 6860 m;最低处囊谦县娘拉乡海拔 3335 m,空气含氧量只有海平面的 60%～70%。玉树藏语意为“遗址”。地理位置大致介于东经 89°27′—97°39′,北纬 31°45′—36°10′,北与青海省海西蒙古族藏族自治州相连,西北角与新疆巴音郭楞自治州接壤,东与青海省果洛藏族自治州互通,东南与四川省甘孜藏族自治州毗邻,西南与西藏昌都市和那曲市交界。自治州东西最长 738 km,南北最宽处 406 km,土地总面积 26.7 万 km^2(包括海西州代管的唐古拉山乡 6.4 万 km^2),占青海省总面积的 37.2%。现辖玉树、称多、囊谦、杂多、治多、曲麻莱 6 县。

1987 年,青海省玉树藏族自治州 4 km^2 以上湖泊有 41 个,另外还提取了 13 个面积小于 4 km^2的湖泊。至 2022 年,研究提取的 54 个湖泊经扩张和合并后变为 46 个,且面积小于 4 km^2的湖泊仅剩 1 个(图 5-1)。1987—2022 年玉树藏族自治州湖泊总面积呈显著增加趋势,平均每年增加 28.82 km^2,2022 年玉树藏族自治州湖泊总面积为 3469.53 km^2,较 1987 年(2462.77 km^2)增加 1006.76 km^2,增加率为 40.88%。其中湖泊面积增加主要来源于西金乌兰湖(含永红湖、湾湖、S63017、S63009)、可可西里湖等湖泊,西金乌兰湖(含永红湖、湾湖、S63017、S63009)2022 年湖泊面积较 1987 年增加 229.10 km^2,可可西里湖 2022 年湖泊面积较 1987 年增加 92.73 km^2(图 5-2)。

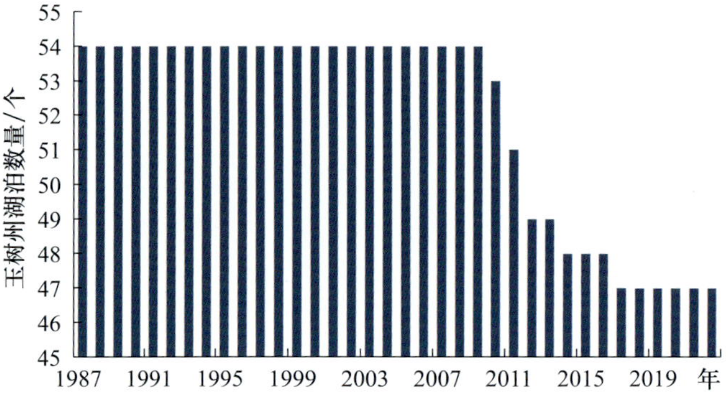

图 5-1 1987—2022 年玉树藏族自治州湖泊数量变化

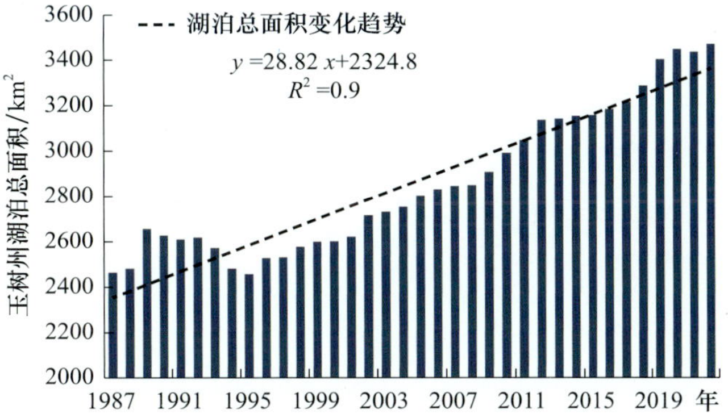

图 5-2　1987—2022 年玉树藏族自治州湖泊总面积变化

5.1　西金乌兰湖、永红湖、湾湖、S63017、S63009

西金乌兰湖，位于青海省玉树藏族自治州治多县，可可西里山与乌兰乌拉山间的第三纪陆相断陷盆地内。地理坐标为东经 90°06′—90°38′，北纬 35°09′—35°18′。湖水主要依赖地表径流补给，入湖河流有还东河、洪水河、山口河、倒流沟等。半岛和沙堤将湖体分为西、中和东湖三部分，2006 年开始中、西湖间和中、东湖间水道较 1987 年明显变宽，2010 年开始西湖与永红湖之间的水道变短、变宽，连接面明显增大。湖面水位海拔 4769.00 m，面积 346.2 km^2（王苏民 等，1998），2020 年卫星遥感监测水位海拔 4778.63 m（Xu et al.，2021，2022；许凤林 等，2021）。

永红湖，位于青海省玉树藏族自治州治多县，可可西里山南麓晚第三系陆相断陷盆地内。地理坐标为东经 89°55′—90°03′，北纬 35°11′—35°18′，湖面水位海拔 4775.00 m，面积 69.9 km^2（王苏民 等，1998）。湖水主要依赖冰雪融水径流和泉水补给，入湖河流有陷车河、涟水河、羚羊沟 3 条。永红湖东连西金乌兰湖，2010 年开始，连接处水道变短、变宽，连接面明显增大，湖面有趋于一体的发展倾向。

湾湖，位于青海省玉树藏族自治州治多县，可可西里山与乌兰乌拉山间的第三纪陆相断陷盆地内，是西金乌兰湖东湖南侧的一个小湖泊。地理坐标为东经 90°33′36″，北纬 35°10′12″（中华人民共和国水利部建设与管理司 等，1998）。1987 年其面积仅 1.84 km^2，随着自身和西金乌兰湖面积的扩张，2012 年与西金乌兰湖东湖连为一体。

S63017，位于青海省玉树藏族自治州治多县，可可西里山与乌兰乌拉山间的第三纪陆相断陷盆地内，是西金乌兰湖西湖北侧的一个小湖泊。地理坐标为东经 90°12′36″，北纬 35°16′12″（中华人民共和国水利部建设与管理司 等，1998）。1987 年其面积仅 3.10 km^2，随着西金乌兰湖面积的扩张，2014 年与西金乌兰湖中湖通过东西向水道连为一体。

S63009，位于青海省玉树藏族自治州治多县，可可西里山与乌兰乌拉山间的第三纪陆相断陷盆地内，是西金乌兰湖中湖和西湖之间半岛上的一个湖泊。地理坐标为东经 90°27′，北纬 35°10′（中华人民共和国水利部建设与管理司 等，1998）。1987 年其面积仅 4.49 km^2，随着西金乌兰湖面积的扩张，中湖与东湖之间半岛的面积萎缩，2011 年与西金乌兰湖东湖连为一体。

多源卫星遥感监测显示，1987—2022 年西金乌兰湖（含永红湖、湾湖、S63017、S63009）面积呈显著扩张趋势，平均每年扩张 6.89 km^2。2022 年西金乌兰湖(含永红湖、湾湖、S63017、S63009)水体面积为 646.74 km^2，较 1987 年(417.64 km^2)扩张 229.10 km^2，扩张率为 54.86%(图 5-3，表 5-1)。在空间变化上，西金乌兰湖西湖与永红湖相连，中湖与 S63017 相连，东湖与湾湖、S63009 相连，是变化最明显的区域(图 5-4，图 5-5)。

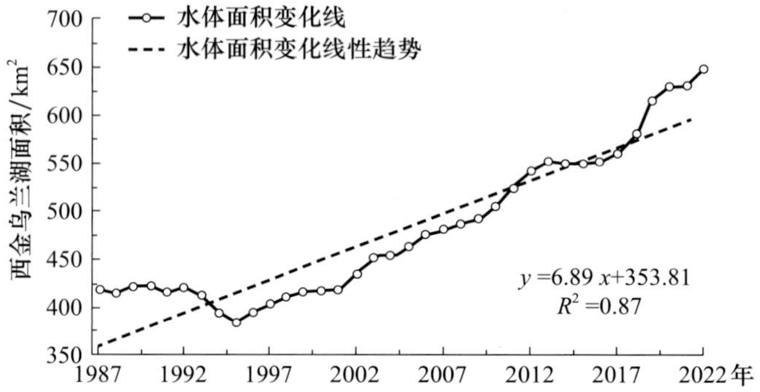

图 5-3　1987—2022 年西金乌兰湖(含永红湖、湾湖、S63017、S63009)面积变化

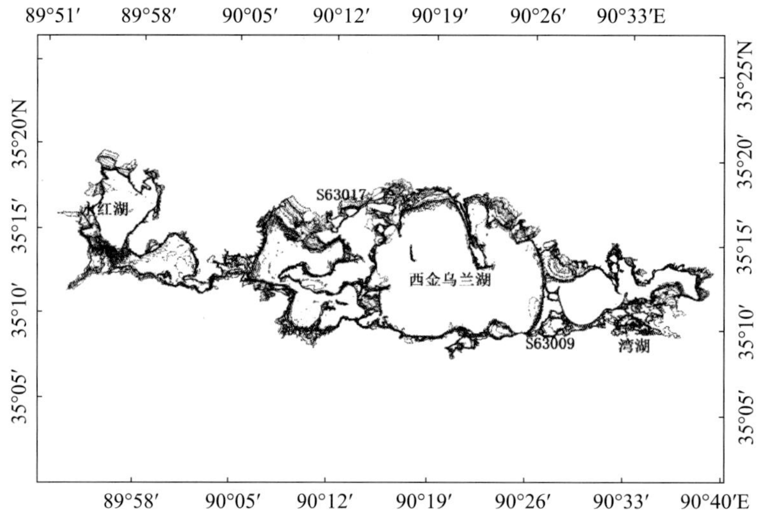

图 5-4　1987—2022 年永红湖、西金乌兰湖、湾湖、S63017、S63009 边界变化

表 5-1　1987—2022 年永红湖、西金乌兰湖、湾湖、S63017、S63009 逐五年面积统计　　单位：km^2

年份	1987	1990	1995	2000	2005	2010	2015	2020	2022
永红湖	66.41	70.35	68.28	70.05	71.58	77.74			
西金乌兰湖	341.81	342.80	306.35	337.75	379.86	414.82	550.59	629.40	646.74
湾湖	1.84	1.96	2.27	2.48	2.75	3.63			
S63017	3.10	2.56	2.69	3.00	3.36	3.38			
S63009	4.49	3.62	3.93	3.62	4.50	4.49			
合计	417.64	421.29	383.52	416.86	462.04	504.06	550.59	629.40	646.74

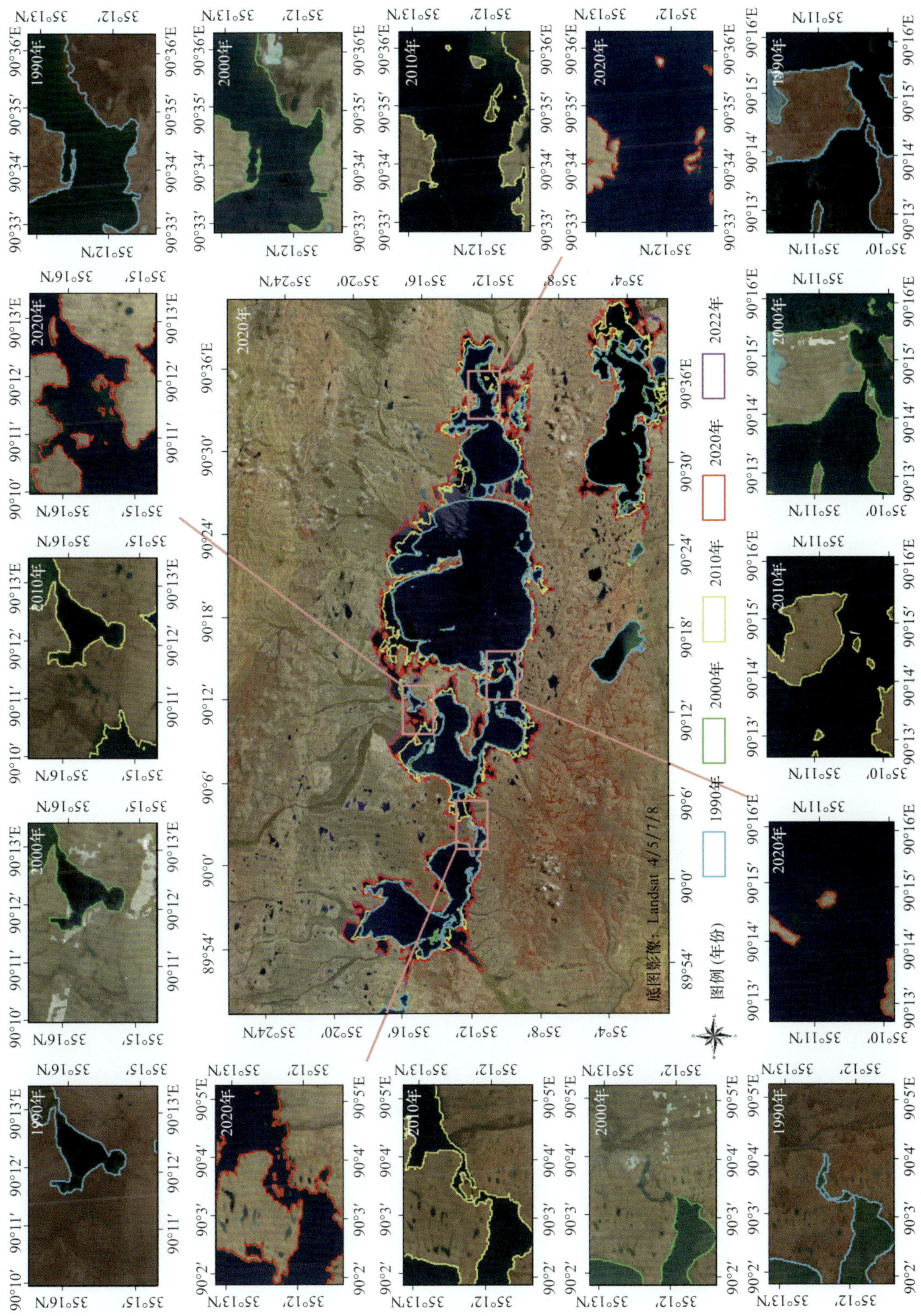

图 5-5　1987—2022 年永红湖、西金乌兰湖、湾湖、S63017、S63009 湖面时空变化

5.2 明镜湖、S63020

明镜湖，位于青海省玉树藏族自治州治多县，地处北部西金乌兰湖和南部乌兰乌拉湖中间。地理坐标为东经 90°26′—90°41′，北纬 35°02′—35°06′。湖水主要依赖地表径流补给，入湖河流 5～6 条。此外，丰水期有上游节约湖水补给。湖面水位海拔 4790.00 m，面积 88.1 km²（王苏民 等，1998）。2020 年卫星遥感监测水位海拔 4804.61 m（Xu et al.，2021，2022；许凤林 等，2021）。

S63020，位于青海省玉树藏族自治州治多县，明镜湖西南角，2010 年明镜湖扩张与其连为一体。地理坐标为东经 90°37′12″，北纬 35°1′48″（中华人民共和国水利部建设与管理司 等，1998）。

多源卫星遥感监测显示，1987—2022 年明镜湖（含 S63020，下同）面积呈显著扩张趋势，平均每年扩张 2.18 km²。2022 年明镜湖面积为 142.55 km²，较 1987 年（84.52 km²）扩张 58.03 km²，扩张率为 68.66％（图 5-6a，表 5-2），2010—2020 年期间，明镜湖水量显著增加，平均每年增加 0.04 Gt，2020 年水量较 2010 年增加了 0.44 Gt（图 5-6b）。在空间变化上，明镜湖与 S63020 相连的南部、小湖泊分布较多的西部以及入湖河流盼来沟注入的湖东部洪积扇区是变化最明显的区域（图 5-7，图 5-8）。

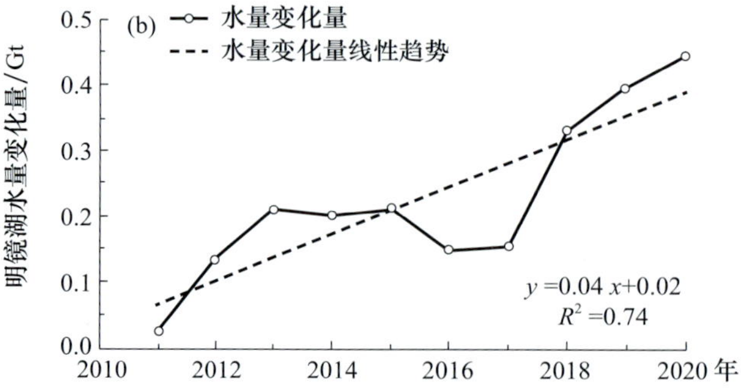

图 5-6 1987—2022 年明镜湖（含 S63020）面积变化（a）；2010—2020 年明镜湖（含 S63020）水量变化量（b）

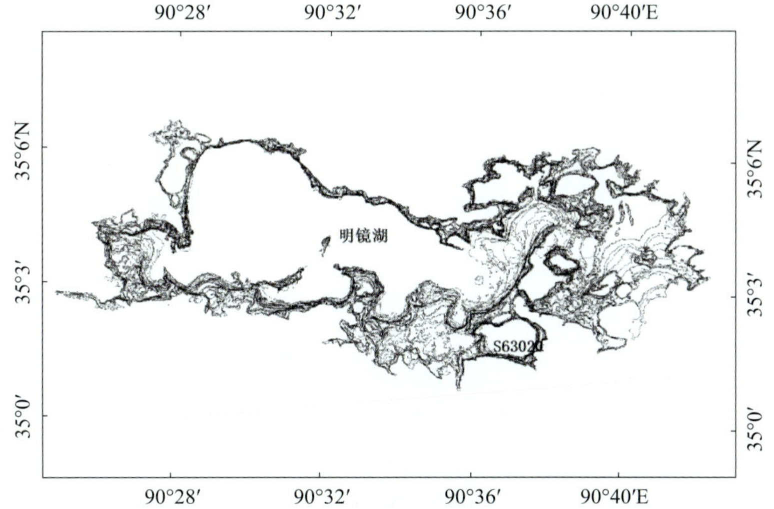

图 5-7　1987—2022 年明镜湖、S63020 边界变化

表 5-2　1987—2022 年明镜湖、S63020 逐五年面积统计　　单位：km^2

年份	1987	1990	1995	2000	2005	2010	2015	2020	2022
明镜湖	81.19	77.03	57.24	73.40	85.56	107.89	123.98	138.33	142.55
S63020	3.33	2.75	2.80	3.22	3.53				
合计	84.52	79.78	60.04	76.62	89.09	107.89	123.97	138.34	142.55

5.3　海丁诺尔、S63001

海丁诺尔，位于青海省玉树藏族自治州治多县，南距青藏公路 71 道班 45.0 km，地理坐标为东经 93°10′，北纬 35°35′，湖面水位海拔 4470.00 m，面积 35.7 km^2（王苏民 等，1998）。湖泊形态似港湾状，多处湖湾通道狭窄，呈半封闭状潟湖，湖水主要依赖 1 条入湖河流补给。2012 年与 S63001 连为一体。2020 年卫星遥感监测水位海拔 4473.33 m（Xu et al.，2021，2022；许凤林 等，2021）。2011 年 9 月上游的霍鲁诺尔（又名卓乃湖）发生溃堤，处于下游的海丁诺尔水位持续上涨，导致面积增加，2012 年海丁诺尔面积较 2011 年扩张 38.68 km^2，扩张率为 95.13%，一年的时间内湖泊面积扩大了接近一倍。

S63001，位于青海省玉树藏族自治州治多县，是海丁诺尔南部的一个小湖泊。2012 年与海丁诺尔连为一体。地理坐标为东经 93°12′0″，北纬 35°31′12″（中华人民共和国水利部建设与管理司等，1998）。

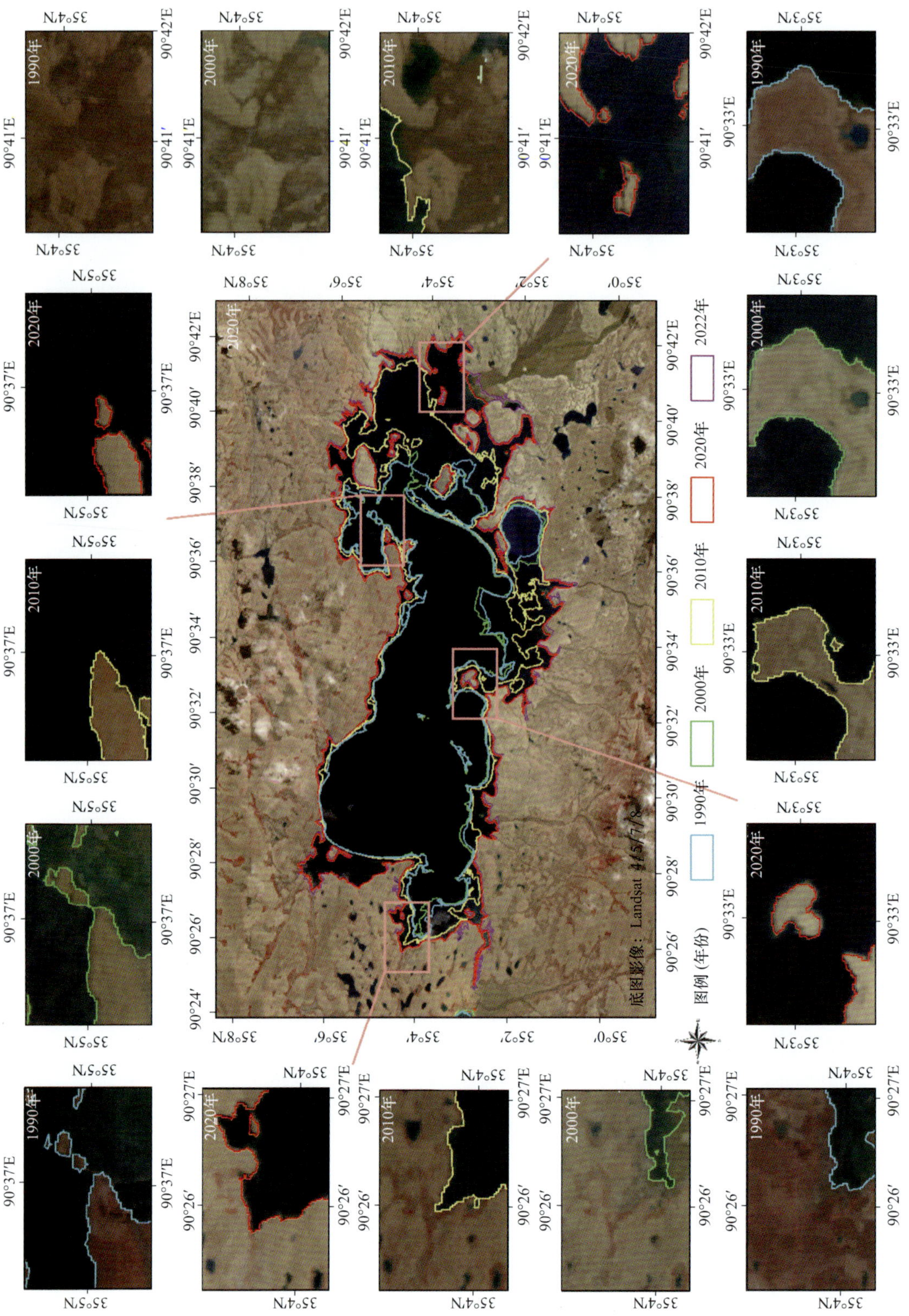

图 5-8 1987—2022 年明镜湖、S63020 湖面时空变化

多源卫星遥感监测显示，1987—2022 年海丁诺尔（含 S63001，下同）面积呈显著扩张趋势，平均每年扩张 1.58 km²。2022 年海丁诺尔湖面积为 75.84 km²，较 1987 年（34.34 km²）扩张 41.50 km²，扩张率为 120.85%（图 5-9，表 5-3）。在空间变化上，海丁诺尔与 S63001 相连的南部、海丁诺尔东北部以及西部入湖河流注入的洪积扇区是变化最明显的区域（图 5-10，图 5-11）。

图 5-9 1987—2022 年海丁诺尔（含 S63001）面积变化

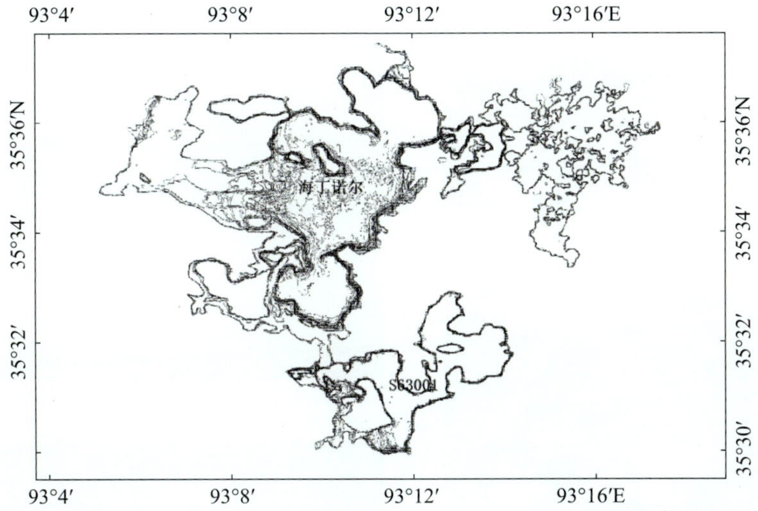

图 5-10 1987—2022 年海丁诺尔、S63001 边界变化

表 5-3 1987—2022 海丁诺尔、S63001 年逐五年面积统计 单位：km²

年份	1987	1990	1995	2000	2005	2010	2015	2020	2022
海丁诺尔	24.61	27.67	23.42	24.64	33.66	39.87	76.72	77.81	75.84
S63001	9.73	10.53	8.97	9.84	10.85	11.95			
合计	34.34	38.20	32.39	34.48	44.51	51.82	76.72	77.81	75.84

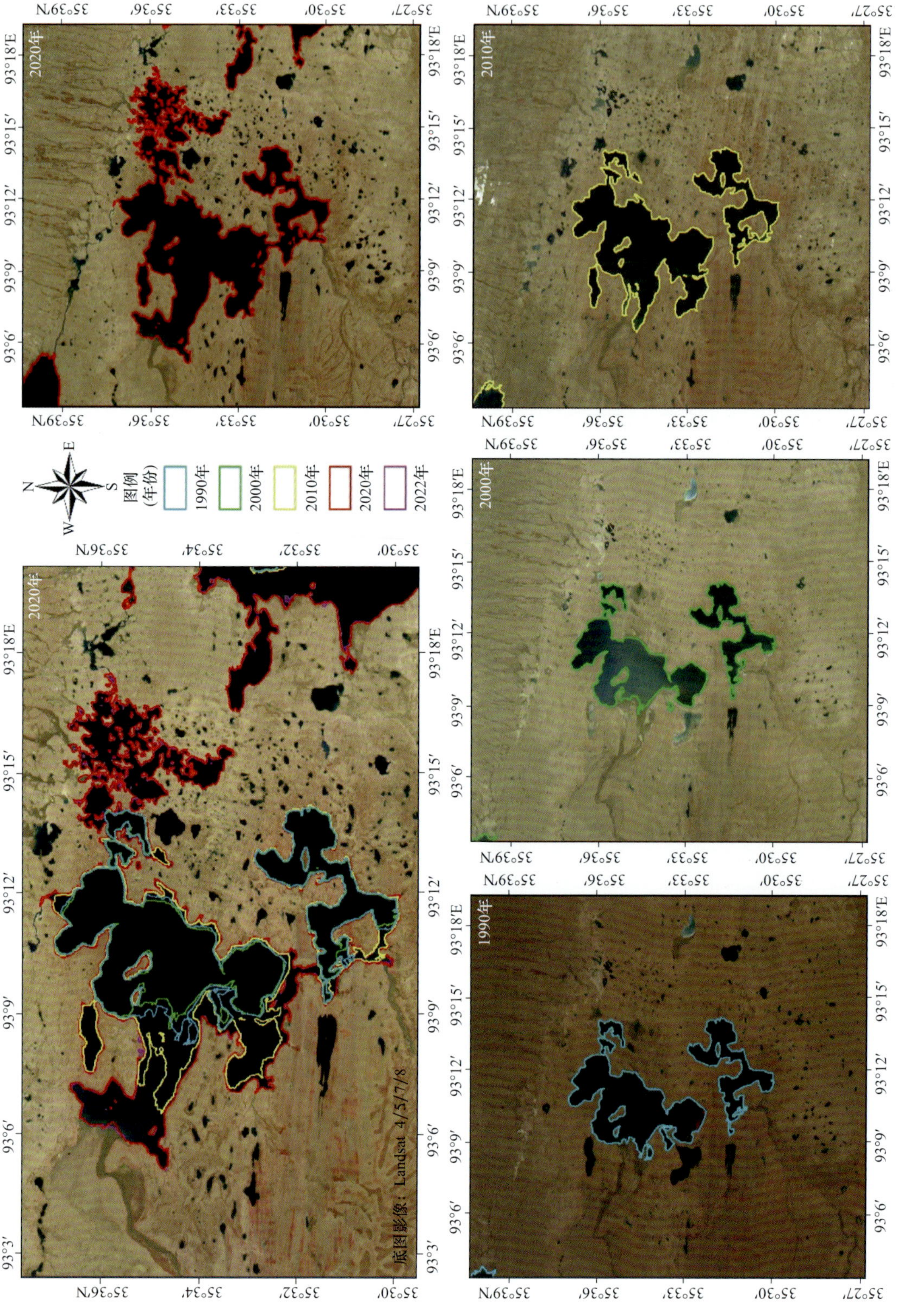

图 5-11 1987—2022 年海丁诺尔、S63001 湖面时空变化

5.4　月亮湖、涟湖

月亮湖，位于青海省玉树藏族自治州治多县，可可西里大湖群之间，西部有干沟与涟湖相通。地理坐标为东经90°23′，北纬35°37′，湖面水位海拔4915.00 m，面积15 km²（胡东生，1994a；王苏民 等，1998）。湖水主要依赖东部的一条时令河补给，6—10月汇水入湖。随着涟湖和月亮湖面积的相向扩张，2017年连接两湖的干沟变宽，使涟湖和月亮湖两湖连成一片。

涟湖，位于青海省玉树藏族自治州治多县，系形似狭长链状得名。晚印支褶皱带与早第三纪陆相断陷盆地接合部，受北东、南西两个方向构造线控制；湖泊形态呈“L”形，东部有干沟与月亮湖相通。地理坐标为东经90°10′—90°18′，北纬35°29′—35°37′，湖面水位海拔4915.00 m，面积26.3 km²（胡东生，1994a；王苏民 等，1998）。1987年，涟湖有明显的湖泊轮廓，但是仅在西南向有一个3.48 km²大小的湖体。1987—1994年期间，涟湖水量变化较大，年际尺度上有明显的丰枯水周期，直至1995年以后，涟湖才稳定地显现出东北、西南两向湖体连接呈“L”形水体轮廓。随着涟湖和月亮湖面积的相向扩张，2017年连接两湖的干沟变宽，使涟湖和月亮湖直接相连为一个湖体。

多源卫星遥感监测显示，1987—2022年月亮湖（含涟湖，下同）面积呈显著扩张趋势，平均每年扩张1.83 km²。2022年月亮湖面积为90.07 km²，较1987年（24.86 km²）扩张65.21 km²，扩张率为262.31%（图5-12，表5-4）。在空间变化上，涟湖西南向的北部、东北向及其与月亮湖连接的区域是变化最明显的区域（图5-13，图5-14）。

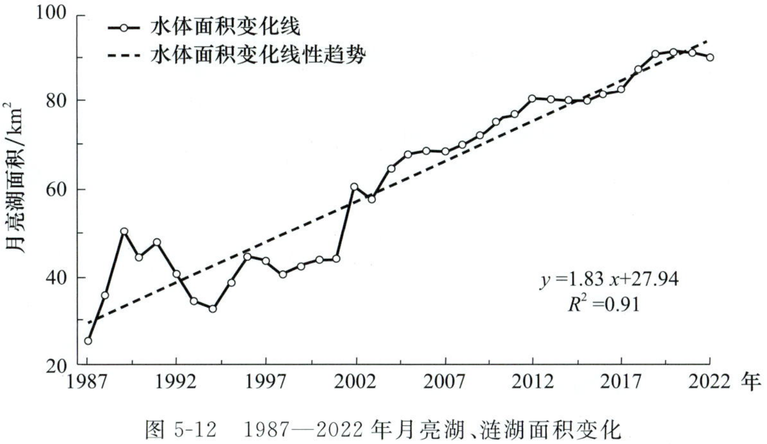

图5-12　1987—2022年月亮湖、涟湖面积变化

表 5-4　1987—2022 年月亮湖、涟湖逐五年面积统计　　单位：km^2

年份	1987	1990	1995	2000	2005	2010	2015	2020	2022
月亮湖	21.37	25.90	19.18	21.41	30.62	30.62	32.90	91.34	90.07
涟湖	3.48	18.17	19.65	22.60	37.38	44.49	47.47		
合计	24.86	44.08	38.83	44.01	68.00	75.11	80.37	91.34	90.07

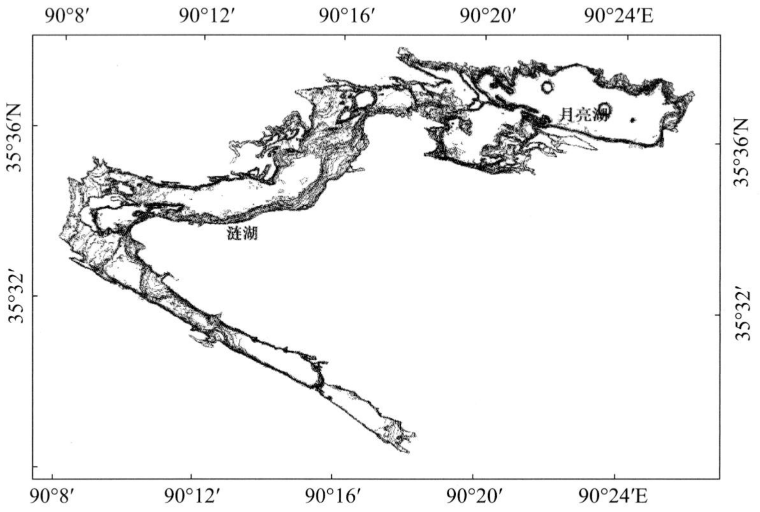

图 5-13　1987—2022 年月亮湖、涟湖边界变化

5.5　可可西里湖

可可西里湖，位于青海省玉树藏族自治州治多县西部，昆仑山与可可西里山间一断陷盆地内。地理坐标为东经 90°56′—91°20′，北纬 35°31′—35°39′。湖水主要依赖发源于汉台山和马兰雪山冰雪融水径流补给，入湖河流有冷水河、无名时令河两条。湖面水位海拔 4878.00 m，面积 299.9 km^2（胡东生，1994a；王苏民等，1998），2020 年卫星遥感监测水位海拔 4894.46 m（Xu et al.，2021，2022；许凤林 等，2021）。

多源卫星遥感监测显示，1987—2022 年可可西里湖水体面积呈显著扩张趋势，平均每年扩张 2.47 km^2。2022 年可可西里湖面积为 401.29 km^2，较 1987 年（308.56 km^2）扩张 92.73 km^2，扩张率为 30.05%（图 5-15a，表 5-5）。2010—2020 年期间，可可西里湖水量显著增加，平均每年增加 0.10 Gt，2020 年水量较 2010 年增加了 1.14 Gt（图 5-15b）。在空间变化上，东部连接饮马湖与可可西里湖的连水河以及冰雪融水径流注入湖西部的洪积扇区、时令河注入的湖北部洪积扇区和湖南部洪积扇区、东部湖水出流的冲积扇区是变化最明显的区域（图 5-16，图 5-17）。

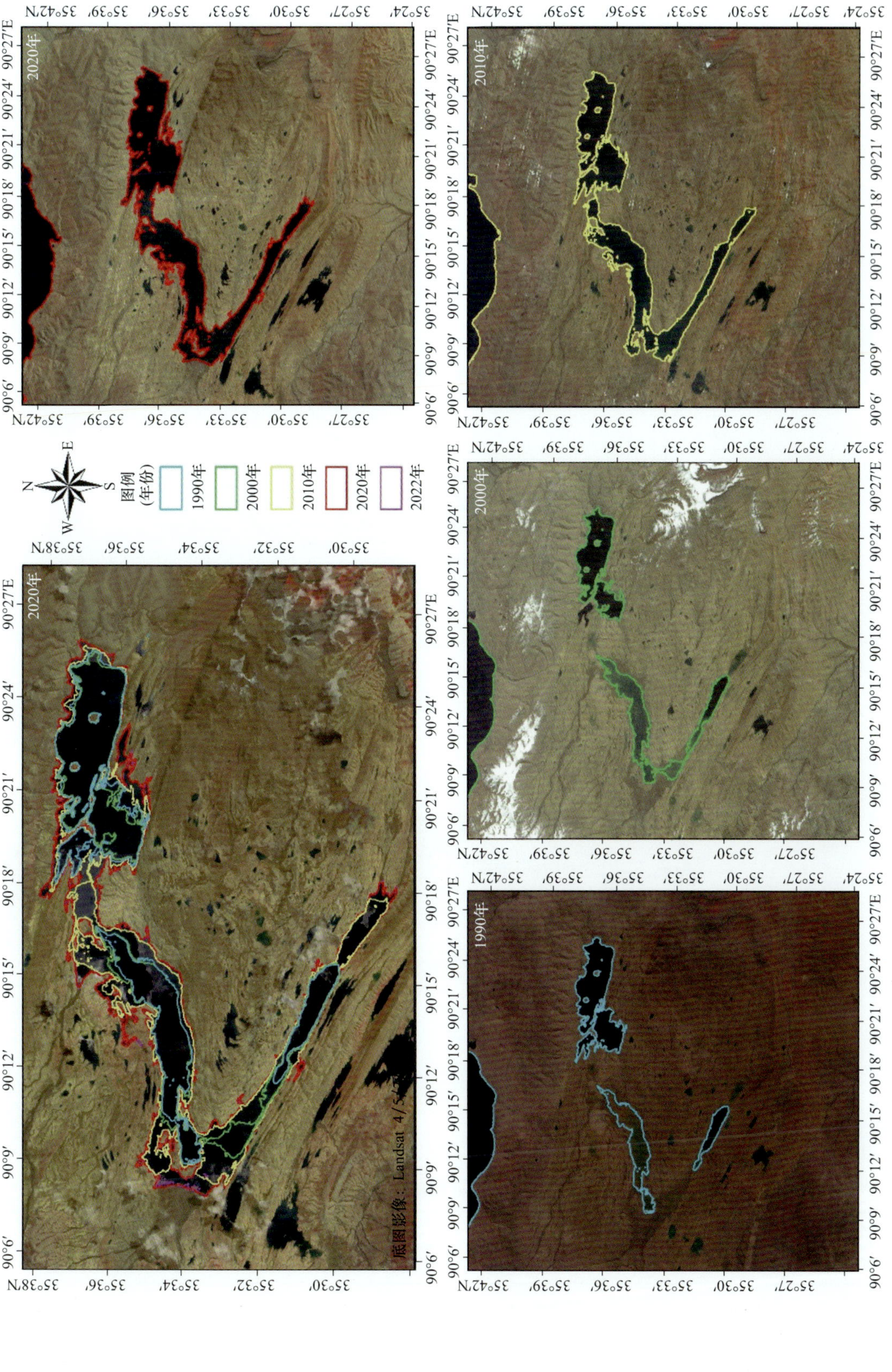

图 5-14 1987—2022 年月亮湖、涟湖湖面时空变化

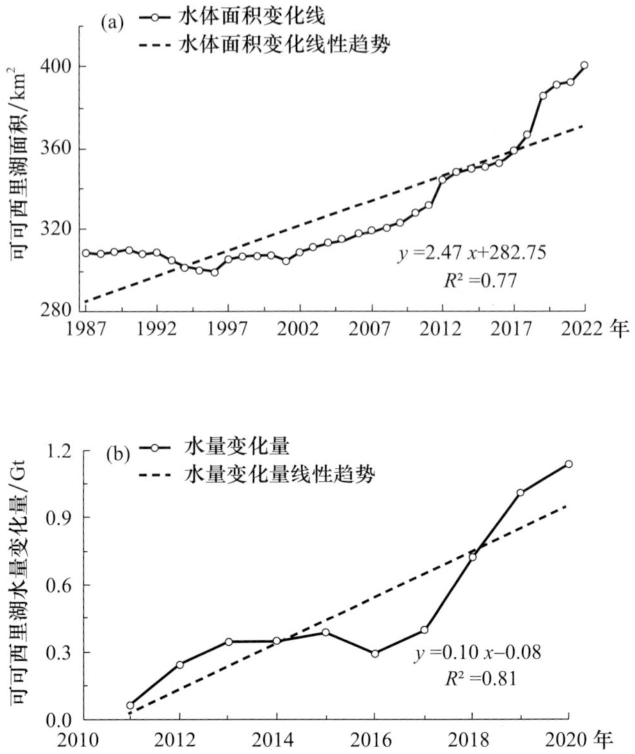

图 5-15　1987—2022 年可可西里湖面积变化(a);2010—2020 年可可西里湖水量变化量(b)

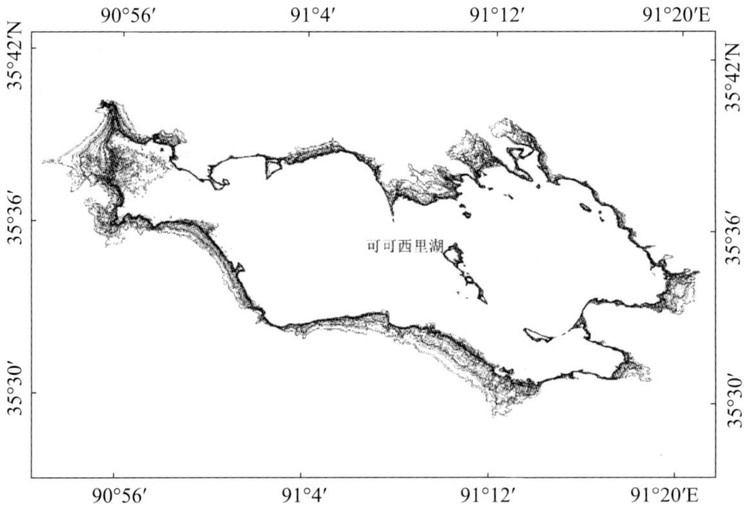

图 5-16　1987—2022 年可可西里湖边界变化

表 5-5　1987—2022 年可可西里湖逐五年面积统计　　单位:km²

年份	1987	1990	1995	2000	2005	2010	2015	2020	2022
可可西里湖	308.56	310.16	299.58	307.03	214.99	328.83	351.24	391.59	401.29

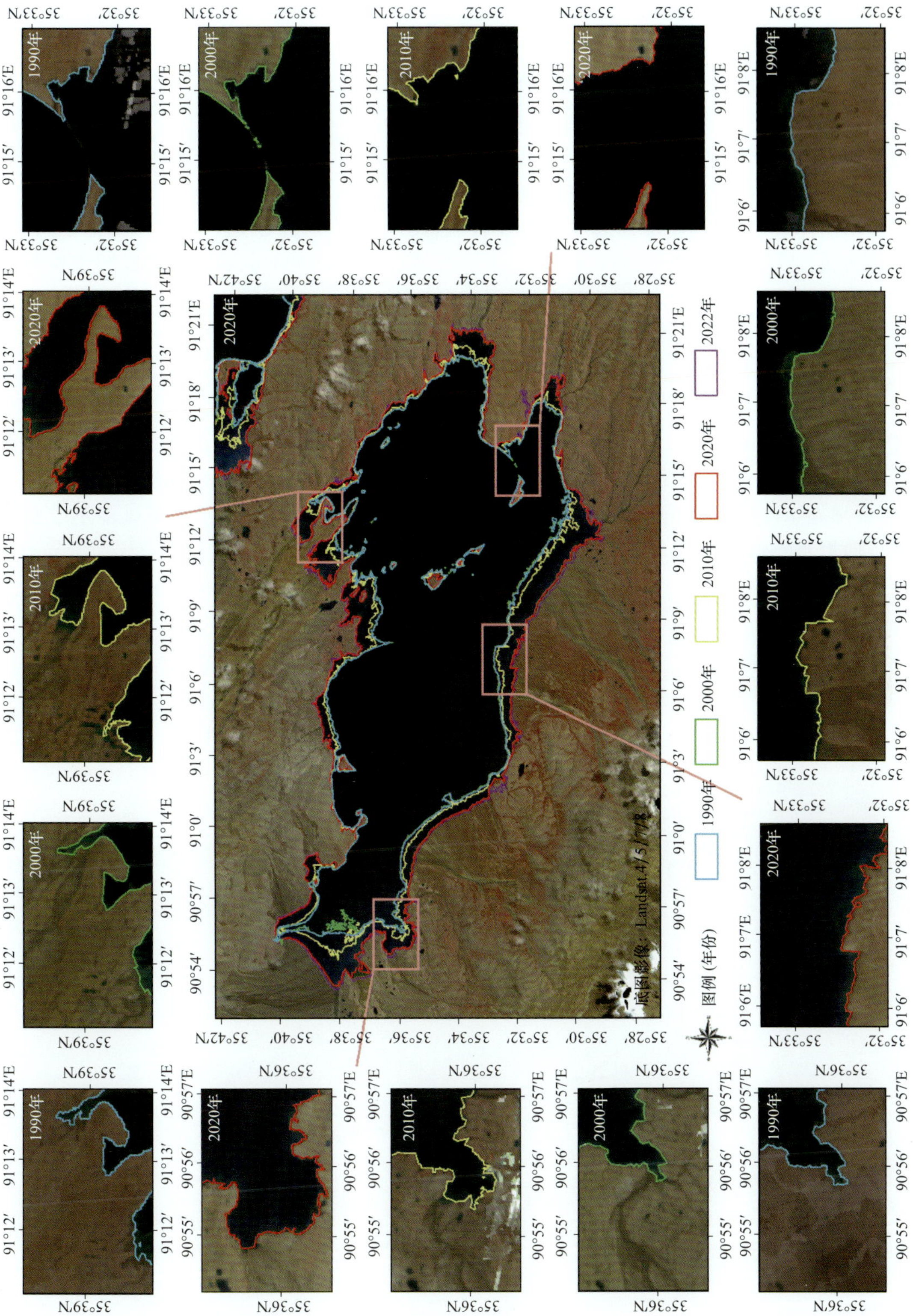

图 5-17　1987—2022 年可可西里湖面时空变化

5.6 库赛湖

库赛湖，位于青海省玉树藏族自治州治多县，早第三纪陆相断陷盆地与晚印支褶皱带接合部上。地理坐标为东经 92°37′—93°03′，北纬 35°38′—35°50′。滨湖南、北为上三叠统深灰、灰黑色板岩、砂质板岩质山体，断层面清晰可见，陡峭山崖紧逼湖边；东部为第四系晚更新统冲积、洪积和冰水堆积砂砾层，并分布一些湖泊退缩后残留小湖。湖水主要依赖源于昆仑山大雪峰和雪月山的库赛河补给，汇冰雪融水和地表径流；其余为时令河，以地下渗流形式汇水入湖。湖面水位海拔 4475.00 m，面积 254.4 km^2（王苏民 等，1998），2020 年卫星遥感监测水位海拔 4484.39 m（Xu et al.，2021，2022；许风林 等，2021）。

多源卫星遥感监测显示，1987—2022 年库赛湖面积呈显著扩张趋势，平均每年扩张 2.49 km^2。2022 年库赛湖面积为 328.89 km^2，较 1987 年（262.81 km^2）扩张 66.08 km^2，扩张率为 25.14%（图 5-18a，表 5-6）。2011—2020 年期间，库赛湖水量显著减少，平均每年减少 0.03 Gt，2020 年水量较 2011 年减少了 0.40 Gt（图 5-18b）。空间变化上，库赛湖南部外扩明显。2011 年 9 月，上游卓乃湖决堤，湖水向下游流入库赛湖，使库赛湖面积迅速增加。2012 年开始，库赛湖湖水外溢，随外围河道流入海丁诺尔湖。至此，库赛湖面积已经超过多尔改错而成为可可西里自然保护区最大的内流湖（图 5-19，图 5-20）。

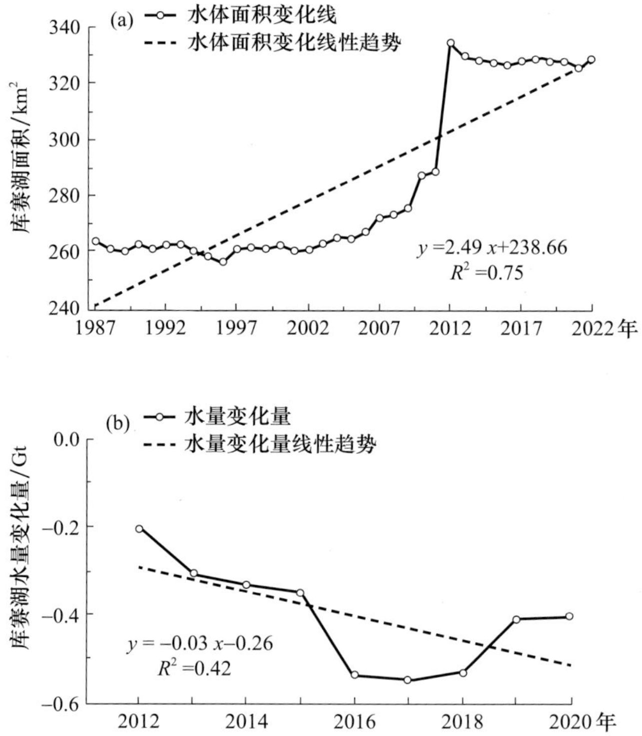

图 5-18 1987—2022 年库赛湖面积变化(a)；2011—2020 年库赛湖水量变化量(b)

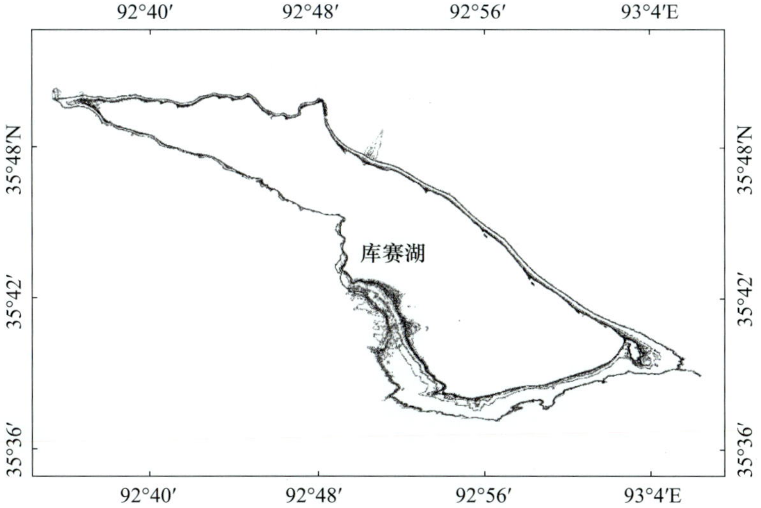

图 5-19　1987—2020 年库赛湖边界变化

表 5-6　1987—2022 年库赛湖逐五年面积统计　　　　单位：km^2

年份	1987	1990	1995	2000	2005	2010	2015	2020	2022
库赛湖	262.81	262.76	257.46	261.28	264.76	282.88	327.39	327.14	328.89

5.7　勒斜武担错

勒斜武担错，位于青海省玉树藏族自治州治多县，昆仑山东段和可可西里山间一狭窄的断陷盆地内。地理坐标为东经 90°02′—90°21′，北纬 35°41′—35°49′。湖水主要依赖发源于马兰雪山和东岗扎日冰川冰雪融水径流和沿河泉水补给，入湖河流为东泉河和无名河，水量较丰。湖面水位海拔 4867.00 m，面积 277.0 km^2（胡东生，1994a；王苏民 等，1998），2020 年卫星遥感监测水位海拔 4878.77 m（Xu et al.，2021，2022；许凤林 等，2021）。

多源卫星遥感监测显示，1987—2022 年勒斜武担错面积呈显著扩张趋势，平均每年扩张 2.40 km^2。2022 年勒斜武担错面积为 299.58 km^2，较 1987 年（224.09 km^2）扩张 75.49 km^2，扩张率为 33.69%（图 5-21a，表 5-7）。2010—2020 年期间，勒斜武担错水量显著增加，平均每年增加 0.08 Gt，2020 年水量较 2010 年增加了 0.86 Gt（图 5-21b）。在空间变化上，上游冰雪融水和泉水注入的湖西部洪积扇区和东部湖水出流的冲积扇区是变化最明显的区域（图 5-22，图 5-23）。

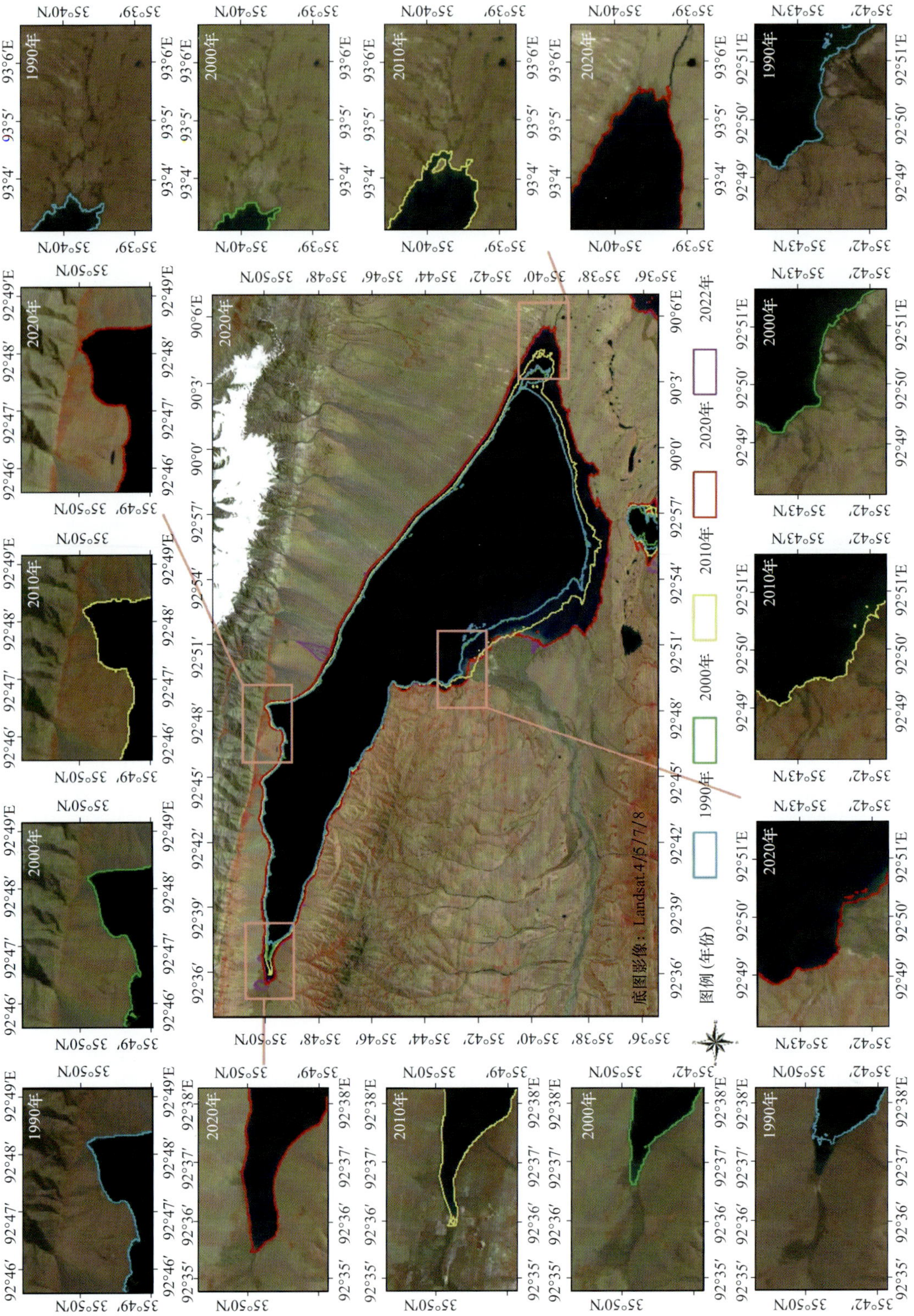

图 5-20 1987—2022 年库赛湖湖面时空变化

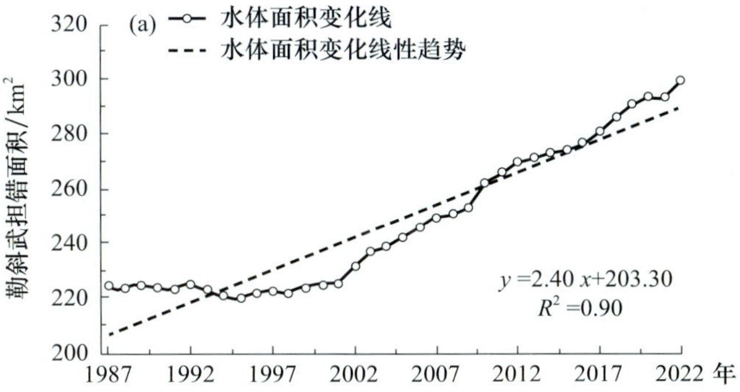

图 5-21 1987—2022 年勒斜武担错面积变化(a);2010—2020 年勒斜武担错水量变化量(b)

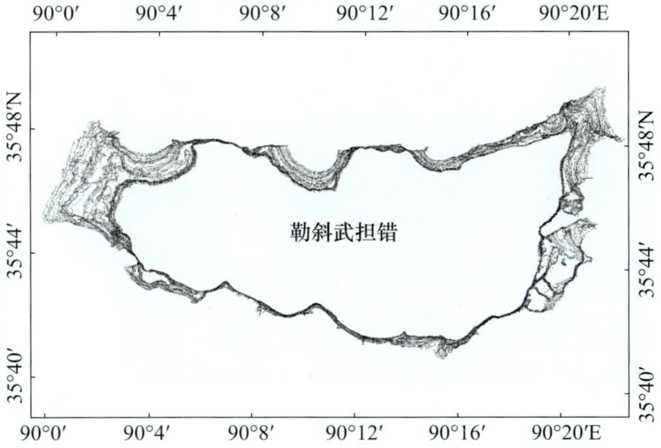

图 5-22 1987—2022 年勒斜武担错边界变化

表 5-7 1987—2022 年勒斜武担错逐五年面积统计 单位:km²

年份	1987	1990	1995	2000	2005	2010	2015	2020	2022
勒斜武担错	224.09	223.42	219.10	224.39	241.52	261.07	274.07	293.26	299.58

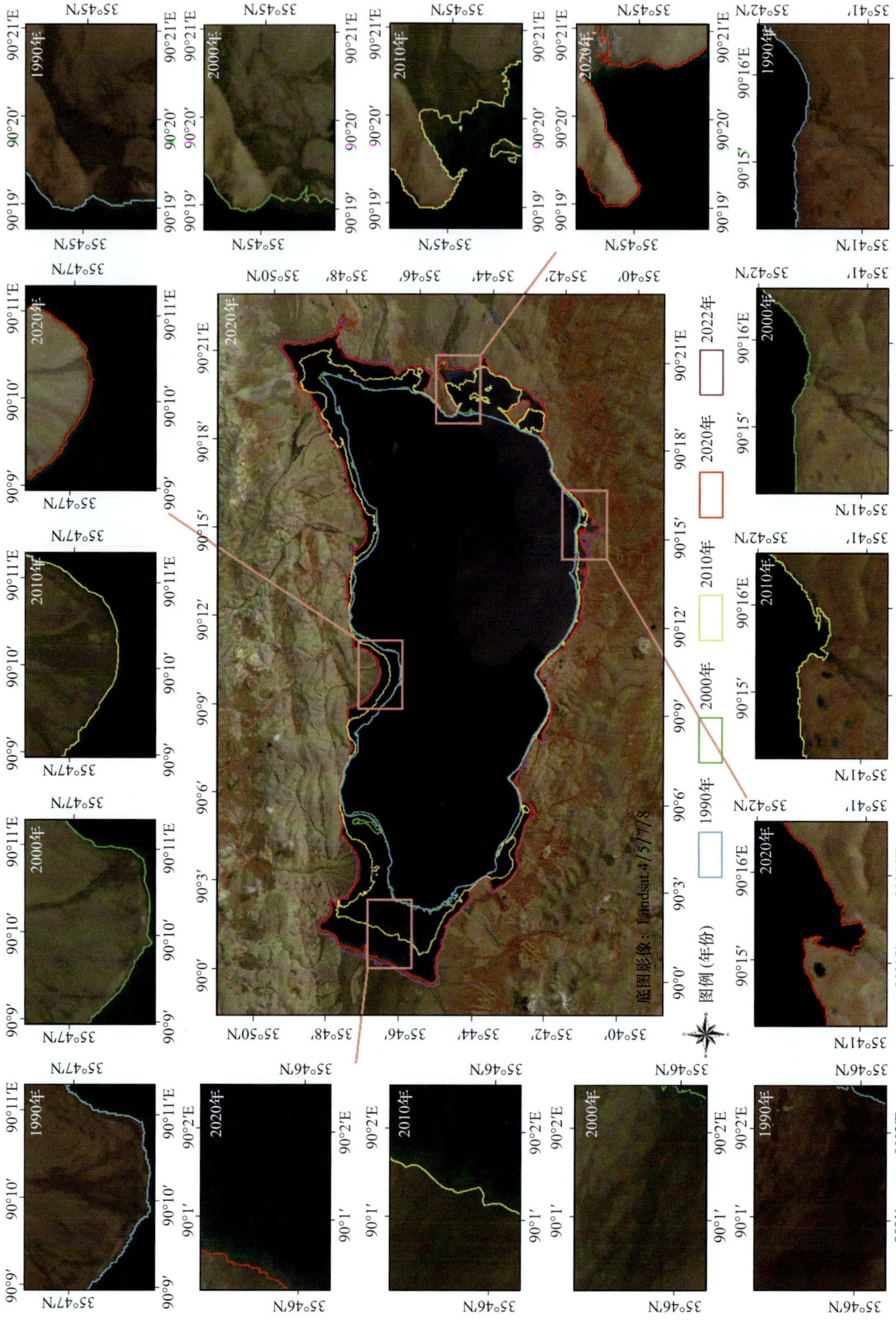

图 5-23 1987—2022 年勒斜武担错湖面时空变化

5.8 盐 湖

盐湖,以产盐得名。位于青海省玉树藏族自治州治多县,昆仑山中段第三纪陆相断陷盆地内,东距青藏公路(G109 国道)8.5 km。地理坐标为东经 93°25′,北纬 35°32′,湖面水位海拔 4440.00 m,面积 32.8 km^2(王苏民 等,1998)。2020 年卫星遥感监测水位海拔 4467.24 m(Xu et al.,2021,2022;许凤林 等,2021)。

1987—2011 年期间盐湖面积稳定,2011 年 9 月上游的霍鲁诺尔(又名卓乃湖)发生溃堤后,处于下游的盐湖随后水位持续上涨,面积迅速增加,2012 年盐湖面积较 2011 年扩张 72.85 km^2。

多源卫星遥感监测显示,1987—2022 年盐湖面积呈显著扩张趋势,平均每年扩张 4.97 km^2。2022 年盐湖面积为 206.45 km^2,较 1987 年(26.00 km^2)扩张 180.45 km^2,扩张率为 694.04%(图 5-24a,表 5-8)。2010—2020 年期间,盐湖水量显著增加,平均每年增加 0.22 Gt,2020 年水量较 2010 年增加了 2.47 Gt(图 5-24b)。在空间变化上,盐湖向四周扩张明显(图 5-25,图 5-26)。

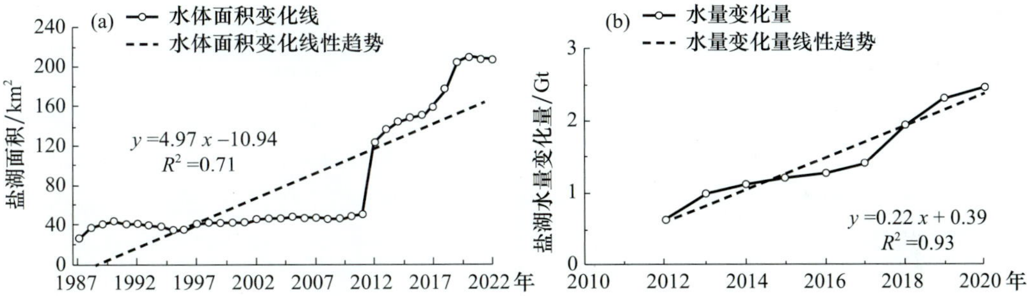

图 5-24　1987—2022 年盐湖面积变化(a);2011—2020 年盐湖水量变化量(b)

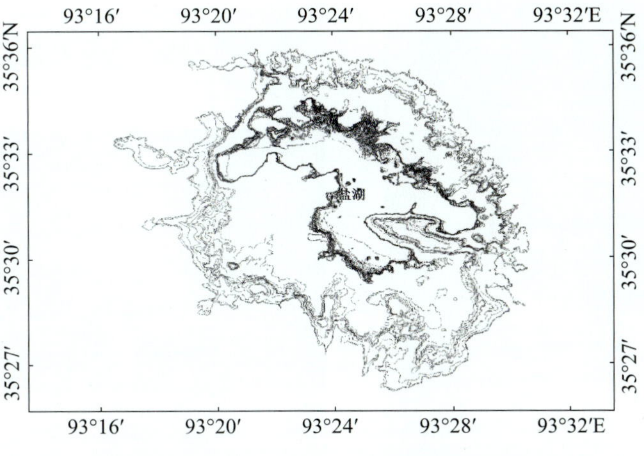

图 5-25　1987—2022 年盐湖边界变化

表 5-8　1987—2022 年盐湖逐五年面积统计　　单位:km^2

年份	1987	1990	1995	2000	2005	2010	2015	2020	2022
盐湖	26.00	43.36	34.66	42.08	47.40	48.77	148.84	209.04	206.45

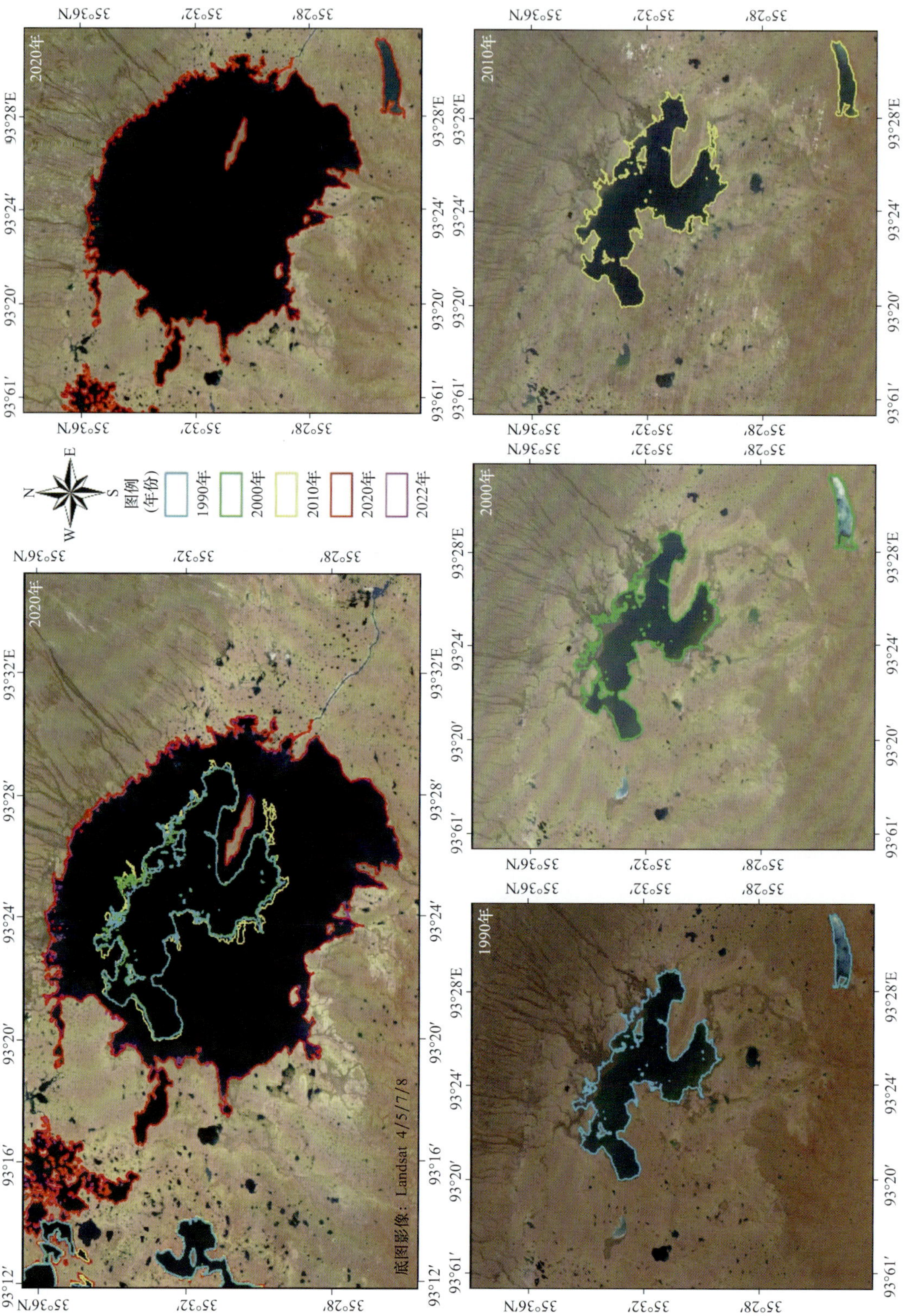

图 5-26 1987—2022 年盐湖湖面时空变化

5.9　叶鲁苏湖(加德仁错、多尔改错)

叶鲁苏湖,又名加德仁错、多尔改错。位于青海省玉树藏族自治州治多县,巴音山与巴音查乌马山间的晚第三纪陆相断陷盆地内。地理坐标为东经 91°57′—92°18′,北纬 35°12′—35°16′,湖水主要依赖楚玛尔河补给,河流穿湖而过。该湖为长江源头楚玛尔河上的外流淡水湖。湖面水位海拔 4688.00 m,面积 144.1 km^2(王苏民 等,1998)。2020 年卫星遥感监测水位海拔 4686.09 m(Xu et al.,2021,2022;许凤林 等,2021)。

多源卫星遥感监测显示,1987—2022 年叶鲁苏湖面积呈显著扩张趋势,平均每年扩张 0.83 km^2。2022 年叶鲁苏湖面积为 199.69 km^2,较 1987 年(125.95 km^2)扩张 73.74 km^2,扩张率为 58.55%(图 5-27a,表 5-9),2011—2020 年期间,叶鲁苏湖水量显著减少,平均每年减少 0.01 Gt,2020 年水量较 2010 年减少了 0.11 Gt(图 5-27b)。在空间变化上,湖南部楚玛尔河和时令河注入的洪积扇区是变化最明显的区域(图 5-28,图 5-29)。

图 5-27　1987—2022 年叶鲁苏湖面积变化(a);2010—2020 年叶鲁苏湖水量变化量(b)

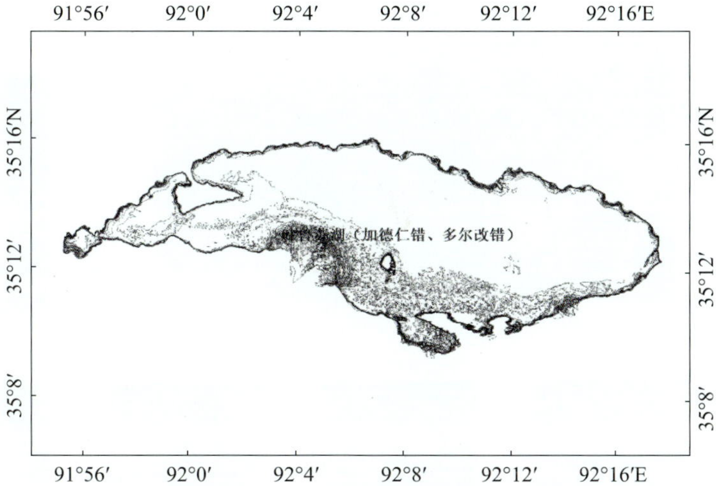

图 5-28　1987—2022 年叶鲁苏湖边界变化

表 5-9　1987—2022 年叶鲁苏湖逐五年面积统计　　　单位:km^2

年份	1987	1990	1995	2000	2005	2010	2015	2020	2022
叶鲁苏湖	125.95	190.82	158.48	199.44	205.94	205.10	195.86	208.95	199.69

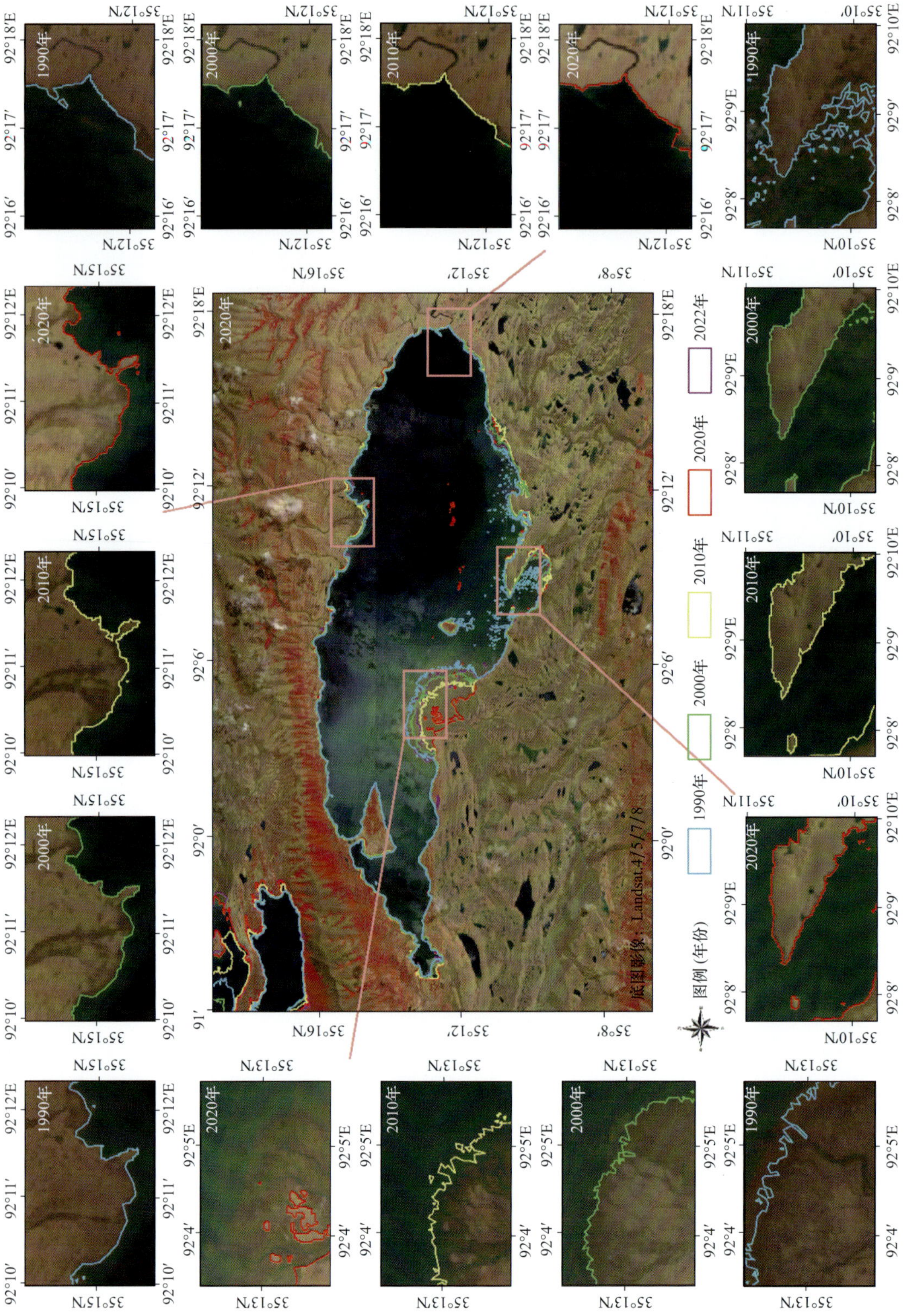

图 5-29　1987—2022 年叶鲁苏湖湖面时空变化

5.10　卓乃湖(霍鲁诺尔)

卓乃湖，又名霍鲁诺尔。位于青海省玉树藏族自治州治多县，昆仑山东段晚第三纪陆相盆地内。地理坐标为东经 91°47′—92°07′，北纬 35°29′—35°37′。卓乃湖是一个音译过来的地名，意为藏羚羊聚集的地方。卓乃湖位于可可西里国家级自然保护区境内，是国家一级保护动物藏羚羊每年 6 月至 7 月集中产仔的主要地区，素有“藏羚羊大产房”之称。湖水主要以发源于五雪峰冰川南缘的卓乃河补给。湖面水位海拔 4751.00 m，面积 256.4 km^2(胡东生，1994a；王苏民 等，1998)，2020 年卫星遥感监测水位海拔 4741.48 m(Xu et al.，2021，2022；许风林 等，2021)。2011 年 9 月，卓乃湖发生溃堤(谢昌卫 等，2020)，湖泊面积从 269.40 km^2 萎缩到 2012 年的 164.54 km^2，水面积萎缩 104.86 km^2，萎缩率为 38.92%，湖体水量减少 0.03 Gt (图 5-30b)。

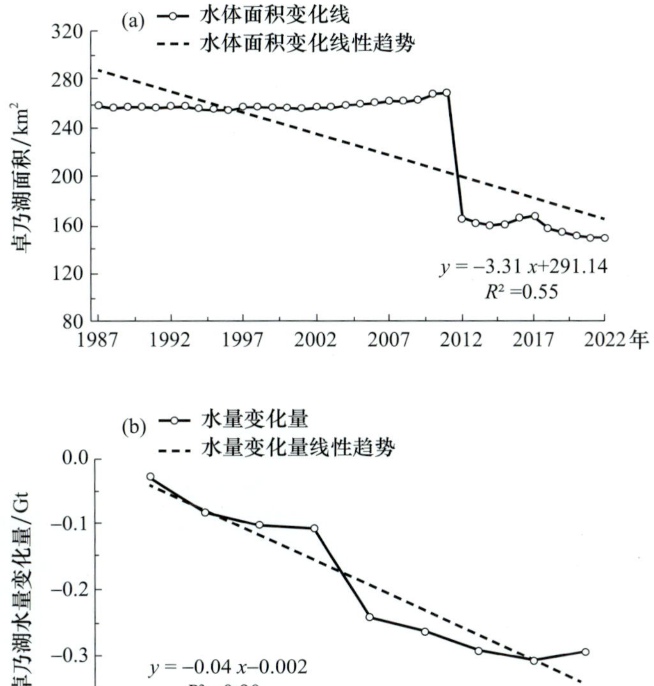

图 5-30　1987—2022 年卓乃湖面积变化(a)；2011—2020 年卓乃湖水量变化量(b)

多源卫星遥感监测显示，1987—2011 年卓乃湖面积呈显著扩张趋势，平均每年扩张 0.31 km^2。2011 年卓乃湖面积为 269.40 km^2，较 1987 年(259.06 km^2)扩张 10.34 km^2，扩张率为 3.99%；2012—2022 年卓乃湖面积呈萎缩态势，2022 年卓乃湖面积为 149.60 km^2，较 2012 年(164.54 km^2)萎缩 14.94 km^2，萎缩率为 9.08%(图 5-30a，表 5-10)，2011—2020 年期间，卓乃湖水量显著减少，平均每年减少 0.04 Gt，2020 年水量较 2011 年减少了 0.30 Gt(图 5-30b)。在空间变化上，因溃堤原因，整个湖体有明显的缩小痕迹(图 5-31，图 5-32)。

表 5-10 1987—2022 年卓乃湖逐五年面积统计 单位:km²

年份	1987	1990	1995	2000	2005	2010	2015	2020	2022
卓乃湖	259.06	258.53	256.27	257.69	260.19	267.21	160.68	152.22	149.60

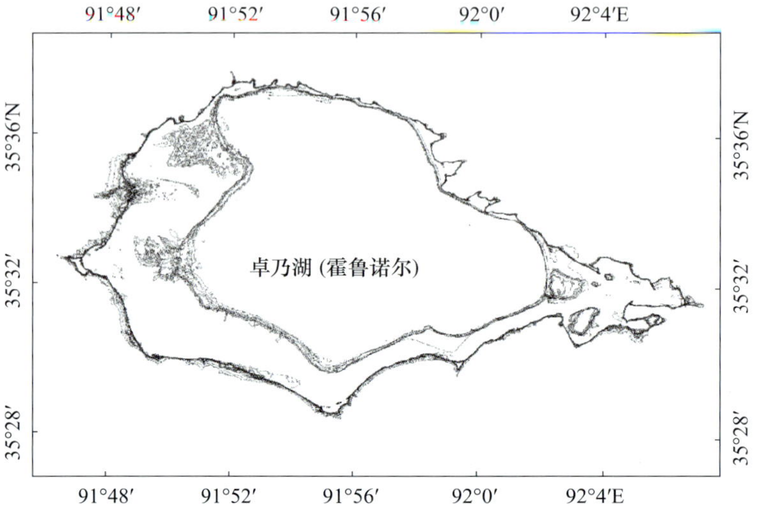

图 5-31 1987—2022 年卓乃湖边界变化

5.11 饮马湖

饮马湖,位于青海省玉树藏族自治州治多县一狭窄断陷盆地内。盆地外围北部为马兰山,南部为天如山,山体均有冰川发育,东部由连水河与可可西里湖相连。地理坐标为东经 90°29′—90°48′,北纬 35°34′—35°39′。湖水主要依赖冰雪融水径流补给,入湖河流短小,大多为时令河,夏季汇冰川融水。湖面水位海拔 4918.00m,面积 107.2 km²(胡东生,1994a;王苏民 等,1998)。2020 年卫星遥感监测水位海拔 4909.44 m(Xu et al. ,2021,2022;许风林 等,2021)。

多源卫星遥感监测显示,1987—2022 年饮马湖面积呈显著扩张趋势,平均每年扩张 0.14 km²。2022 年饮马湖面积为 105.73 km²,较 1987 年(99.27 km²)扩张 6.46 km²,扩张率为 6.51%(图 5-33a,表 5-11),2010—2020 年期间,饮马湖水量显著减少,平均每年减少 0.01 Gt,2020 年水量较 2010 年减少了 0.06 Gt(图 5-33b)。在空间变化上,马兰山冰川融水径流注入湖东部的洪积扇区是变化最明显的区域(图 5-34,图 5-35)。

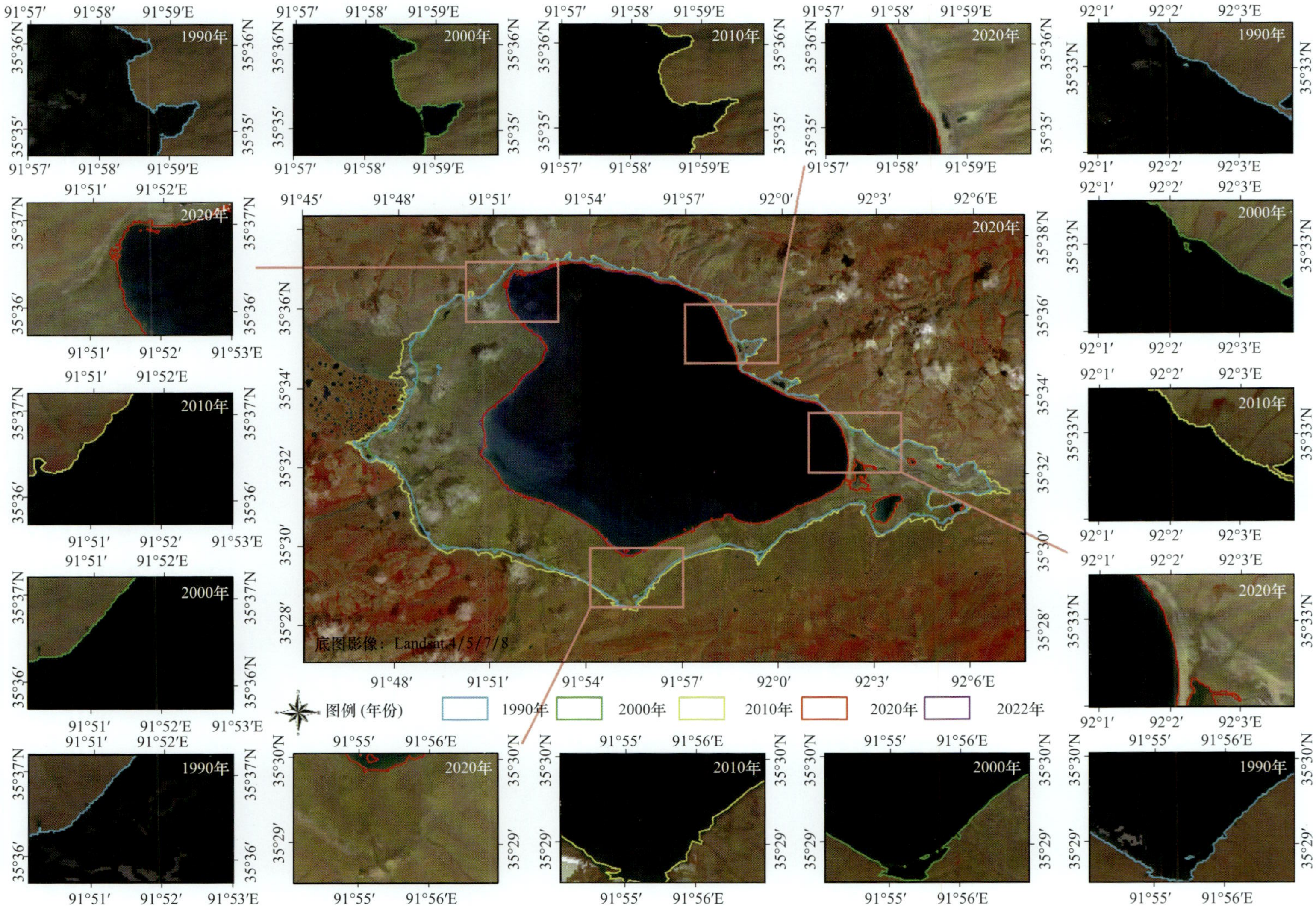

图 5-32 1987—2022 年卓乃湖湖面时空变化

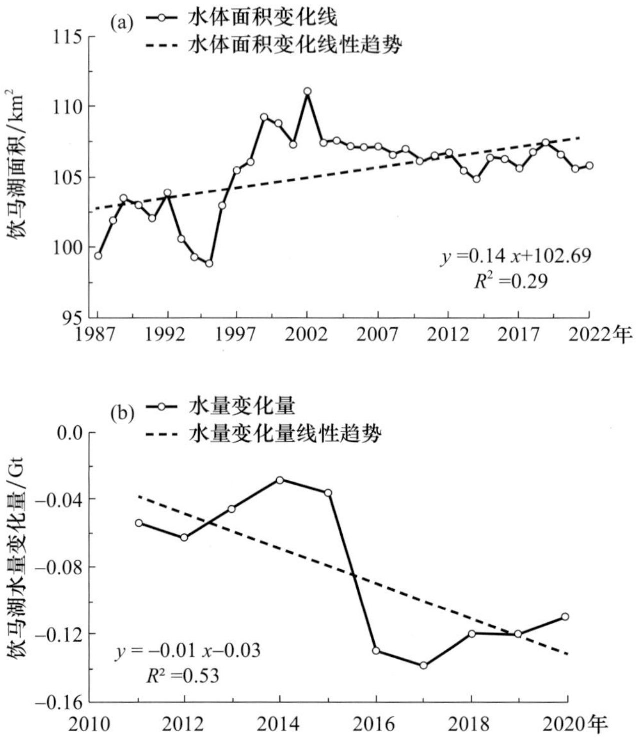

图 5-33 1987—2022 年饮马湖面积变化(a);2010—2020 年饮马湖水量变化量(b)

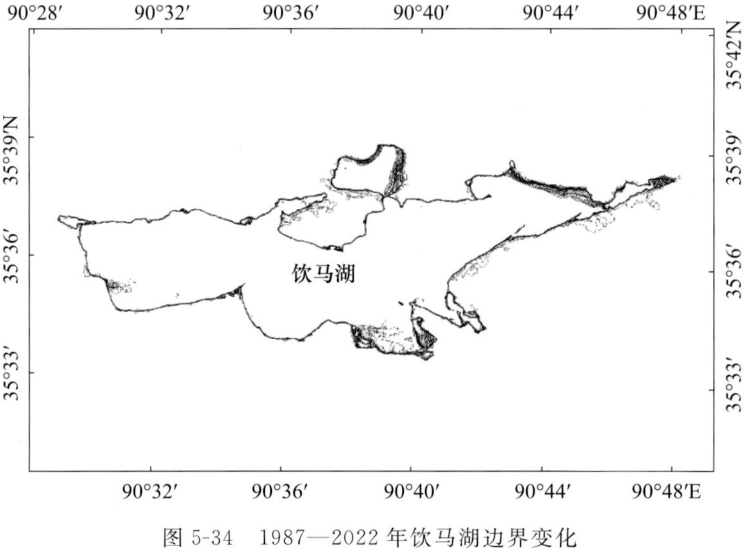

图 5-34 1987—2022 年饮马湖边界变化

表 5-11 1987—2022 年饮马湖逐五年面积统计 单位:km²

年份	1987	1990	1995	2000	2005	2010	2015	2020	2022
饮马湖	99.27	102.94	98.86	108.77	107.16	106.05	106.31	106.58	105.73

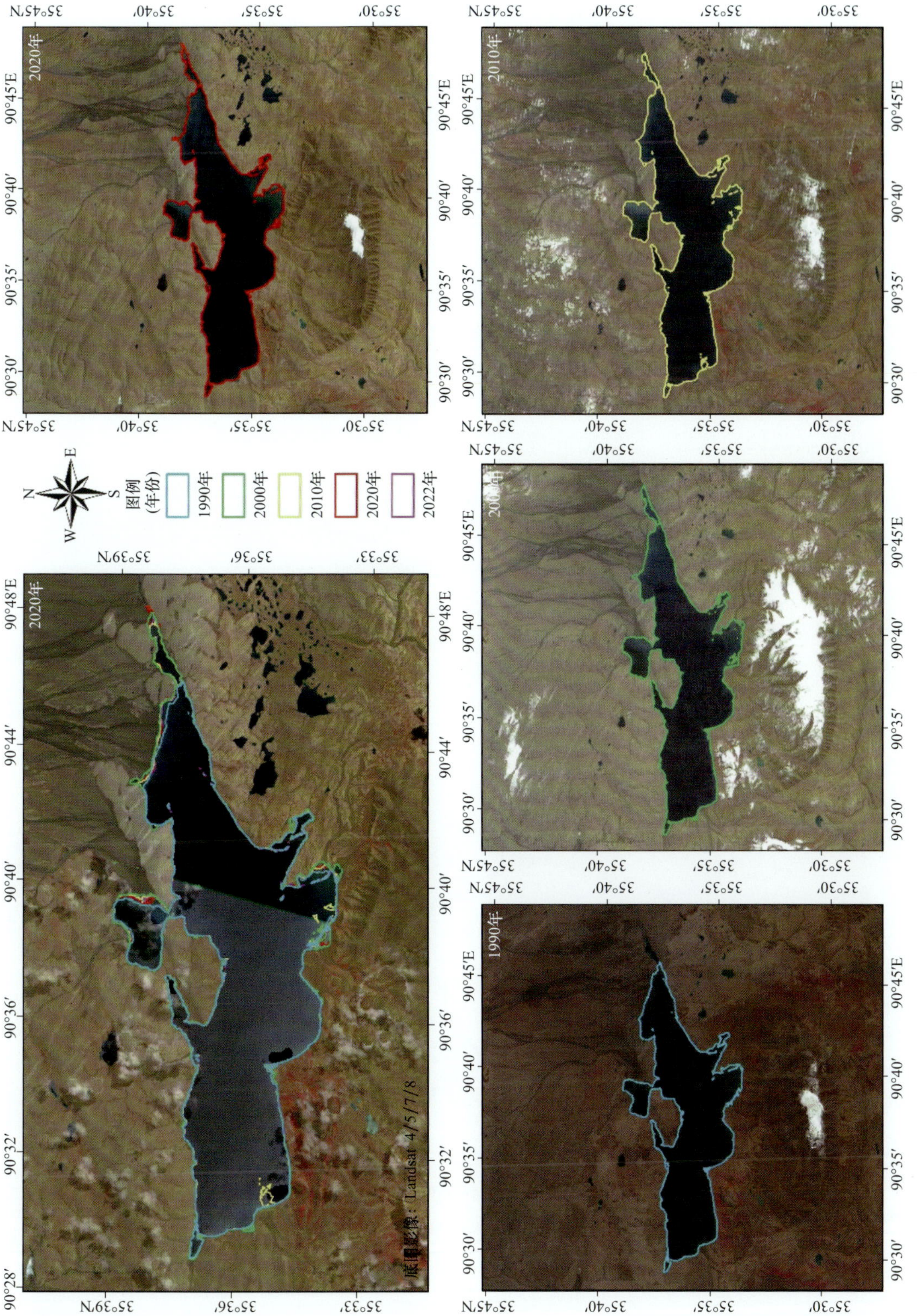

图 5-35　1987—2022 年饮马湖湖面时空变化

5.12 错达日玛

错达日玛，位于青海省玉树藏族自治州治多县，可可西里地区晚第三纪陆相断陷盆地内，湖盆三面群山环抱，东部为错达日玛河开阔谷地。地理坐标为东经 91°47′—91°58′，北纬 35°16′—35°22′。湖由两部分组成，北部为主湖，呈椭圆形，南部为次湖，呈弧条状，两湖之间由沙洲半岛相隔，并以半岛西部狭窄水道相通。系由陨石撞击形成的陨坑湖（胡东生，1994a，1994b）。湖水主要依赖地表径流补给，入湖河流除错达日玛河外，还有多条小河呈向心状从北、西、南岸汇入。湖面水位海拔 4775.00 m，面积 89.8 km²（王苏民 等，1998），2020 年卫星遥感监测水位海拔 4788.61 m（Xu et al.，2021，2022；许风林 等，2021）。

多源卫星遥感监测显示，1987—2022 年错达日玛湖面积呈显著扩张趋势，平均每年扩张 1.06 km²。2022 年错达日玛湖面积为 107.17 km²，较 1987 年（77.74 km²）扩张 29.43 km²，扩张率为 37.86%（图 5-36，表 5-12）。在空间变化上，错达日玛湖西部时令河注入的洪积扇区和湖东部湖水出流的冲积扇区是变化最明显的区域（图 5-37，图 5-38）。

图 5-36 1987—2022 年错达日玛面积变化

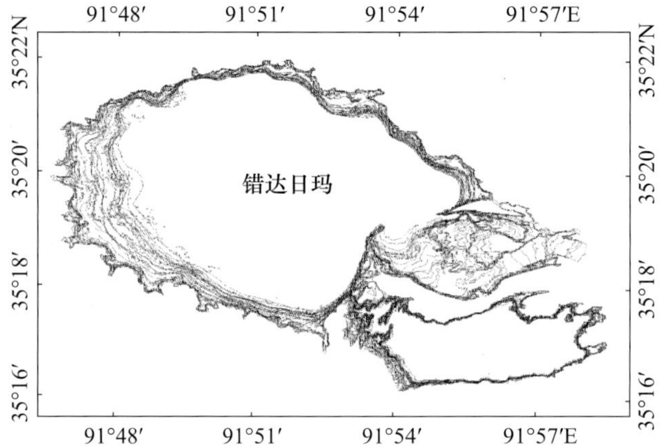

图 5-37 1987—2022 年错达日玛边界变化

表 5-12 1987—2022 年错达日玛逐五年面积统计 单位：km²

年份	1987	1990	1995	2000	2005	2010	2015	2020	2022
错达日玛	77.74	80.06	68.99	73.43	84.97	94.02	99.73	105.16	107.17

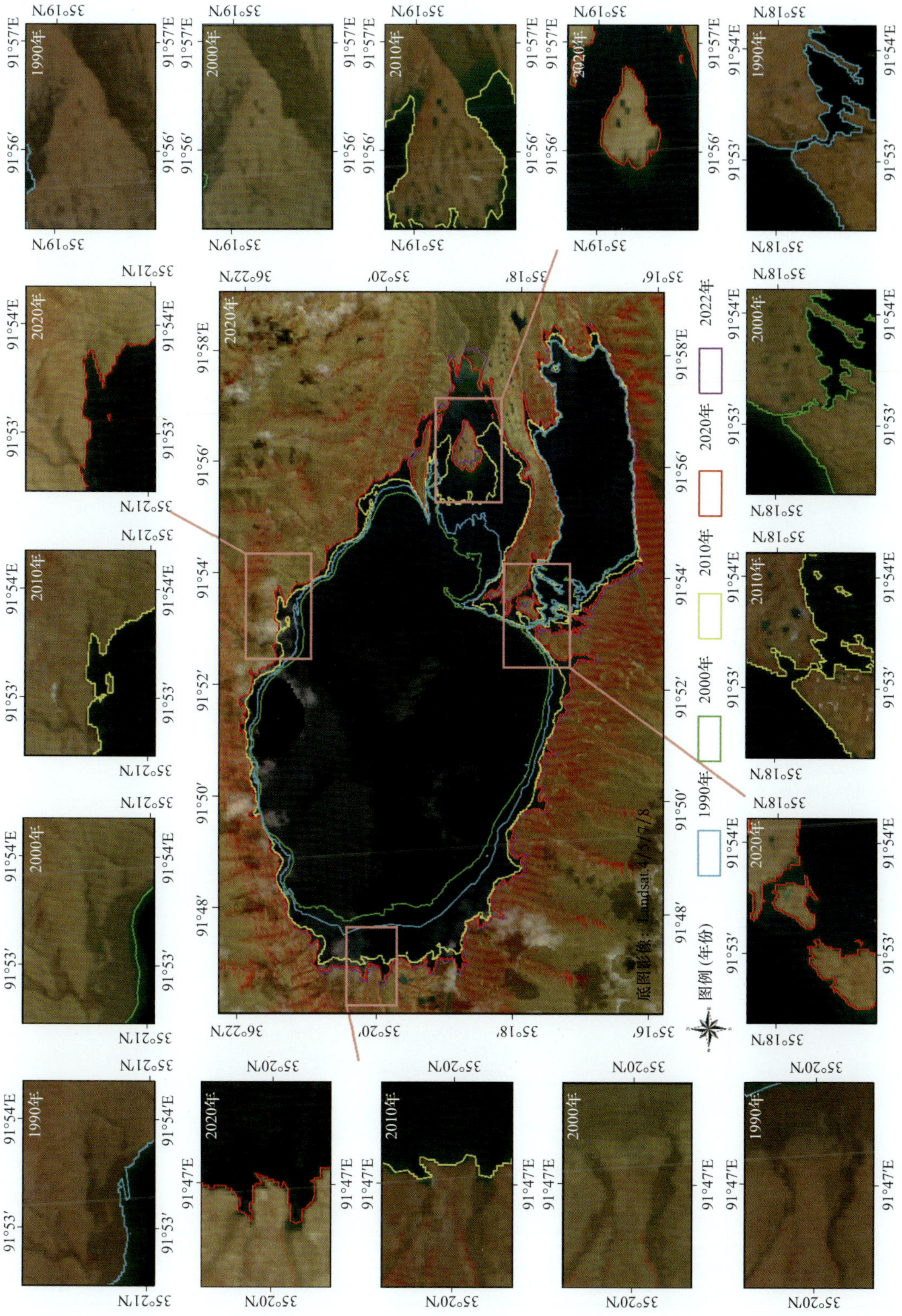

图 5-38 1987—2022 年错达日玛湖面时空变化

5.13 太阳湖

太阳湖，位于青海省玉树藏族自治州治多县，布格达坂峰和马兰山间一构造盆地内。地理坐标为东经 90°33′—90°43′，北纬 35°53′—35°58′。湖泊形状近似矩形，长轴呈东西向延伸，南、北部为冰川、冰水堆积砂砾层，湖岸陡峭。湖水主要依赖冰雪融水补给，南部由马兰雪山北坡冰雪融水汇集注入，并在入湖口形成沼泽；西部由冰雪融水汇集和戈壁地下渗流注入；东部泄入 S63005。太阳湖水质清澈，口感良好，是优质饮用水源。湖面水位海拔 4882.00 m，面积 100.9 km^2（王苏民 等，1998），2020 年卫星遥感监测水位海拔 4881.28 m（Xu et al.，2021，2022；许凤林 等，2021）。

多源卫星遥感监测显示，1987—2022 年太阳湖面积呈显著萎缩趋势，平均每年萎缩 0.02 km^2。2022 年太阳湖面积为 101.95 km^2，较 1987 年（102.24 km^2）萎缩 0.29 km^2，萎缩率为 0.28%（图 5-39，表 5-13）。在空间变化上，太阳湖南部马兰雪山北坡冰雪融水注入的洪积扇区，及其在入湖口形成的沼泽区是变化最明显的区域（图 5-40，图 5-41）。

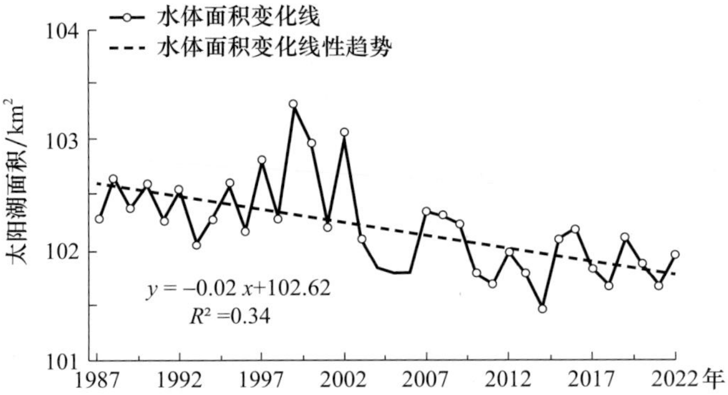

图 5-39 1987—2022 年太阳湖面积变化

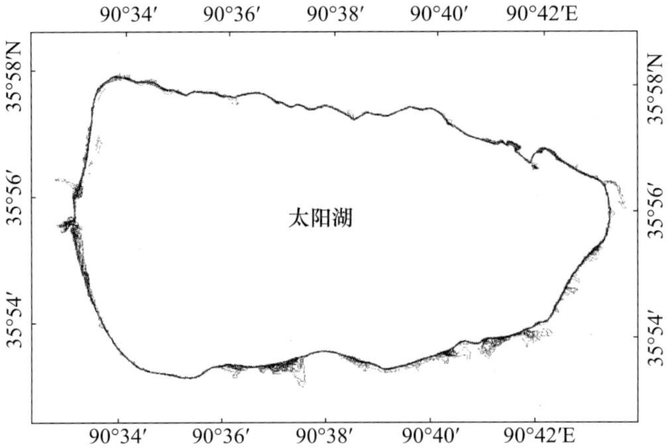

图 5-40 1987—2022 年太阳湖边界变化

表 5-13 1987—2022 年太阳湖逐五年面积统计 单位：km^2

年份	1987	1990	1995	2000	2005	2010	2015	2020	2022
太阳湖	102.24	102.60	102.61	102.96	101.79	101.78	102.09	101.86	101.95

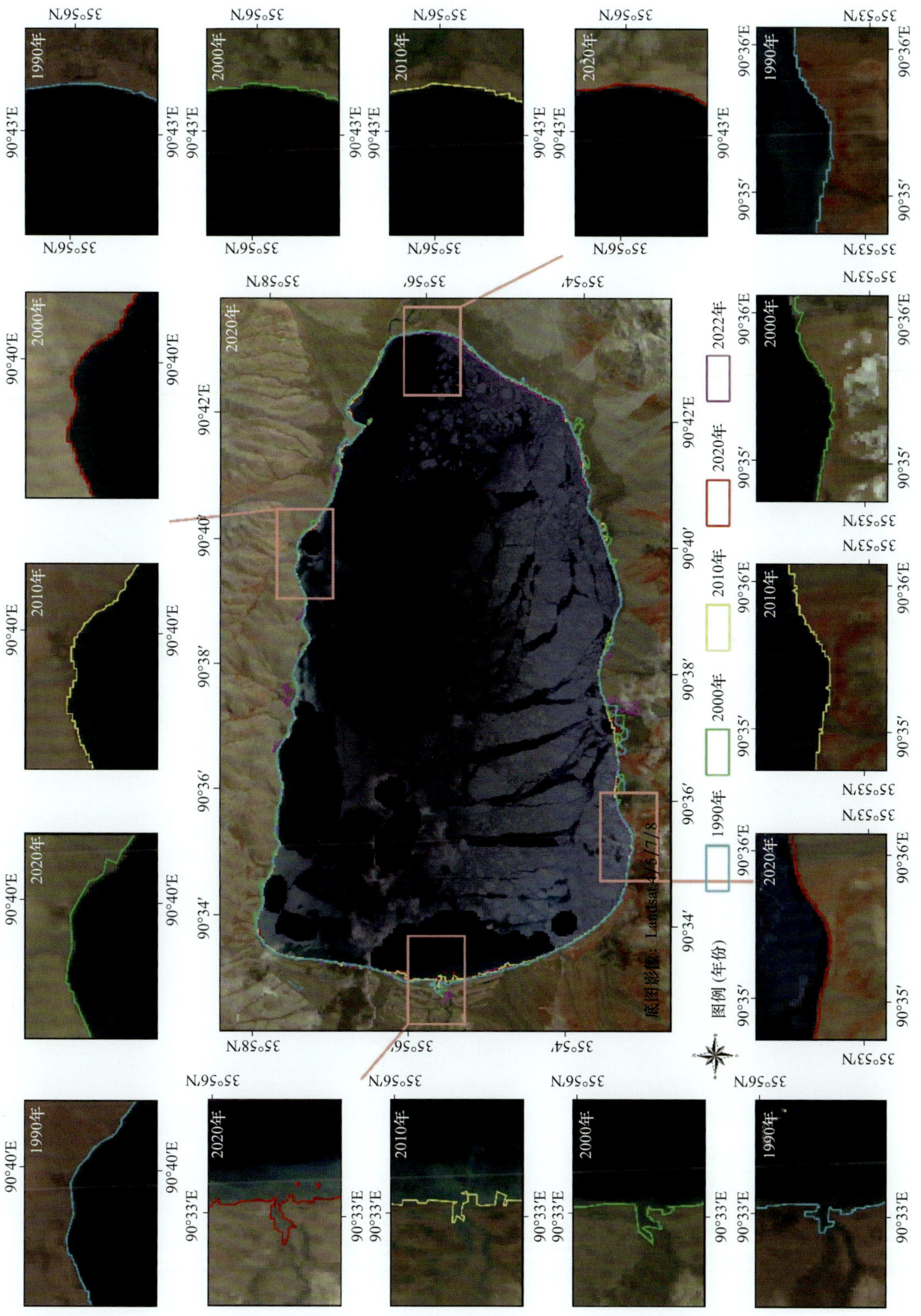

图 5-41 1987—2022 年太阳湖湖面时空变化

5.14 可考湖

可考湖，原无名，因1990年中国科学院可可西里科学考察队考察了此湖而得名。位于青海省玉树藏族自治州治多县北、昆仑山东段一个凹陷盆地内。地理坐标为东经91°16′—91°28′，北纬35°40′—35°43′。湖水主要依赖冰雪融水，泉水和地下水补给。湖面水位海拔4882.00 m，面积62.3 km²（王苏民 等，1998），2020年卫星遥感监测水位海拔4894.40 m（Xu et al.，2021，2022；许风林 等，2021）。

多源卫星遥感监测显示，1987—2022年可考湖面积呈显著扩张趋势，平均每年扩张0.92 km²。2022年可考湖面积为88.28 km²，较1987年（58.87 km²）扩张29.41 km²，扩张率为49.96%（图5-42a，表5-14），2010—2020年期间，可考湖水量显著增加，平均每年增加0.02 Gt，2020年水量较2010年增加了0.27 Gt（图5-42b）。在空间变化上，可考湖西部及北部时令河和冰雪融水注入的洪积扇区、湖南部时令河注入的洪积扇区以及湖东部湖水出流的冲积扇区是变化最明显的区域（图5-43，图5-44）。

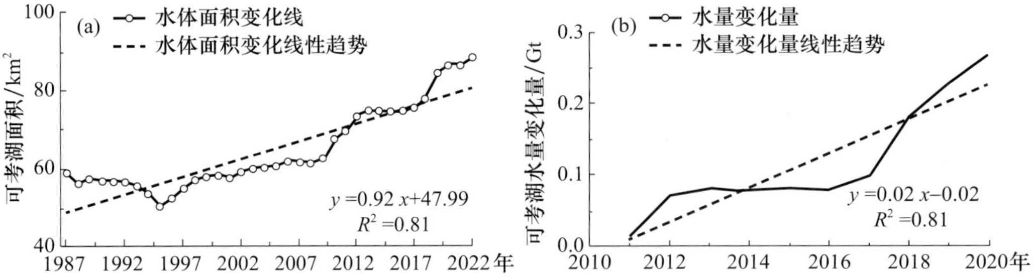

图5-42 1987—2022年可考湖面积变化（a）；2010—2020年可考湖水量变化量（b）

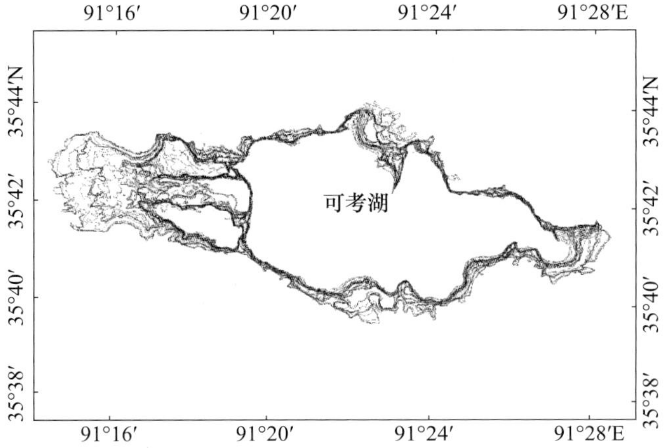

图5-43 1987—2022年可考湖边界变化

表5-14 1987—2022年可考湖逐五年面积统计 单位：km²

年份	1987	1990	1995	2000	2005	2010	2015	2020	2022
可考湖	58.87	56.98	50.54	58.31	60.64	67.42	74.84	86.43	88.28

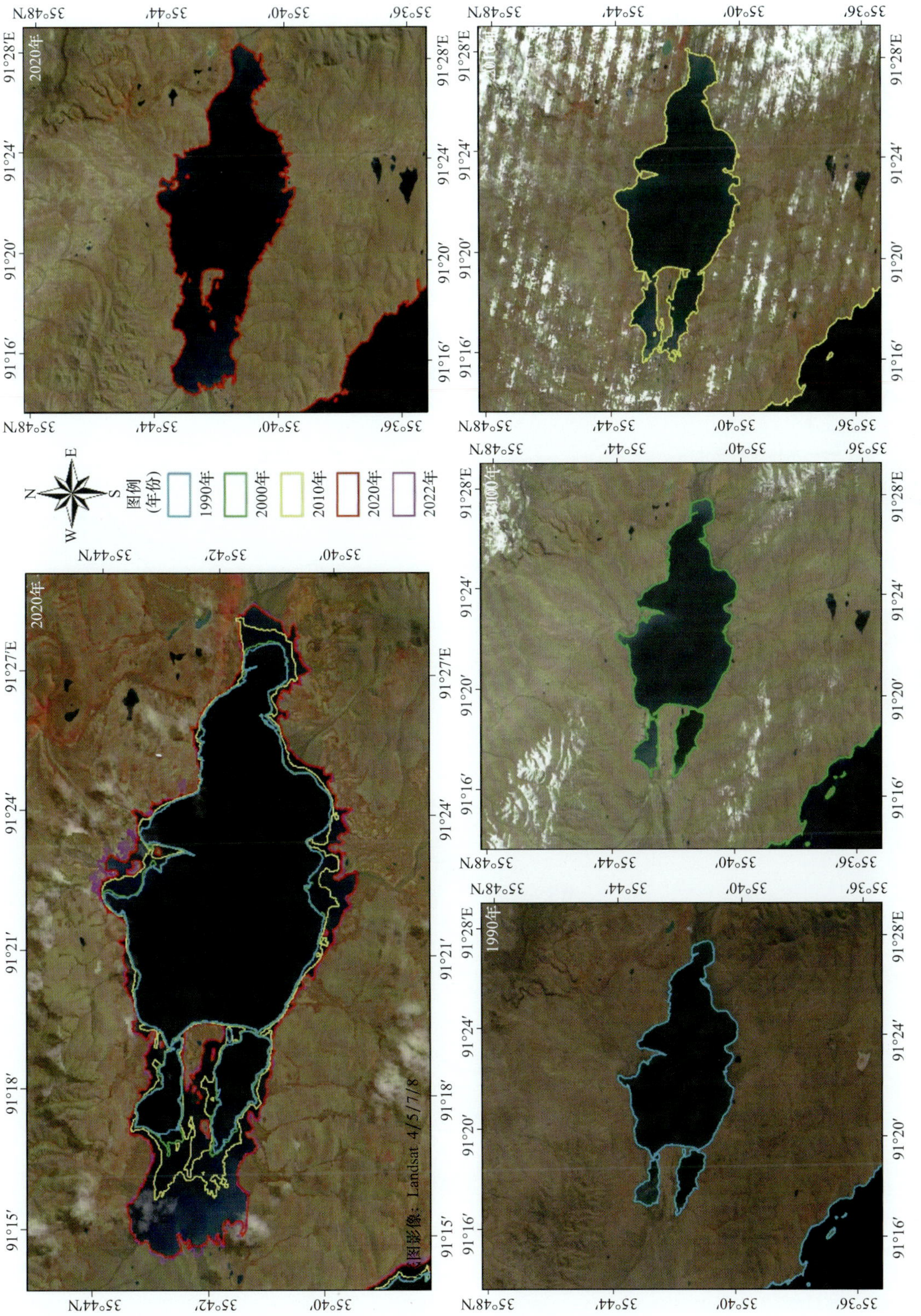

图 5-44 1987—2022 年可考湖湖面时空变化

5.15 特拉什湖(苟鲁山克错)

特拉什湖，又名苟鲁山克错。位于青海省玉树藏族自治州治多县，巴音查乌马山、苟鲁重钦马山之间的凹陷盆地内。地理坐标为东经 92°08′—92°18′，北纬 34°46′—34°51′。滨湖西部为由时令河形成的冲积—洪积平原，其上河水渗透汇集而成以及湖泊退缩残留的小湖星罗棋布。湖水主要依赖 4 条时令河夏季汇水入湖补给。湖面水位海拔 4808.00 m，面积 66.8 km^2(胡东生，1994a；王苏民 等，1998)，2020 年卫星遥感监测水位海拔 4809.30 m(Xu et al.，2021，2022；许凤林 等，2021)。

多源卫星遥感监测显示，1987—2022 年特拉什湖面积呈显著扩张趋势，平均每年扩张 0.75 km^2。2022 年特拉什湖面积为 83.73 km^2，较 1987 年(58.94 km^2)扩张 24.79 km^2，扩张率为 42.06%(图 5-45a，表 5-15)，2010—2020 年期间，特拉什湖水量显著增加，平均每年增加 0.01 Gt，2020 年水量较 2010 年增加了 0.15 Gt(图 5-45b)。在空间变化上，特拉什湖滨湖西部的洪积平原，湖北部和东部时令河注入的洪积扇区是变化最明显的区域(图 5-46，图 5-47)。

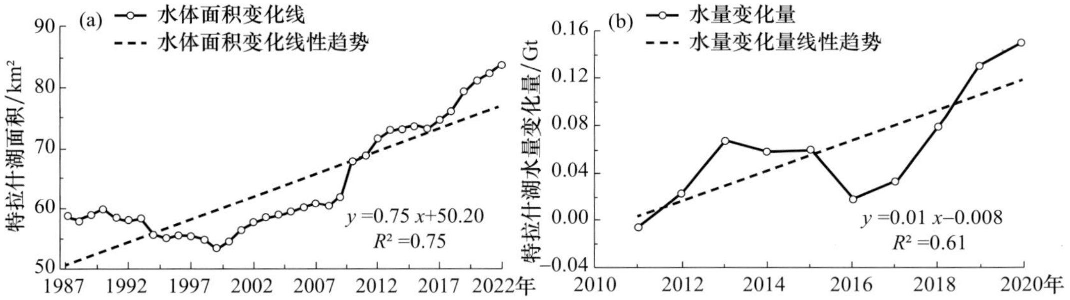

图 5-45　1987—2022 年特拉什湖面积变化(a)；2010—2020 年特拉什湖水量变化量(b)

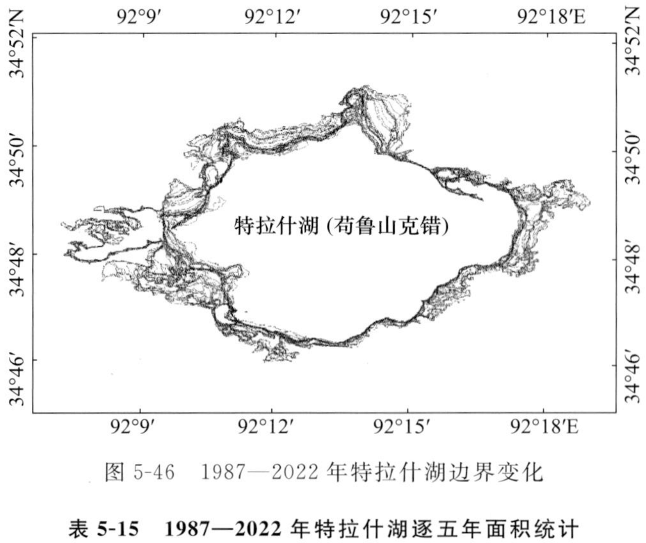

图 5-46　1987—2022 年特拉什湖边界变化

表 5-15　1987—2022 年特拉什湖逐五年面积统计　　单位：km^2

年份	1987	1990	1995	2000	2005	2010	2015	2020	2022
特拉什湖	58.94	59.99	55.06	54.63	59.55	67.85	73.58	81.11	83.73

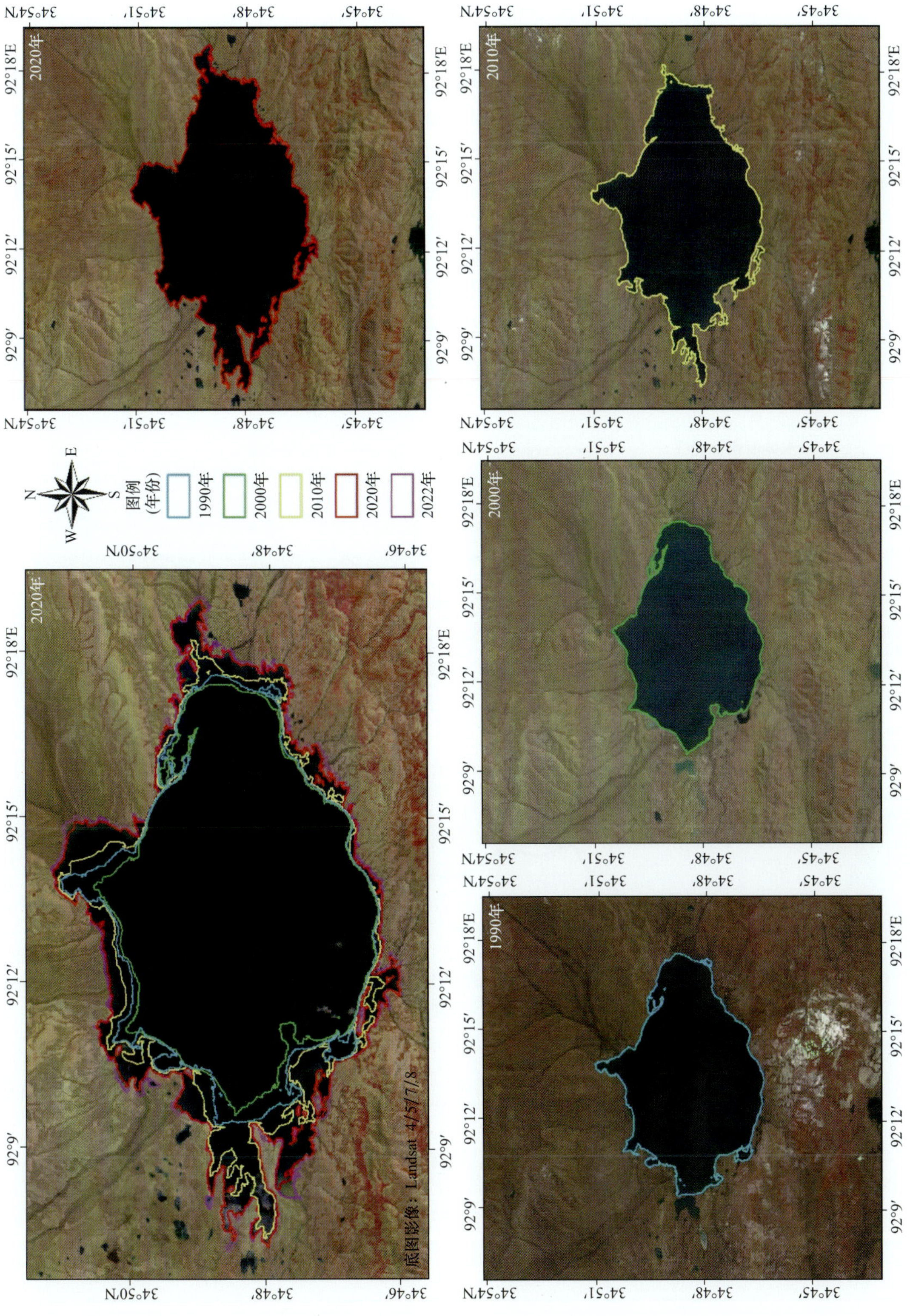

图 5-47　1987—2022 年特拉什湖湖面时空变化

5.16 库水浣

库水浣，位于青海省玉树藏族自治州治多县，东昆仑巍雪山与黑驼峰间一盆地内。地理坐标为东经 90°07′，北纬 35°59′。湖滨带为第四系冲积、洪积和冰水堆积的砂砾层。湖水主要依赖 2～3 条短小时令河和夏季汇冰雪融水补给，无常年性河流注入。湖面水位海拔 5007.00 m，面积 33.6 km^2（王苏民 等，1998），2020 年卫星遥感监测水位海拔 5005.24 m（Xu et al.，2021，2022；许凤林 等，2021）。

多源卫星遥感监测显示，1987—2022 年库水浣面积呈显著扩张趋势，平均每年扩张 0.08 km^2。2022 年库水浣面积为 36.94 km^2，较 1987 年（32.65 km^2）扩张 4.29 km^2，扩张率为 13.14%（图 5-48a，表 5-16），2010—2020 年期间，库水浣水量显著增加，平均每年增加 0.002 Gt，2020 年水量较 2010 年增加了 0.01 Gt（图 5-48b）。在空间变化上，湖泊面积整体变化较小，与滨湖北部小湖泊相连是变化最明显的区域（图 5-49，图 5-50）。

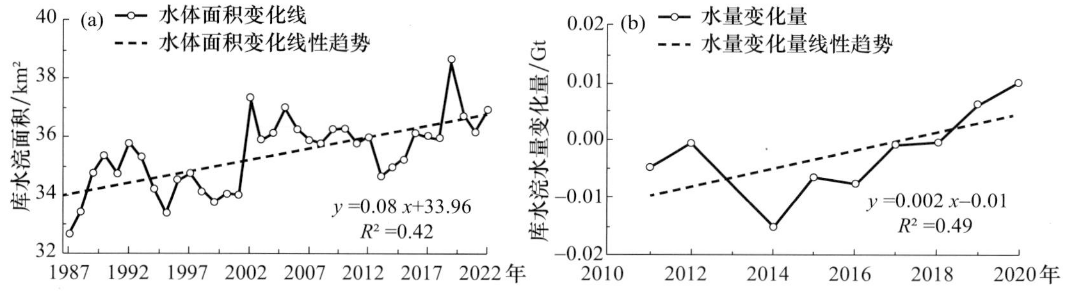

图 5-48 1987—2022 年库水浣面积变化（a）；2010—2020 年库水浣水量变化量（b）

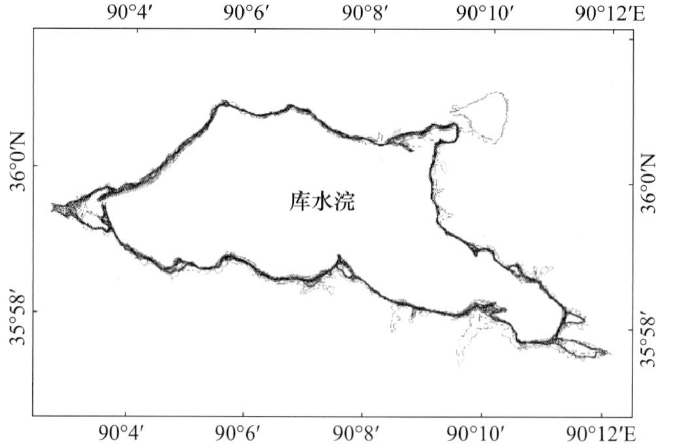

图 5-49 1987—2022 年库水浣边界变化

表 5-16 1987—2022 年库水浣逐五年面积统计 单位：km^2

年份	1987	1990	1995	2000	2005	2010	2015	2020	2022
库水浣	32.65	35.30	33.36	34.00	37.01	36.31	35.17	36.72	36.94

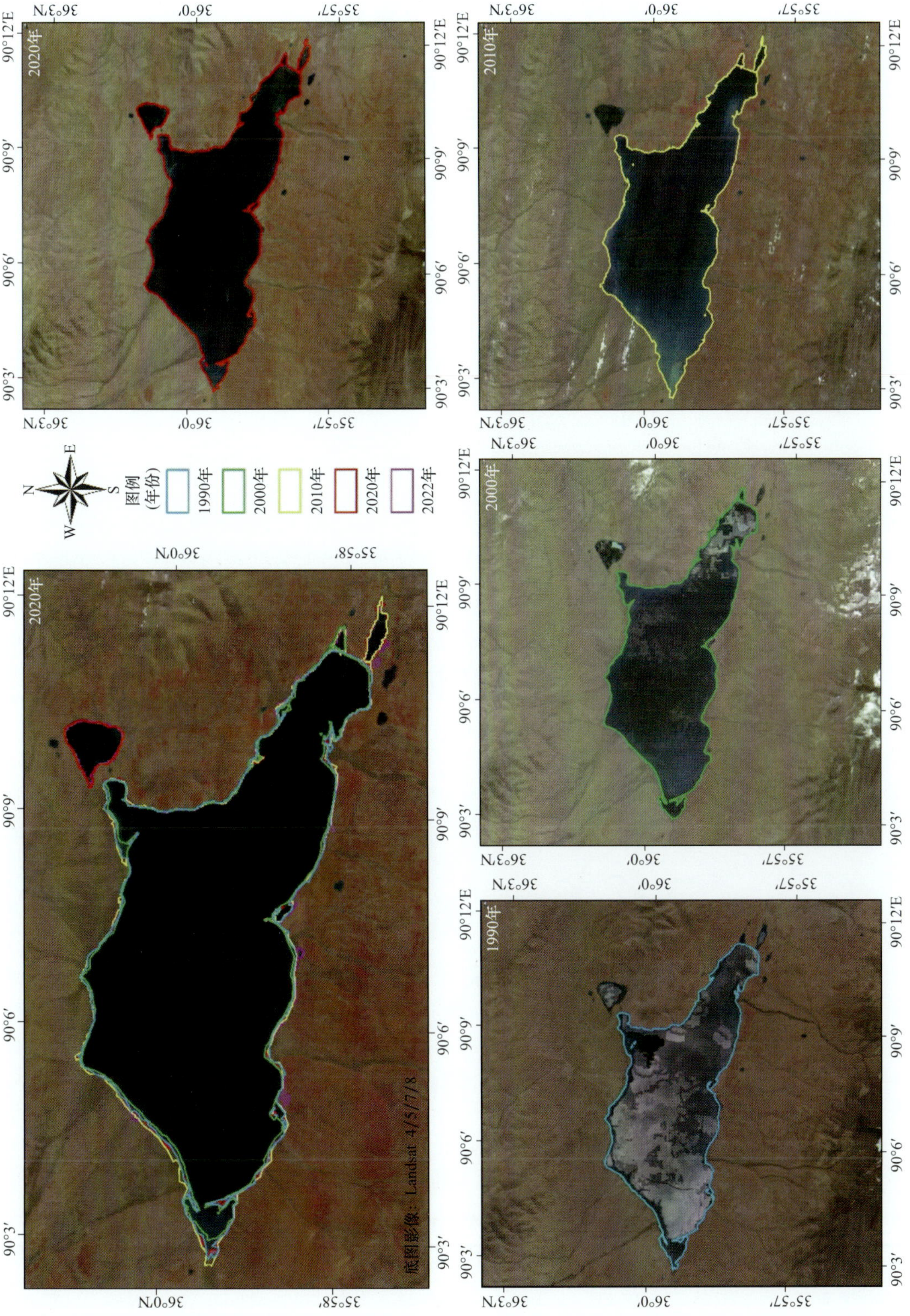

图 5-50　1987—2022 年库水浣湖面时空变化

5.17 苟仁错(苟鲁错)

苟仁错，又名苟鲁错。位于青海省玉树藏族自治州治多县，乌兰乌拉山东段早第三纪断陷盆地内。滨湖北部湖岸较陡，其他方位为宽阔的山麓倾斜平原。地理坐标为东经 92°28′，北纬 34°36′。湖水主要依赖地表径流补给，入湖河流以西岸入湖的苟鲁重钦玛曲为主，时令河桑恰曲次之。湖面水位海拔 4666 m，面积 23.5 km^2（王苏民 等，1998）。

多源卫星遥感监测显示，1987—2022 年苟仁错面积呈显著扩张趋势，平均每年扩张 0.71 km^2。2022 年苟仁错面积为 37.33 km^2，较 1987 年（6.14 km^2）扩张 31.19 km^2，扩张率为 507.98%（图 5-51，表 5-17）。在空间变化上，苟仁错滨湖东部背倚陡峭山势向西扩张（图 5-52，图 5-53）。

图 5-51　1987—2022 年苟仁错面积变化

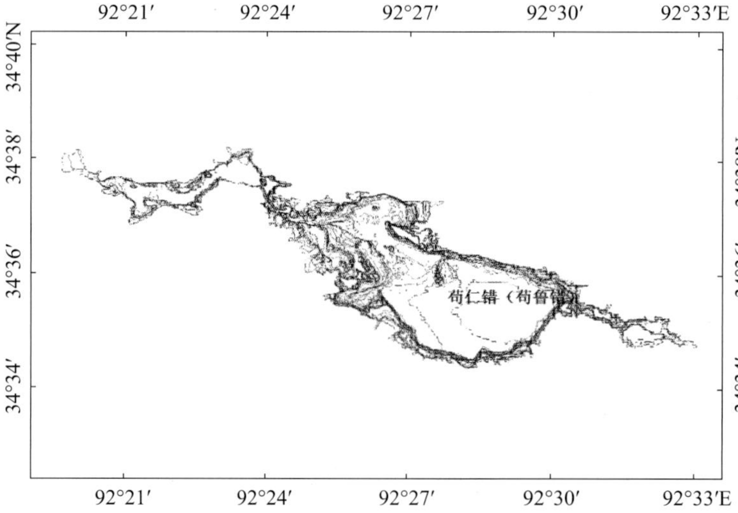

图 5-52　1987—2022 年苟仁错边界变化

表 5-17　1987—2022 年苟仁错逐五年面积统计　　单位：km^2

年份	1987	1990	1995	2000	2005	2010	2015	2020	2022
苟仁错	6.14	21.78	19.21	16.31	22.23	27.96	30.95	35.95	37.33

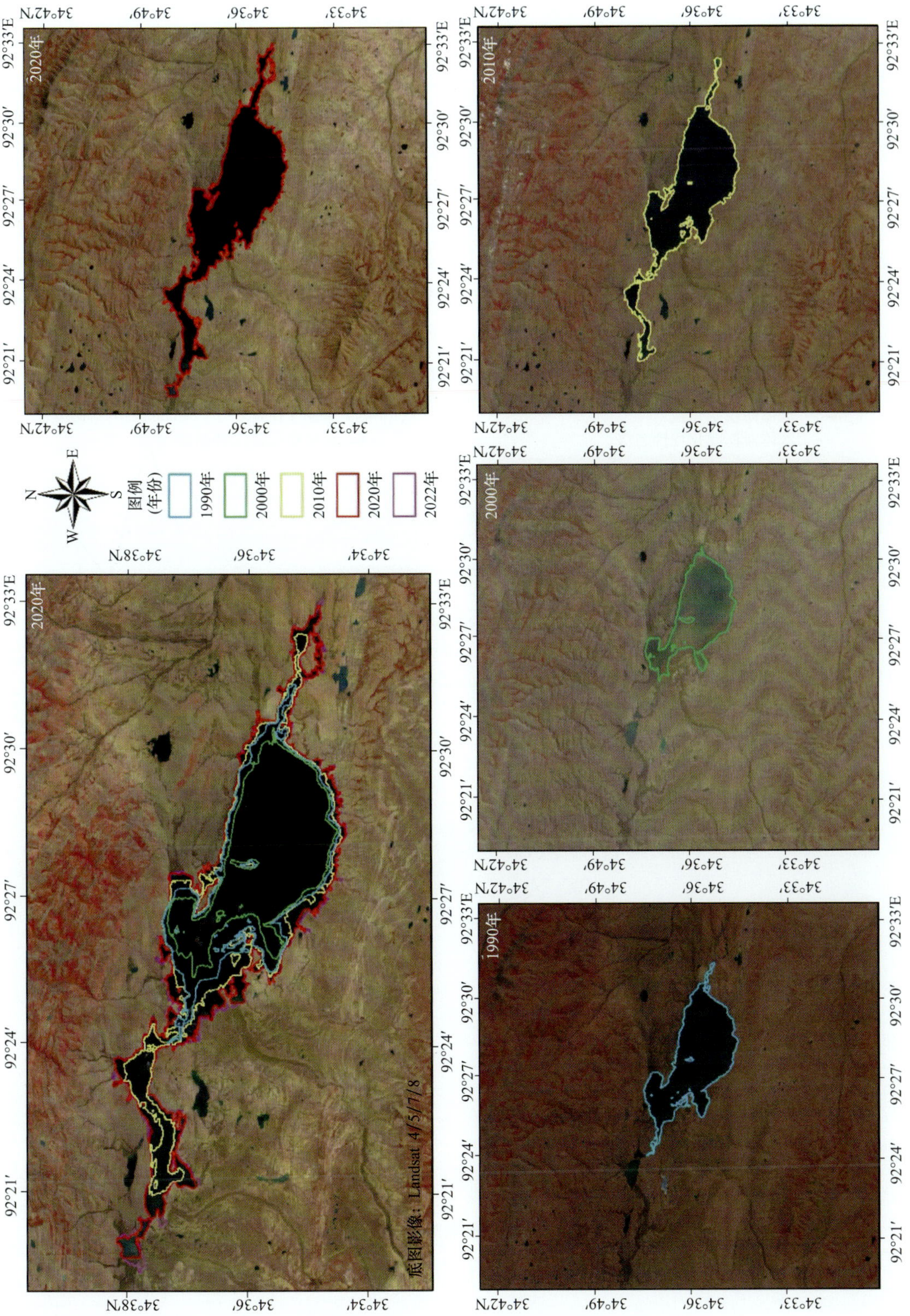

图 5-53　1987—2022 年苟仁错湖面时空变化

5.18 尼日阿错改

尼日阿错改,位于青海省玉树藏族自治州杂多县,唐古拉山北麓长江源头当曲宽谷内。地理坐标为东经 93°13′,北纬 33°06′。滨湖地势平坦,有沼泽发育,藏蒿草生长较好。湖水主要依赖确赛曲、巴侧错尼曲和佯莫曲补给,出流经东部鄂阿玛纳草河汇入当曲,属长江源头外流淡水湖。湖面水位海拔 4708.00 m,面积 35.1 km²(王苏民 等,1998),2020 年卫星遥感监测水位海拔 4705.42 m(Xu et al.,2021,2022;许凤林 等,2021)。

多源卫星遥感监测显示,1987—2022 年尼日阿错改面积呈扩张趋势,平均每年扩张 0.03 km²。2022 年尼日阿错改面积为 35.77 km²,较 1987 年(34.48 km²)扩张 1.29 km²,扩张率为 3.74%(图 5-54a,表 5-18),2011—2020 年期间,尼日阿错改水量稳定,略有增加(图 5-54b)。在空间变化上,湖东部湖水出流口是变化最明显的区域(图 5-55,图 5-56)。

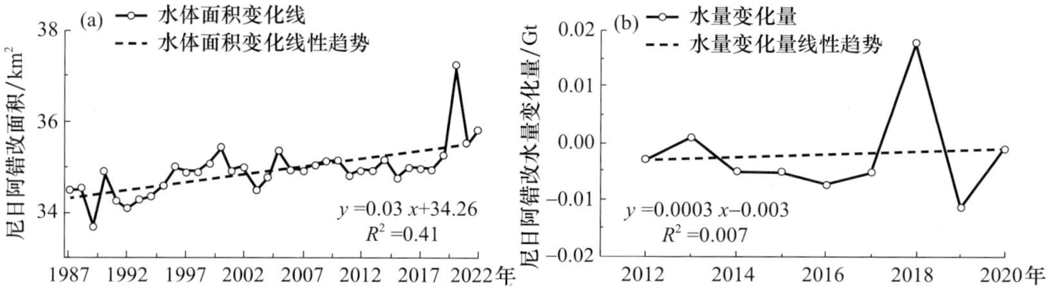

图 5-54 1987—2022 年尼日阿错改面积变化(a);2011—2020 年尼日阿错改水量变化量(b)

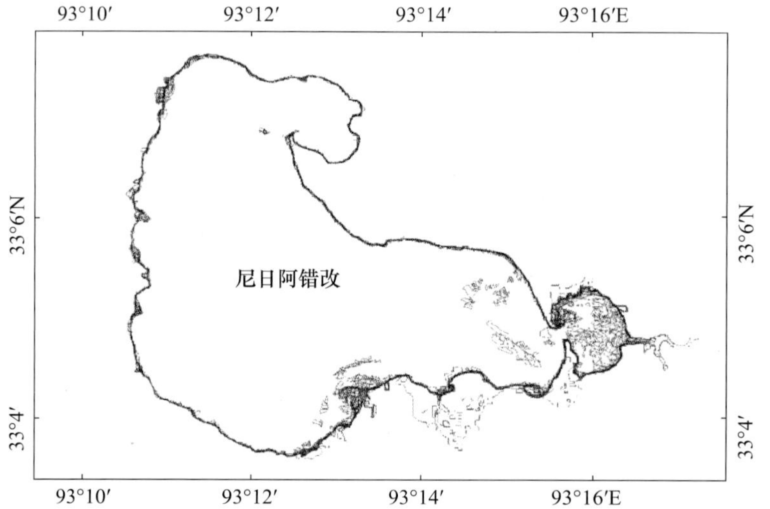

图 5-55 1987—2022 年尼日阿错改边界变化

表 5-18 1987—2022 年尼日阿错改逐五年面积统计 单位:km²

年份	1987	1990	1995	2000	2005	2010	2015	2020	2022
尼日阿错改	34.48	34.90	34.58	35.40	35.36	35.12	34.74	35.60	35.77

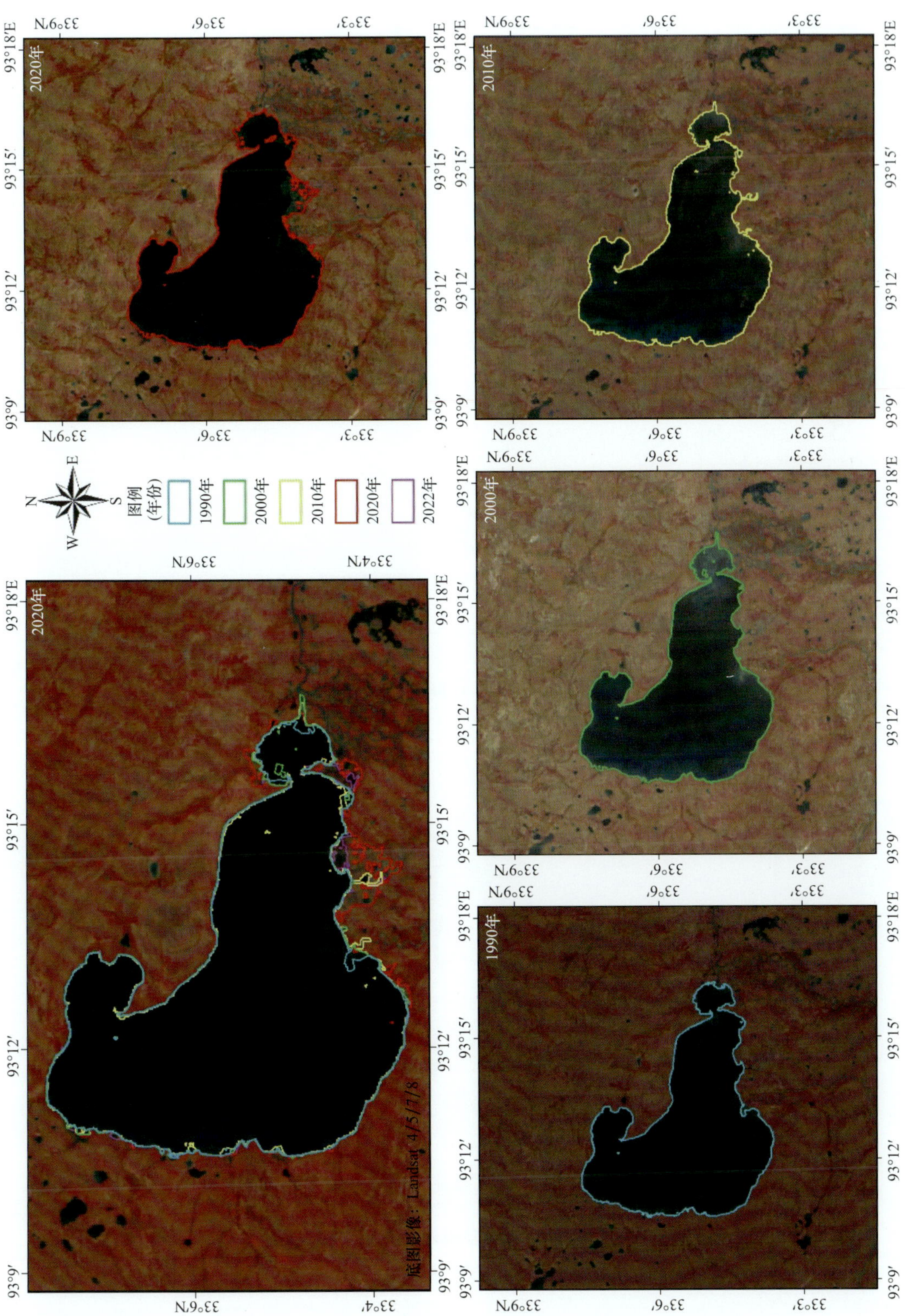

图 5-56　1987—2022 年尼日阿错改湖面时空变化

5.19 移山湖

移山湖，位于青海省玉树藏族自治州治多县，可可西里山东段，西距西金乌兰湖 20 km，东距长江源头楚玛尔河 2 km，分水岭为海拔 4860.0 m 的岗地。地理坐标为东经 90°55′，北纬 35°14′。形似葫芦，“葫芦颈”处两岸相对的半岛将湖体分成东西两部分。湖水主要依赖地表径流和山麓泉水补给。湖面水位海拔 4850.00 m，面积 18.5 km²（王苏民 等，1998），2020 年卫星遥感监测水位海拔 4850.05 m（Xu et al.，2021，2022；许凤林 等，2021）。

多源卫星遥感监测显示，1987—2022 年移山湖面积呈显著扩张趋势，平均每年扩张 0.47 km²。2022 年移山湖面积为 30.49 km²，较 1987 年（18.45 km²）扩张 12.04 km²，扩张率为 65.26%（图 5-57，表 5-19）。在空间变化上，湖北部和南部是变化最明显的区域（图 5-58，图 5-59）。

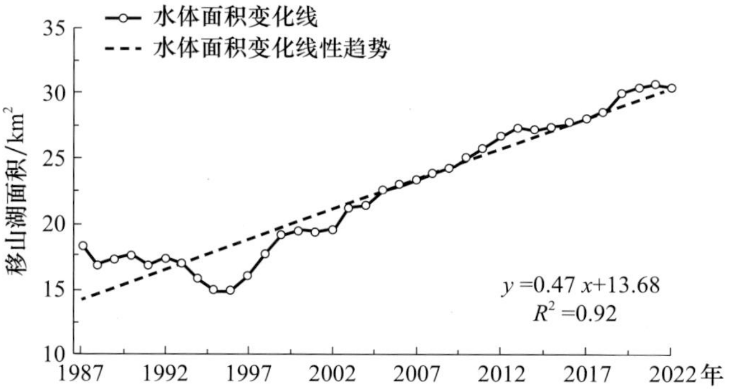

图 5-57　1987—2022 年移山湖面积变化

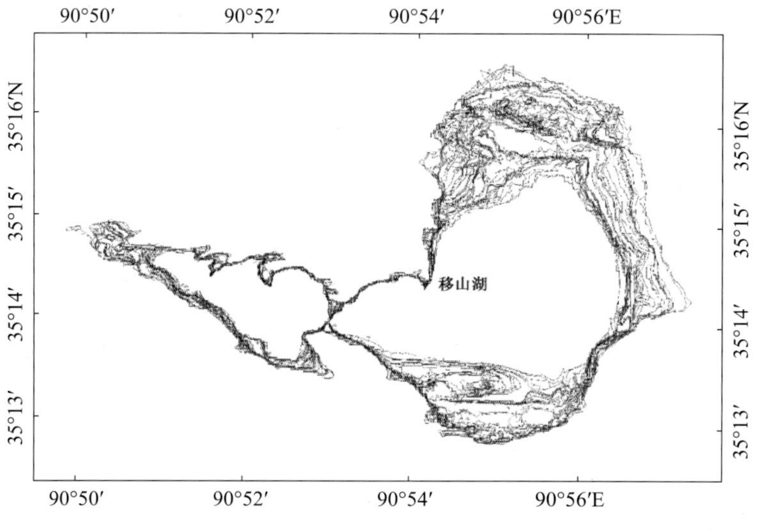

图 5-58　1987—2022 年移山湖边界变化

表 5-19　1987—2022 年移山湖逐五年面积统计　　单位：km²

年份	1987	1990	1995	2000	2005	2010	2015	2020	2022
移山湖	18.45	17.49	14.93	19.39	22.71	24.98	27.38	30.43	30.49

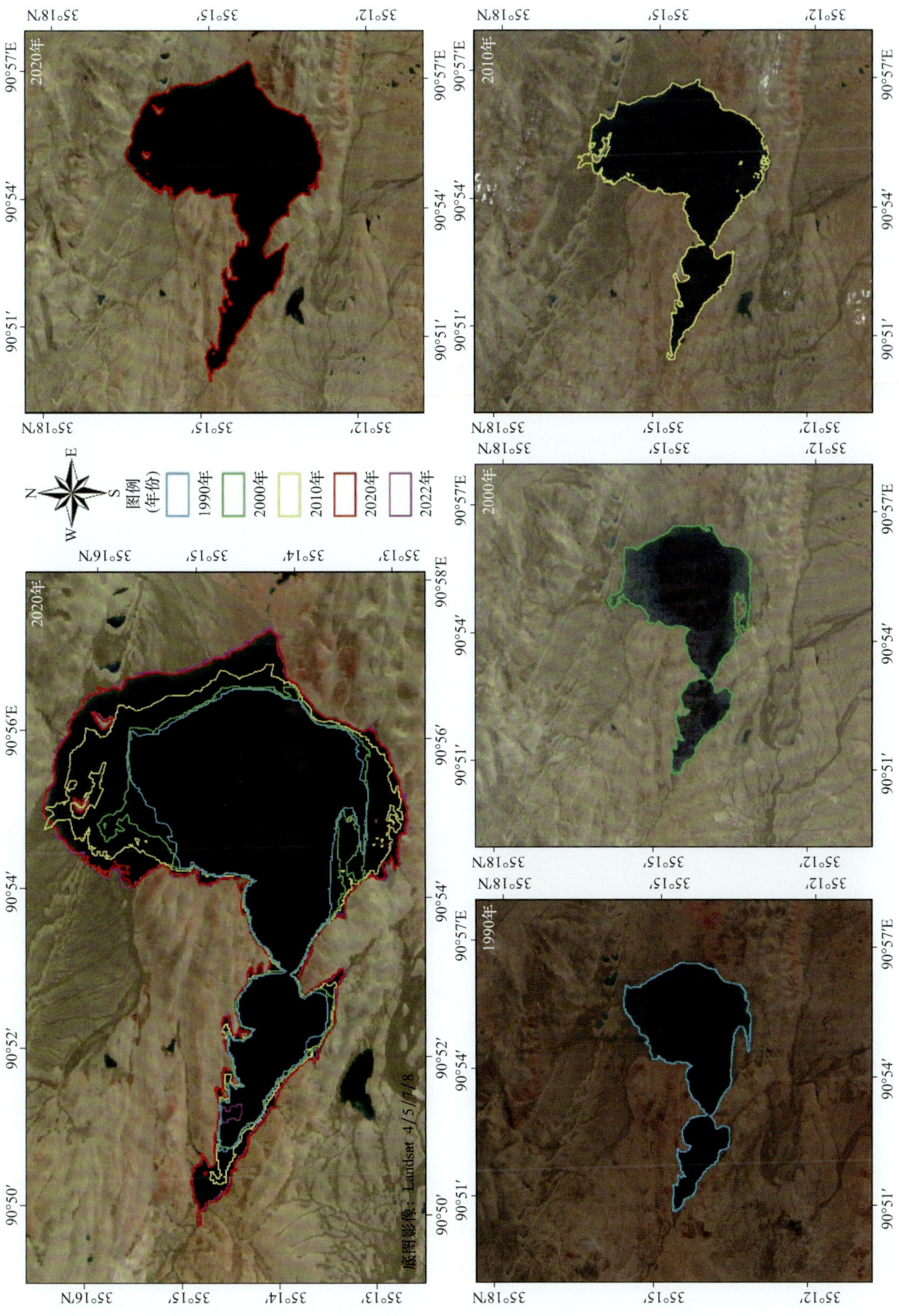

图 5-59　1987—2022 年移山湖湖面时空变化

5.20 坎巴卡东错(错坎巴昂日东)

坎巴卡东错,又名错坎巴昂日东。位于青海省玉树藏族自治州曲麻莱县,昆仑山东端南麓山间盆地内。地理坐标为东经 95°8′,北纬 35°13′。滨湖山麓局部低凹地,积地下渗水形成众多小湖和大面积沼泽湿地。湖水主要依赖地下渗水、地表径流补给,入湖河流短小,但水量较丰。湖面水位海拔 4535.00 m,面积 19.5 km^2(王苏民 等,1998)。

多源卫星遥感监测显示,1987—2022 年坎巴卡东错面积呈"V"字形变化,1987—2004 年湖面积呈显著萎缩趋势,平均每年萎缩 0.61 km^2;2005—2022 年湖面积呈扩张趋势,平均每年扩张 0.56 km^2;整体呈扩张态势,平均每年扩张 0.04 km^2。2022 年坎巴卡东错面积为 21.63 km^2,较 1987 年(20.32 km^2)扩张 1.31 km^2,扩张率为 6.45%(图 5-60,表 5-20)。在空间变化上,湖体向西南扩张明显,且湖体北部区域变化显著(图 5-61,图 5-62)。

图 5-60 1987—2022 年坎巴卡东错面积变化

图 5-61 1987—2022 年坎巴卡东错边界变化

表 5-20 1987—2022 年坎巴卡东错逐五年面积统计 单位:km^2

年份	1987	1990	1995	2000	2005	2010	2015	2020	2022
坎巴卡东错	20.32	21.58	19.91	16.13	13.36	21.44	21.09	22.30	21.63

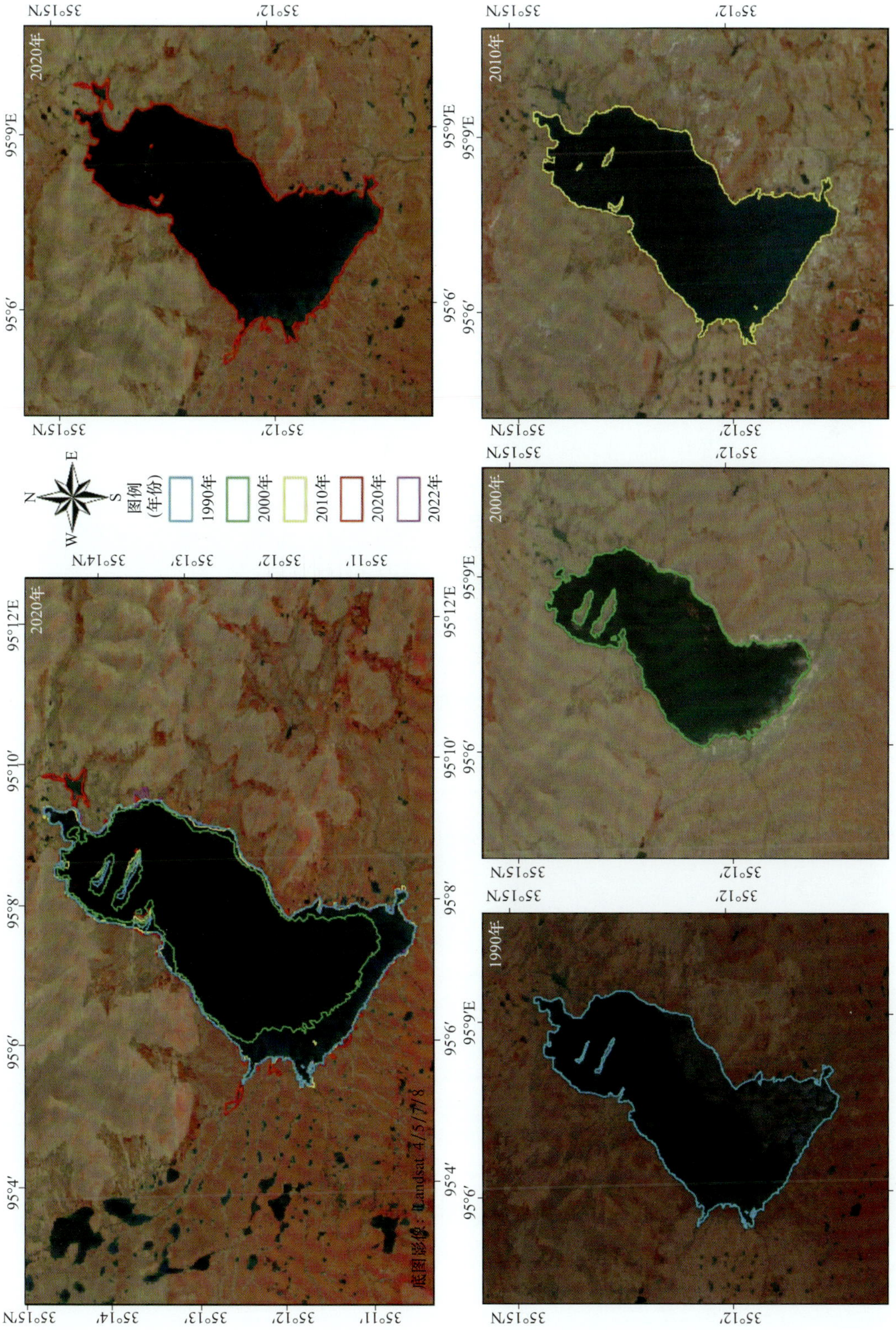

图 5-62　1987—2022 年坎巴卡东错湖面时空变化

5.21 雅西错(雅兴错)

雅西错,又名雅兴错。位于青海省玉树藏族自治州治多县,早第三纪断陷盆地内。滨湖西部为沱沱河汉河形成的沙砾质三角洲平原,东部滨岸带为沙砾覆盖。地理坐标为东经 92°41′,北纬 34°15′。湖水主要依赖地表径流补给,汇纳东、西、北三面来水,出流经南端小河注入沱沱河。湖面水位海拔 4492.00 m,面积 19.3 km^2(王苏民 等,1998)。

多源卫星遥感监测显示,1987—2022 年雅西错面积呈波动式变化,整体变化趋势率为 0.04 km^2/a。2022 年雅西错面积为 19.15 km^2,较 1987 年(20.53 km^2)萎缩 1.38 km^2,萎缩率为 6.72%(图 5-63,表 5-21)。在空间变化上,雅西错西部是变化最明显的区域(图 5-64,图 5-65)。

图 5-63 1987—2022 年雅西错面积变化

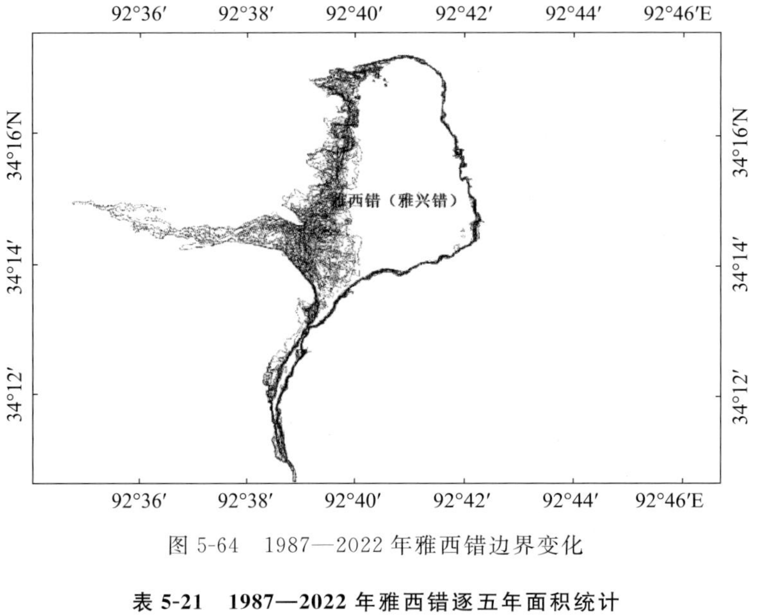

图 5-64 1987—2022 年雅西错边界变化

表 5-21 1987—2022 年雅西错逐五年面积统计 单位:km^2

年份	1987	1990	1995	2000	2005	2010	2015	2020	2022
雅西错	20.53	21.10	22.22	22.13	26.02	24.23	19.93	21.13	19.15

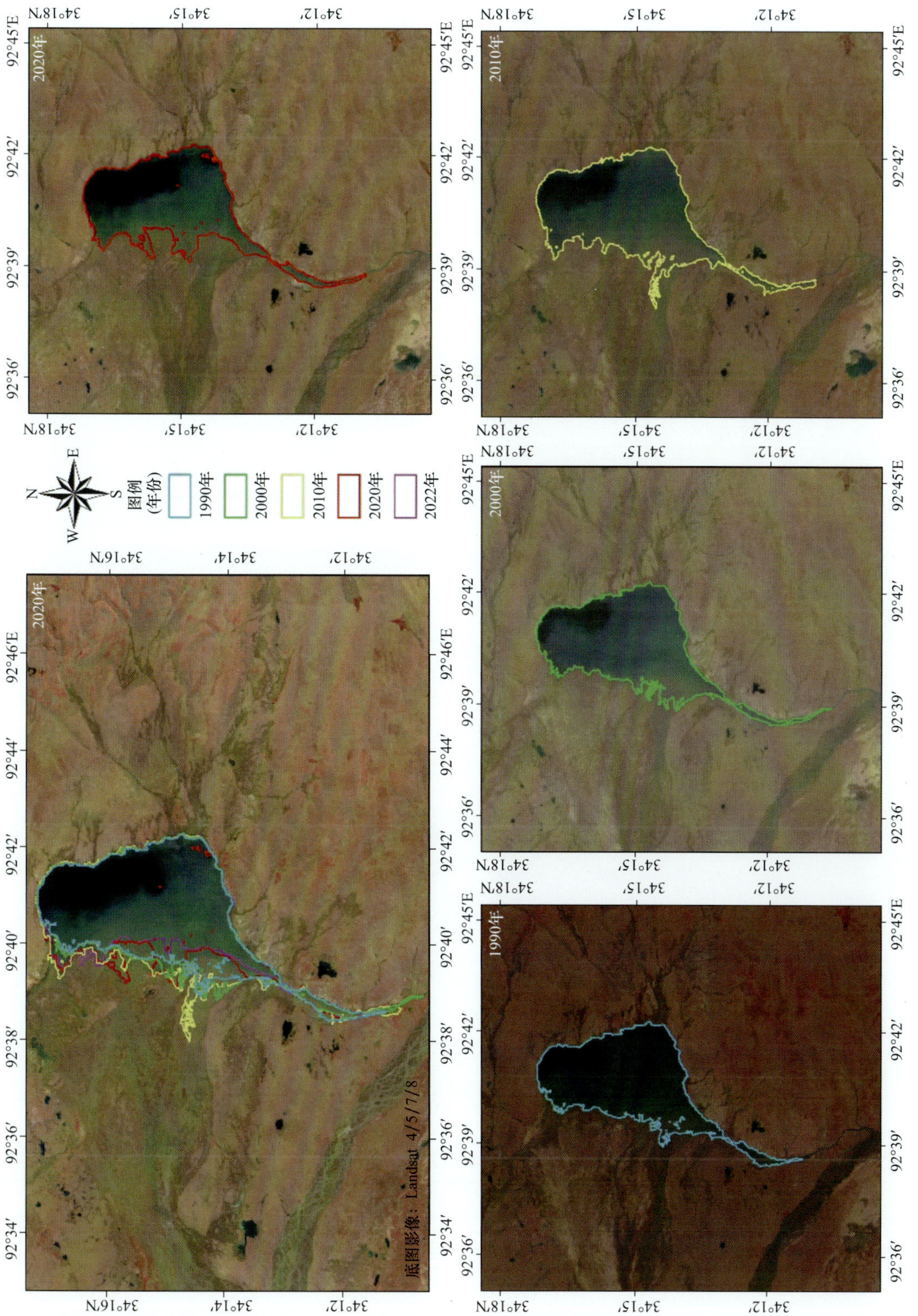

图 5-65　1987—2022 年雅西错湖面时空变化

5.22 马鞍湖

马鞍湖，形似马鞍，位于青海省玉树藏族自治州治多县。地理坐标为东经 89°30′36″，北纬 35°13′48″（中华人民共和国水利部建设与管理司 等，1998）。

多源卫星遥感监测显示，1987—2022 年马鞍湖面积呈显著扩张趋势，平均每年扩张 0.51 km²。2022 年马鞍湖面积为 21.17 km²，较 1987 年（4.77 km²）扩张 16.40 km²，扩张率为 343.82%（图 5-66，表 5-22）。在空间变化上，湖体四周外扩明显（图 5-67，图 5-68）。

图 5-66　1987—2022 年马鞍湖面积变化

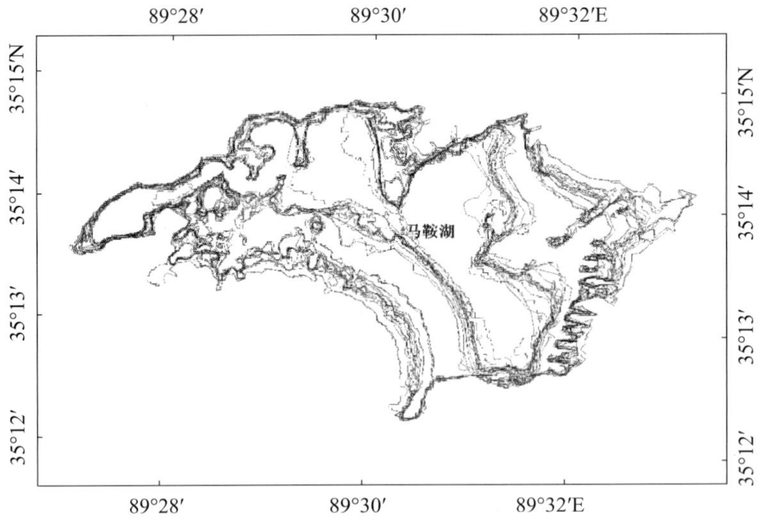

图 5-67　1987—2022 年马鞍湖边界变化

表 5-22　1987—2022 年马鞍湖逐五年面积统计　　单位：km²

年份	1987	1990	1995	2000	2005	2010	2015	2020	2022
马鞍湖	4.77	7.34	7.12	7.47	15.31	17.39	17.54	21.00	21.17

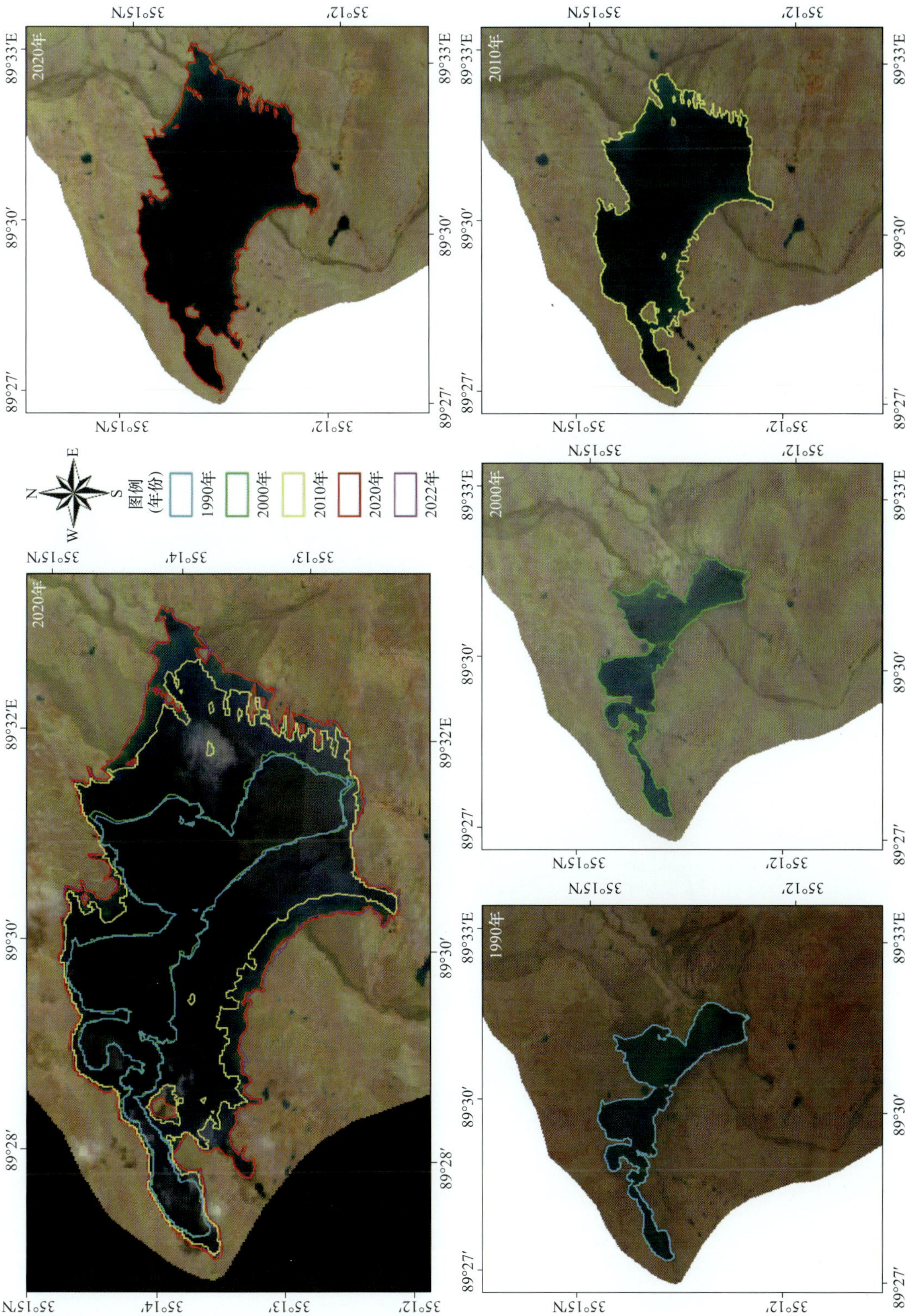

图 5-68　1987—2022 年马鞍湖湖面时空变化

5.23 年吉错(野鸭海)

年吉错，又名野鸭海。位于青海省玉树藏族自治州玉树市，唐古拉山脉东端与横断山脉北段接合部一山间盆地内。地理坐标为东经 96°17′59″，北纬 33°4′12″(中华人民共和国水利部建设与管理司 等，1998)。湖水主要依赖 1 条小河补给。湖面水位海拔 4443.00 m，面积 20.9 km^2(王苏民 等，1998)。

多源卫星遥感监测显示，1987—2022 年年吉错面积经历了由萎缩到恢复的变化过程，其中，1987—2008 年湖泊面积萎缩，平均每年萎缩 0.03 km^2，从 2008 年开始，湖泊面积变化由萎缩态势转为扩张态势，平均每年增加 0.09 km^2。2022 年年吉错面积为 20.91 km^2，较 1987 年(19.96 km^2)扩张 0.95 km^2，扩张率为 4.76%(图 5-69，表 5-23)。在空间变化上，整体无明显变化，湖东部、湖西部变化相对明显(图 5-70，图 5-71)。

图 5-69　1987—2022 年年吉错面积变化

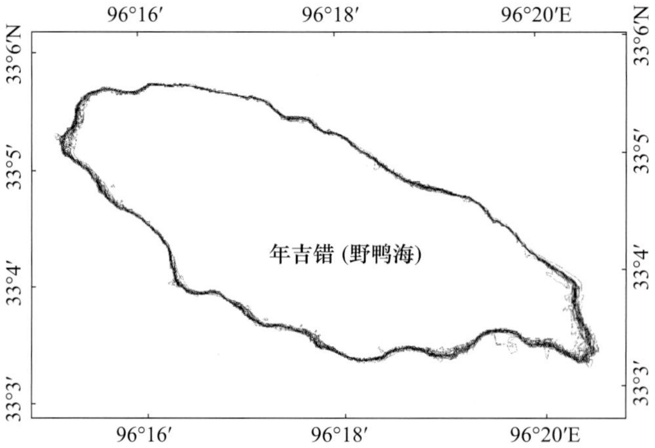

图 5-70　1987—2022 年年吉错边界变化

表 5-23　1987—2022 年年吉错逐五年面积统计　单位：km^2

年份	1987	1990	1995	2000	2005	2010	2015	2020	2022
年吉错	19.96	20.51	20.37	20.26	20.02	19.53	20.26	20.46	20.91

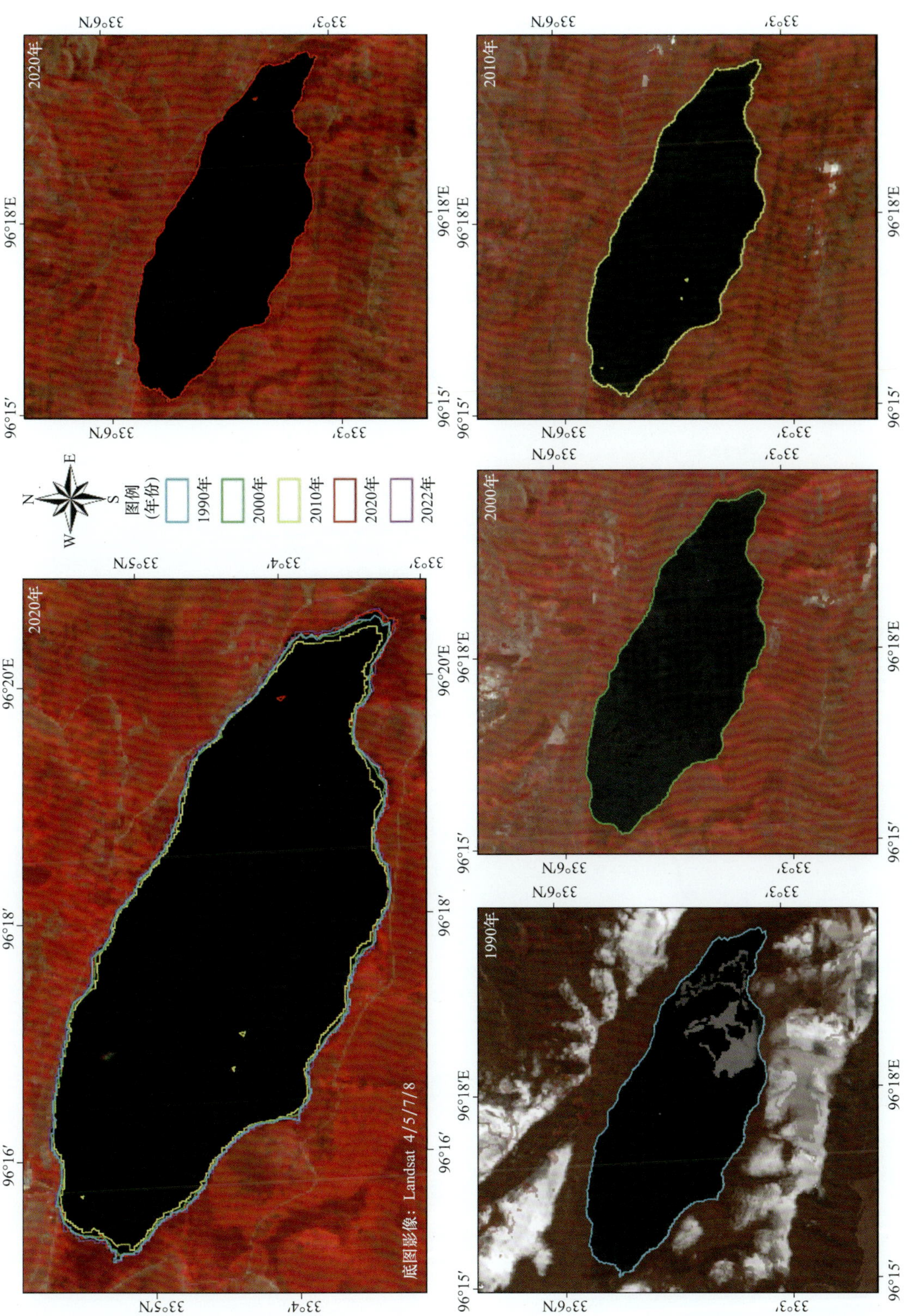

图 5-71　1987—2022 年年吉错湖面时空变化

5.24 寇察错

寇察错，位于青海省玉树藏族自治州称多县，巴颜喀拉山中段，长江、黄河两大流域的接合部，湖南部分水岭与长江上游扎曲相距仅 2.0～3.0 km。地理坐标为东经 97°14′，北纬34°07′。湖水季节性外泄经阿木错注入多曲后，汇入鄂陵湖。该湖属黄河流域鄂陵湖水系多曲上游季节性外流湖。湖面水位海拔 4530.00 m，面积 17.5 km²（王苏民 等，1998）。

多源卫星遥感监测显示，1987—2022 年寇察错湖面积呈萎缩态势，平均每年萎缩 0.004 km²。2022 年寇察错湖面积为 18.24 km²，较 1987 年（18.44 km²）萎缩 0.20 km²，萎缩率为 1.08%（图 5-72，表 5-24）。湖泊整体在空间上无明显变化（图 5-73，图 5-74）。

图 5-72 1987—2022 年寇察错面积变化

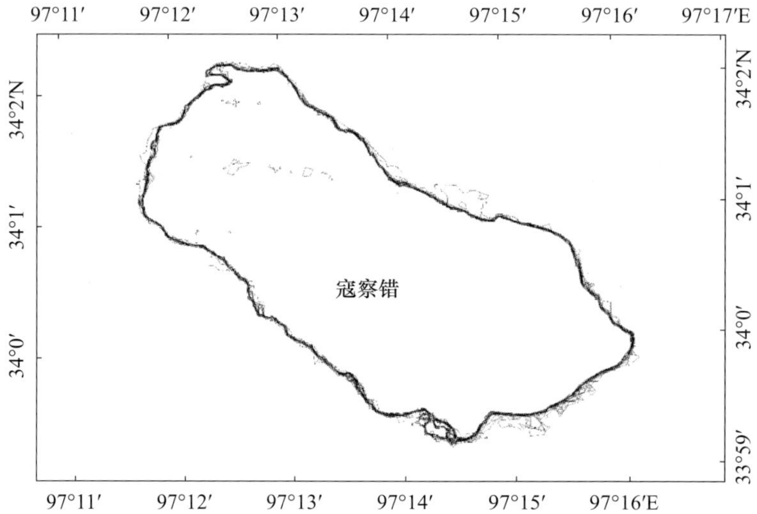

图 5-73 1987—2022 年寇察错边界变化

表 5-24 1987—2022 年寇察错逐五年面积统计 单位：km²

年份	1987	1990	1995	2000	2005	2010	2015	2020	2022
寇察错	18.44	17.98	17.82	17.91	18.27	17.99	18.05	18.23	18.24

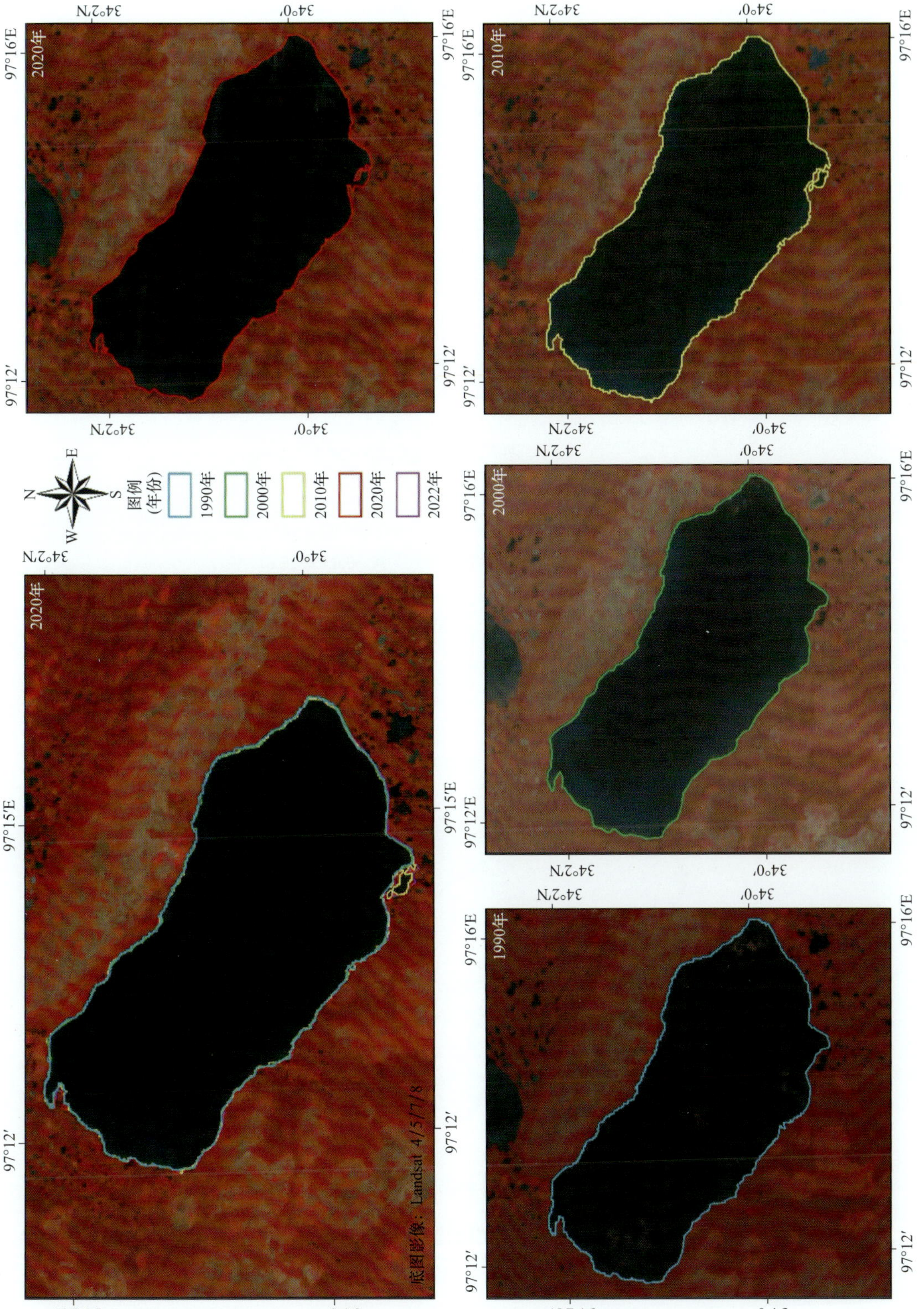

图 5-74　1987—2022 年寇察错湖面时空变化

5.25 节约湖

节约湖，位于青海省玉树藏族自治州治多县一山间盆地内，为微咸水湖。地理坐标为东经90°16′，北纬35°04′。湖盆外围为山地，高出现湖面约200 m。湖水主要依赖1条西部河流地表径流补给，出流经东部的时令河外泄入明镜湖。湖面水位海拔4815.00 m，面积17.0 km^2（胡东生，1994a；王苏民 等，1998）。

多源卫星遥感监测显示，1987—2022年节约湖面积呈显著扩张趋势，平均每年扩张0.03 km^2。2022年节约湖面积为17.33 km^2，较1987年（16.12 km^2）扩张1.21 km^2，扩张率为7.51%（图5-75，表5-25）。在空间变化上湖泊外扩明显（图5-76，图5-77）。

图5-75 1987—2022年节约湖面积变化

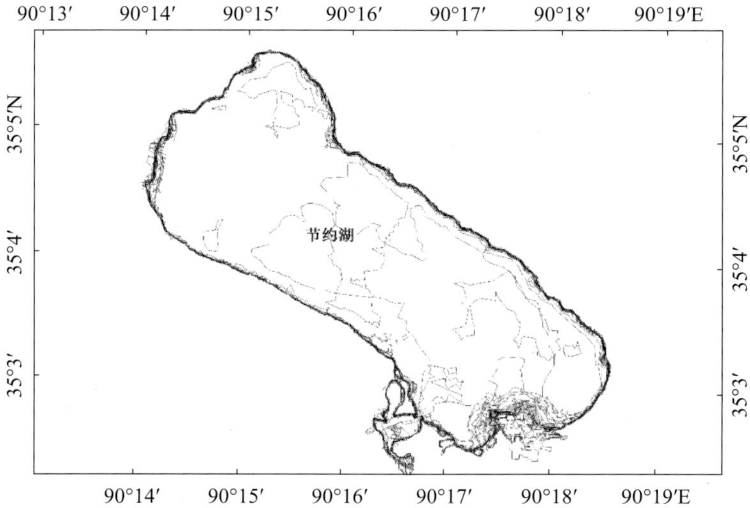

图5-76 1987—2022年节约湖边界变化

表5-25 1987—2022年节约湖逐五年面积统计 单位：km^2

年份	1987	1990	1995	2000	2005	2010	2015	2020	2022
节约湖	16.12	17.30	15.30	17.56	17.82	17.43	17.37	17.47	17.33

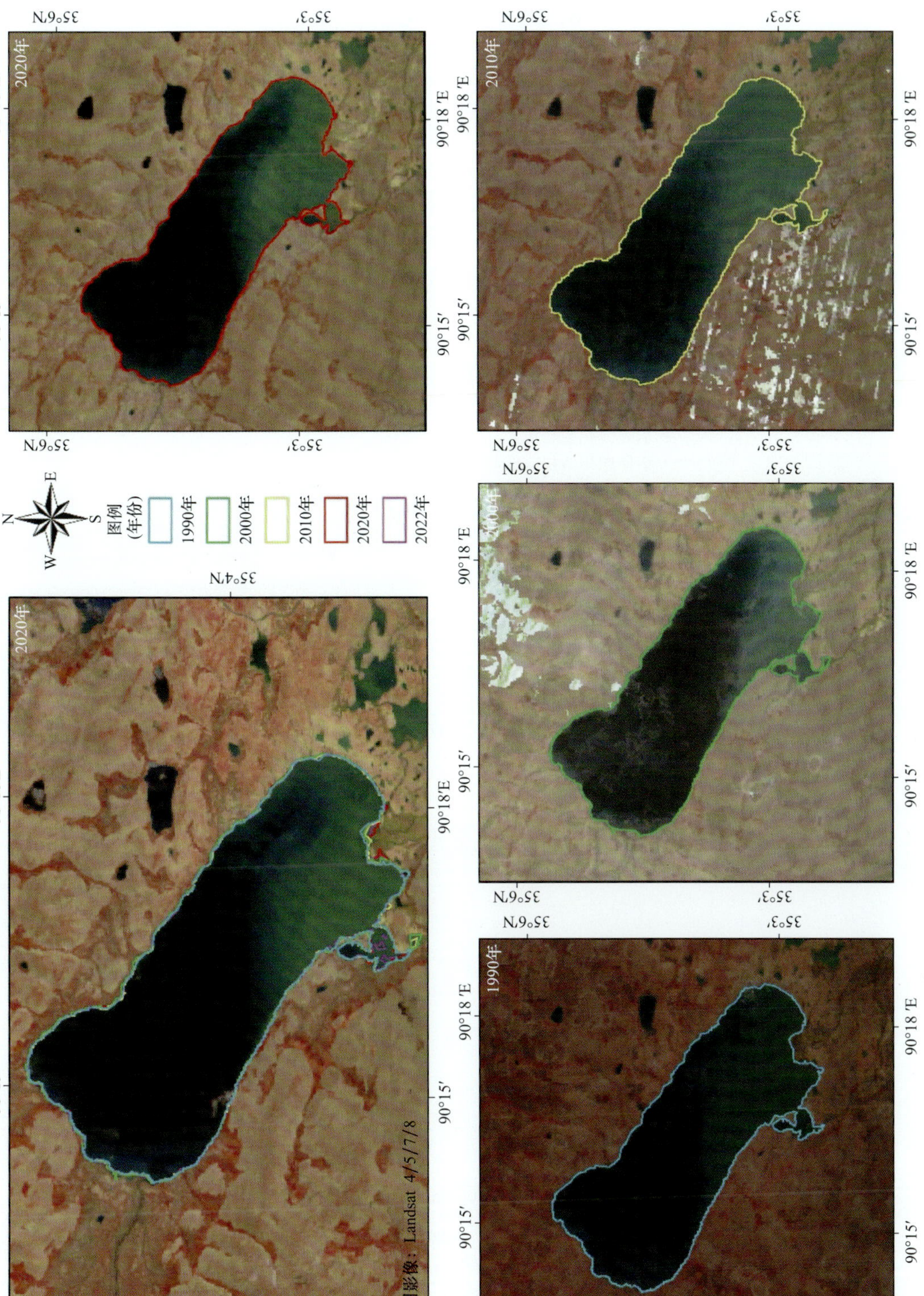

图 5-77　1987—2022 年节约湖湖面时空变化

5.26 错江钦

错江钦，位于青海省玉树藏族自治州治多县，长江源头通天河河谷内，系通天河河床摆动，支溪河谷被堰塞，经积水而成的堰塞湖，北距通天河 1.4 km。地理坐标为东经 92°50′，北纬 34°00′。滨湖北部为通天河被堵塞后，潴水形成的盲肠状河道和沼泽湿地。入湖河流为南岸的小河，河源有沼泽湿地和串珠状小湖分布。湖面水位海拔 4480.00 m，面积 11.5 km^2（王苏民 等，1998）。

多源卫星遥感监测显示，1987—2022 年错江钦湖面积呈显著扩张趋势，平均每年扩张 0.12 km^2，但是在 1997 年接近干涸，湖面积仅为 1.99 km^2。2022 年错江钦面积为13.63 km^2，较 1987 年（8.12 km^2）扩张 5.51 km^2，扩张率为 67.86%（图 5-78，表 5-26）。空间变化上，湖泊整体外扩明显（图 5-79，图 5-80）。

图 5-78　1987—2022 年错江钦面积变化

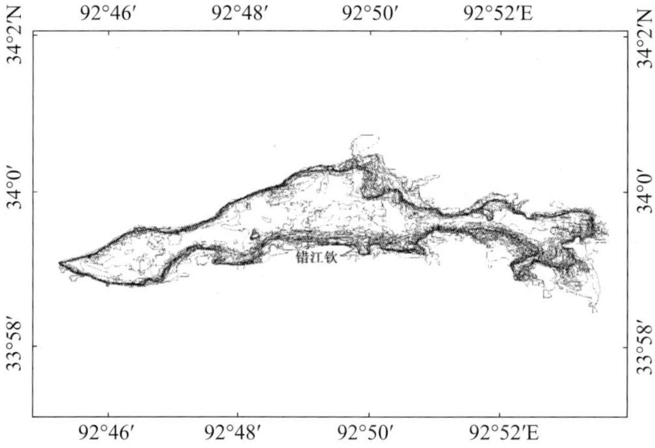

图 5-79　1987—2022 年错江钦边界变化

表 5-26　1987—2022 年错江钦逐五年面积统计　　单位：km^2

年份	1987	1990	1995	2000	2005	2010	2015	2020	2022
错江钦	8.12	9.66	13.50	12.38	14.36	12.22	9.37	12.98	13.63

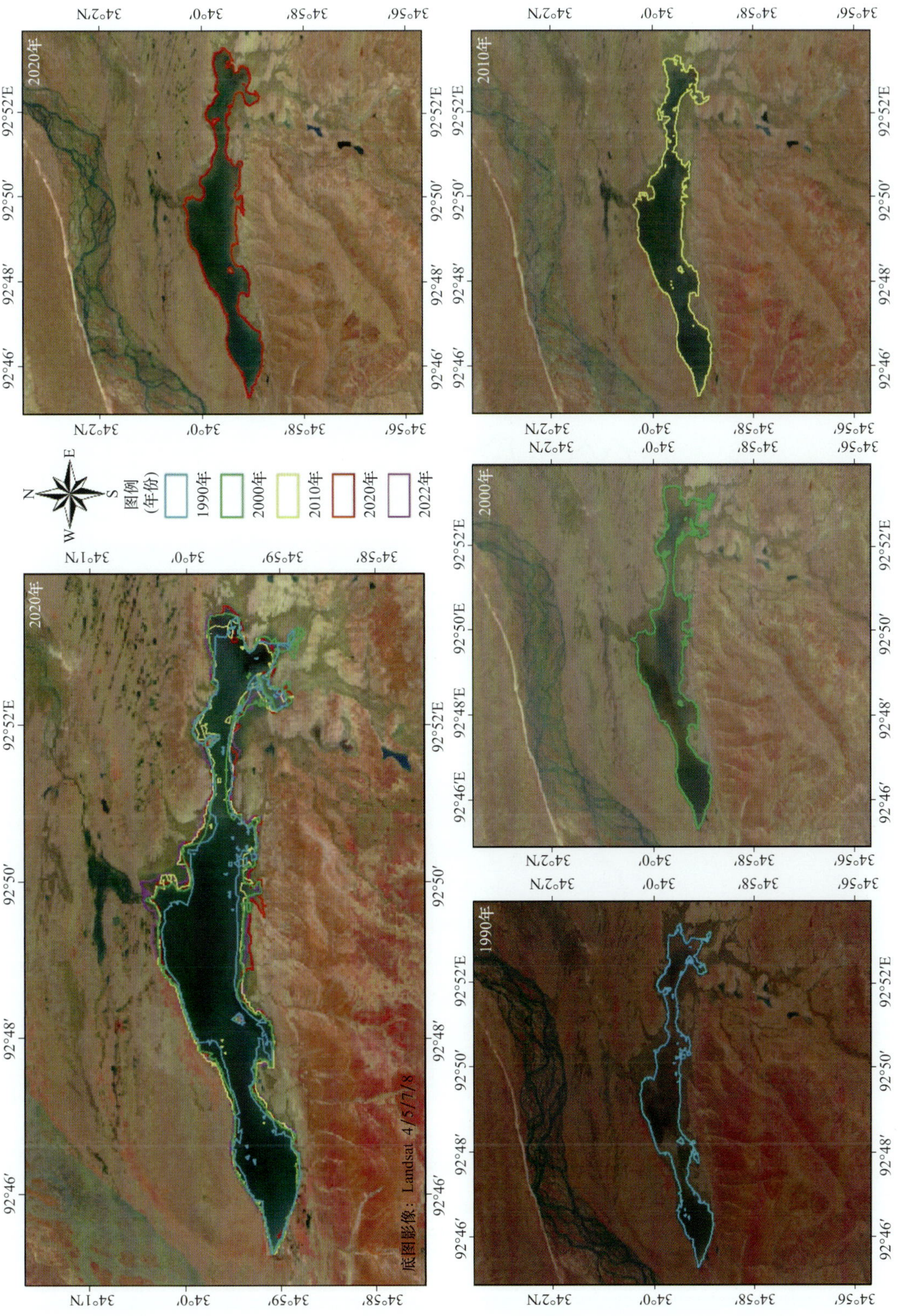

图 5-80　1987—2022 年错江钦湖面时空变化

5.27 察日错

察日错，位于青海省玉树藏族自治州治多县。地理坐标为东经 92°16′12″，北纬 34°25′12″（中华人民共和国水利部建设与管理司 等，1998）。湖水主要依赖湖泊周边雪山融雪汇集而成的地表径流，湖周边河网相对发达。

多源卫星遥感监测显示，1987—1988 年，察日错湖水干涸，1989 年开始蓄积水量，1989—2022 年察日错湖面积呈显著扩张趋势，2000 年面积达最小，而后逐渐扩张，平均每年扩张 0.15 km^2。2022 年察日错面积为 10.52 km^2，较 1989 年（10.40 km^2）扩张 0.12 km^2，扩张率为 1.15%（图 5-81，表 5-27）。空间变化上，湖泊整体外扩明显（图 5-82，图 5-83）。

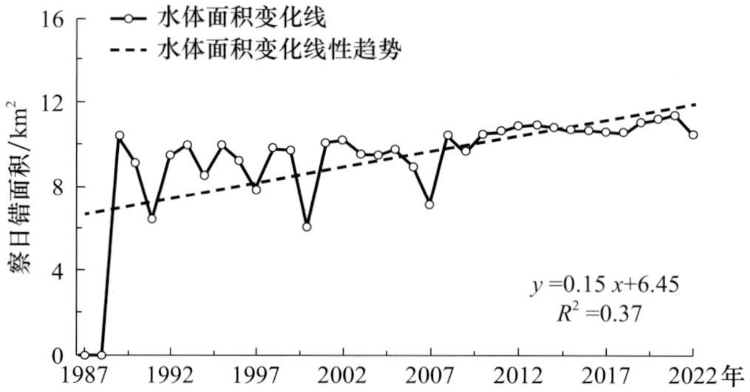

图 5-81 1987—2022 年察日错面积变化

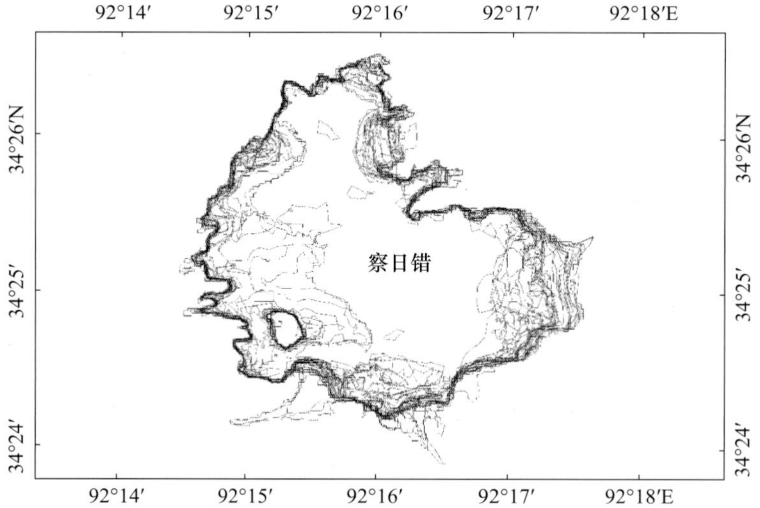

图 5-82 1987—2022 年察日错边界变化

表 5-27 1987—2022 年察日错逐五年面积统计 单位：km^2

年份	1987	1990	1995	2000	2005	2010	2015	2020	2022
察日错	干涸	9.11	9.89	5.92	9.77	10.51	10.73	11.17	10.52

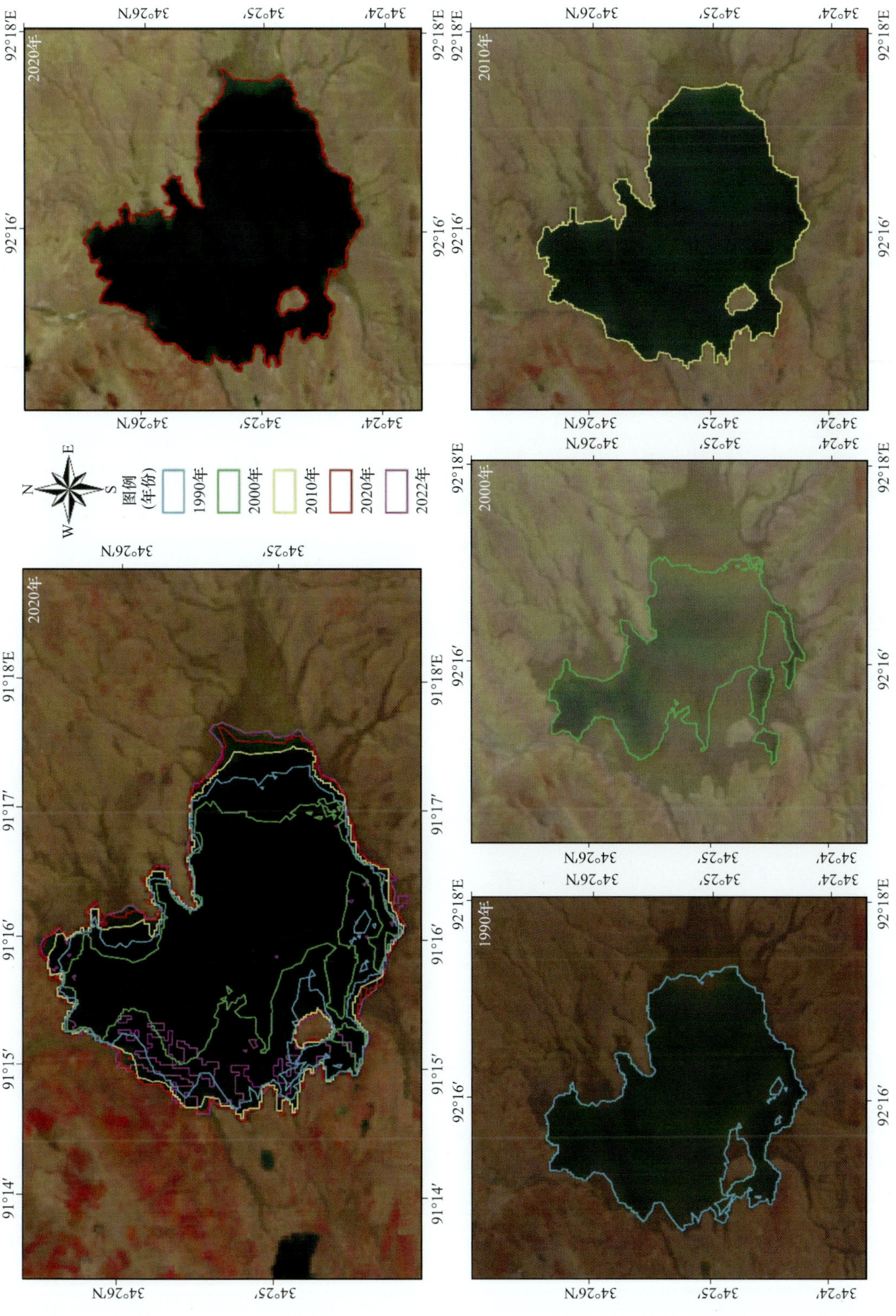

图 5-83　1987—2022 年察日错湖面时空变化

5.28 宰日子下湖(野马川湖)

宰日子下湖,位于青海省玉树藏族自治州治多县,由北部宰日子下沙丘而得名,又称野马川湖。地理坐标为东经 91°13′,北纬 35°14′。湖水主要依赖西部地表径流补给,入湖河流 2～3 条,出流仅夏季经东部小河注入楚玛尔河。该湖属于长江源头楚玛尔河上的季节性外流湖。湖面水位海拔 4787.00 m,面积 12.5 km^2(王苏民 等,1998)。

多源卫星遥感监测显示,1987—2022 年宰日子下湖面积呈显著扩张趋势,平均每年扩张 0.25 km^2。由于该湖属季节性外流湖,从 1989 年开始水量才趋于稳定,并逐年增加,2022 年宰日子下湖面积为 10.36 km^2,较 1989 年(4.42 km^2)扩张 5.94 km^2,扩张率为 134.39%(图 5-84,表 5-28)。空间变化上,湖泊从无到有,外扩明显(图 5-85,图 5-86)。

图 5-84 1987—2022 年宰日子下湖面积变化

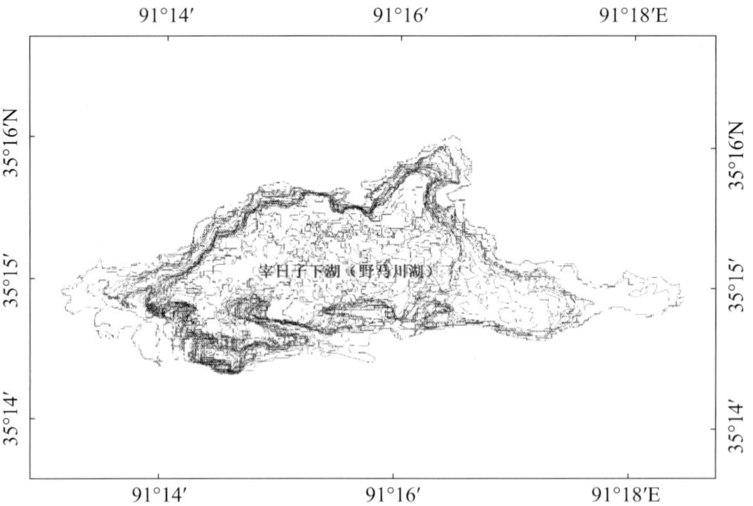

图 5-85 1987—2022 年宰日子下湖边界变化

表 5-28 1987—2022 年宰日子下湖逐五年面积统计 单位:km^2

年份	1987	1990	1995	2000	2005	2010	2015	2020	2022
宰日子下湖	干涸	0.88	2.51	2.72	5.02	6.92	7.63	10.44	10.36

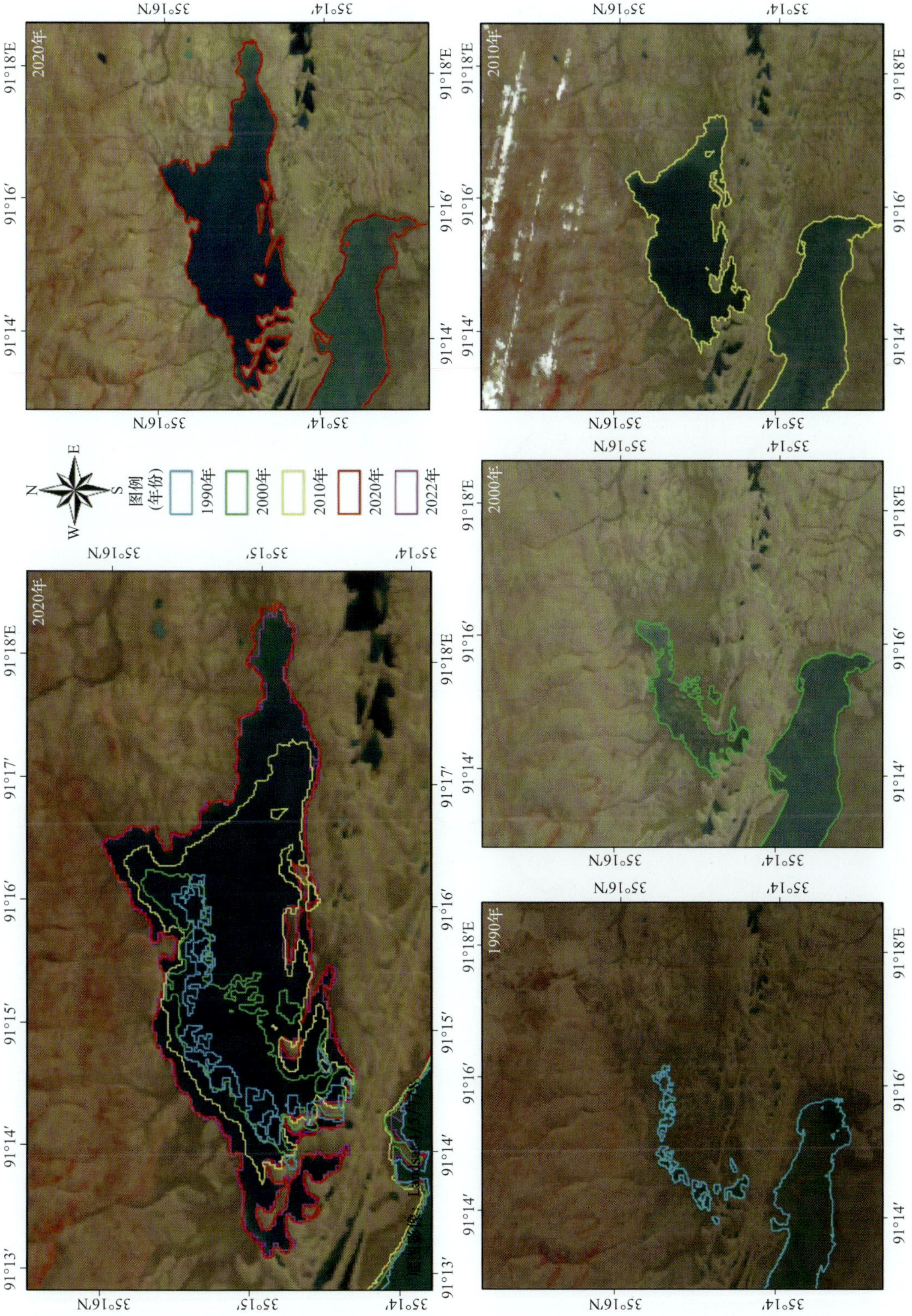

图 5-86　1987—2022 年辛日子下湖湖面时空变化

5.29 高台湖

高台湖，位于青海省玉树藏族自治州治多县，可可西里山、汉台山和黑脊山间的盆地内。地理坐标为东经 90°57′36″，北纬 35°24′36″（中华人民共和国水利部建设与管理司 等，1998）。湖水主要依赖汉台山和黑脊山山区冰雪融水汇集和地表径流补给。

多源卫星遥感监测显示，1987—2022 年高台湖面积呈扩张态势，平均每年扩张 0.005 km^2。2022 年高台湖面积为 9.90 km^2，较 1987 年（9.55 km^2）扩张 0.35 km^2，扩张率为 3.66%（图 5-87，表 5-29）。空间变化上，滨湖北部接近可可西里山、汉台山山脚，湖岸陡峭；滨湖南部为黑脊山融雪汇集形成的河流冲积平原，地势平缓，是湖体扩张的主要方向（图 5-88，图 5-89）。

图 5-87　1987—2022 年高台湖面积变化

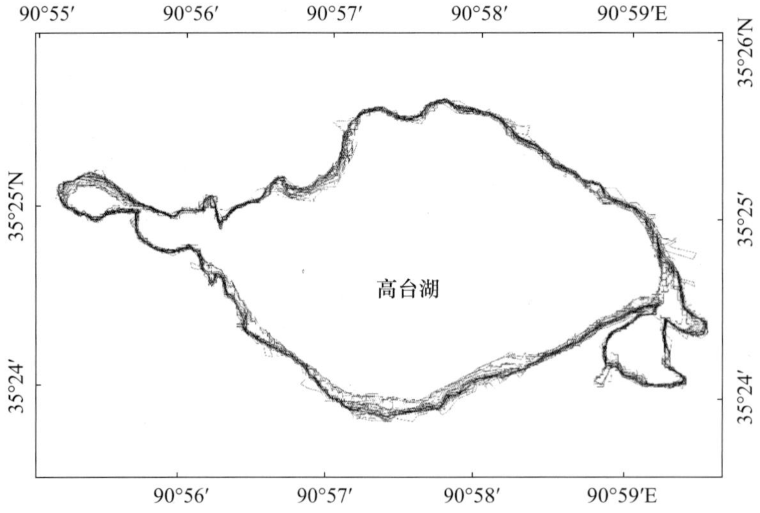

图 5-88　1987—2022 年高台湖边界变化

表 5-29　1987—2022 年高台湖逐五年面积统计　　单位：km^2

年份	1987	1990	1995	2000	2005	2010	2015	2020	2022
高台湖	9.55	10.47	9.73	10.84	10.96	10.76	10.71	9.91	9.90

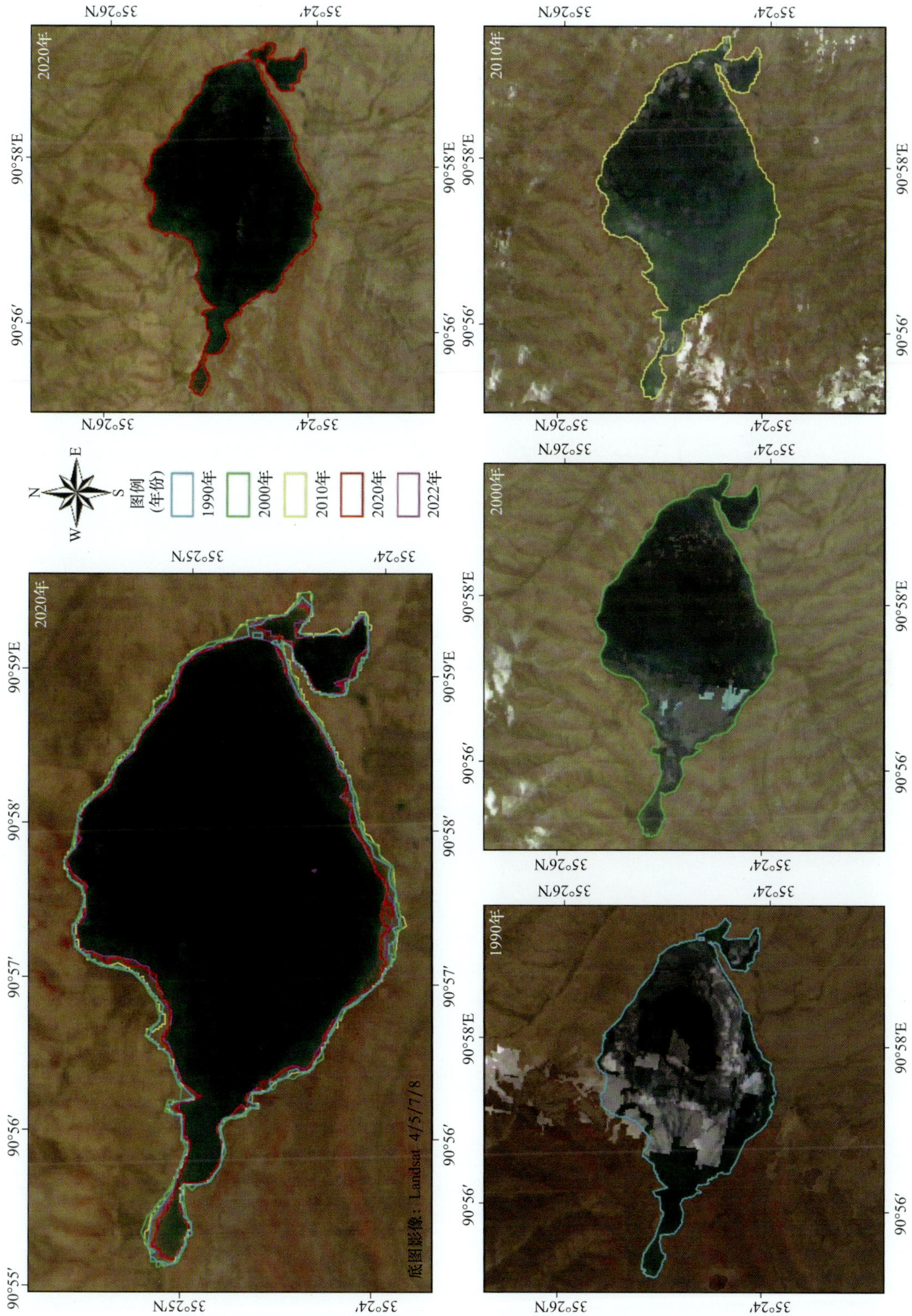

图 5-89　1987—2022 年高台湖湖面时空变化

5.30 扎里娃错

扎里娃错，位于青海省玉树藏族自治州治多县。地理坐标为东经 92°27′0″，北纬 34°25′12″（中华人民共和国水利部建设与管理司 等，1998）。湖水主要依赖湖周边山区冰雪融水汇集和地表径流，湖四周均有入湖河流补给，湖中心有 2 个小岛。

多源卫星遥感监测显示，1987—2022 年扎里娃错面积呈显著扩张趋势，平均每年扩张 0.15 km^2。2022 年扎里娃错面积为 9.66 km^2，较 1987 年（2.60 km^2）扩张 7.06 km^2，扩张率为 271.54%（图 5-90，表 5-30）。空间变化上，湖泊整体外扩明显（图 5-91，图 5-92）。

图 5-90 1987—2022 年扎里娃错面积变化

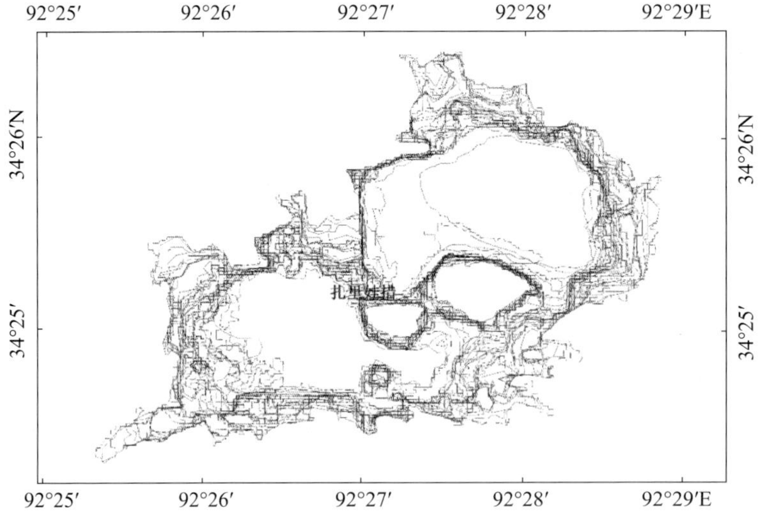

图 5-91 1987—2022 年扎里娃错边界变化

表 5-30 1987—2022 年扎里娃错逐五年面积统计 单位：km^2

年份	1987	1990	1995	2000	2005	2010	2015	2020	2022
扎里娃错	2.60	6.28	5.86	5.03	7.03	7.08	8.55	9.42	9.66

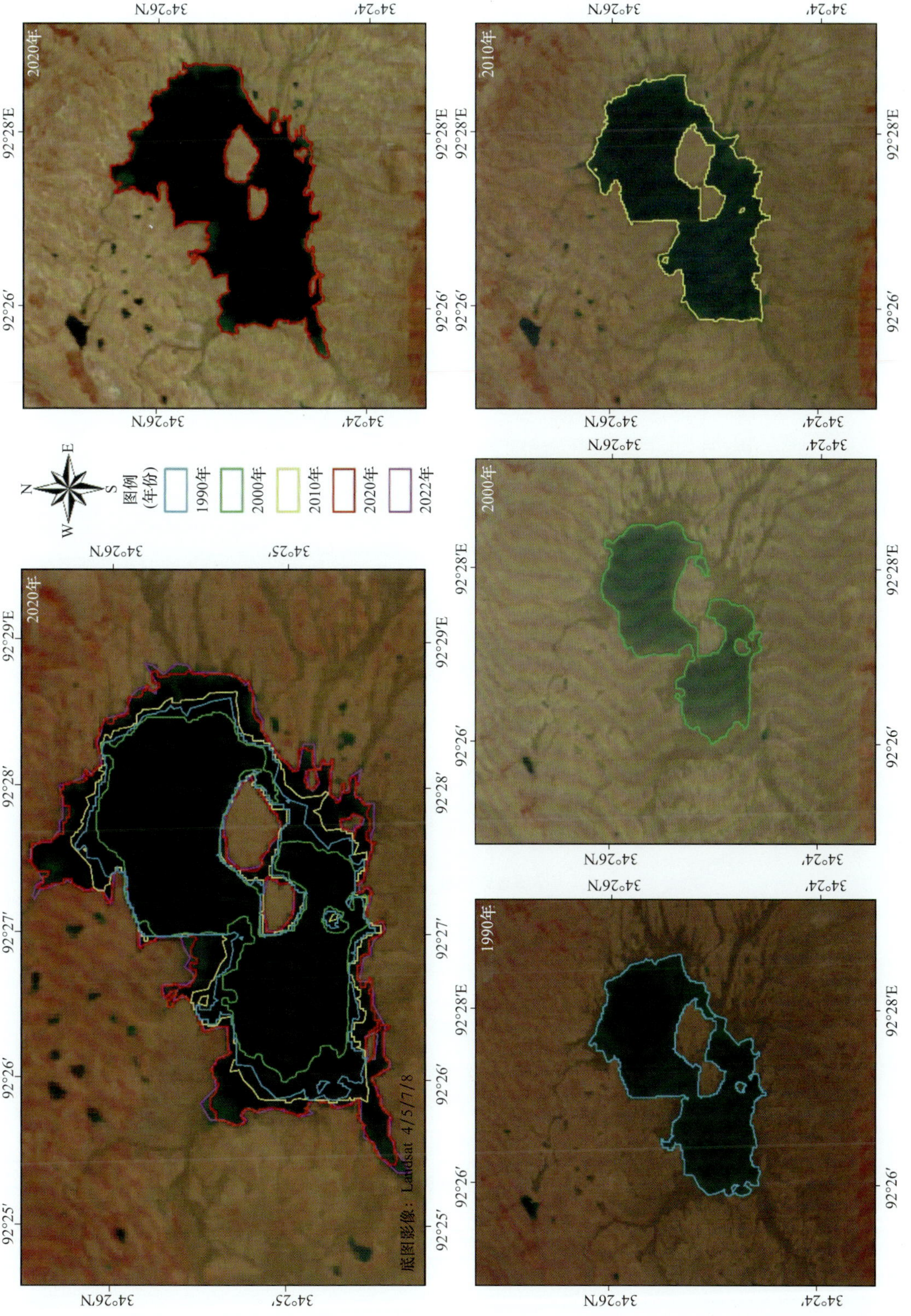

图 5-92　1987—2022 年扎里娃错湖面时空变化

5.31 孕鄂恩错纳玛

孕鄂恩错纳玛，位于青海省玉树藏族自治州杂多县。地理坐标为东经 93°32′24″，北纬 32°57′36″(中华人民共和国水利部建设与管理司 等，1998)，面积 8.86 km²(2012 年)。2020 年卫星遥感监测水位海拔 4713.98 m(Xu et al.，2021，2022；许风林 等，2021)。

多源卫星遥感监测显示，1987—2022 年孕鄂恩错纳玛湖面积呈显著扩张趋势，平均每年扩张 0.04 km²。2022 年孕鄂恩错纳玛湖面积为 9.63 km²，较 1987 年(8.29 km²)扩张 1.34 km²，扩张率为 16.16%(图 5-93，表 5-31)。空间变化上，湖西部和东部变化明显(图 5-94，图 5-95)。

图 5-93 1987—2022 年孕鄂恩错纳玛面积变化

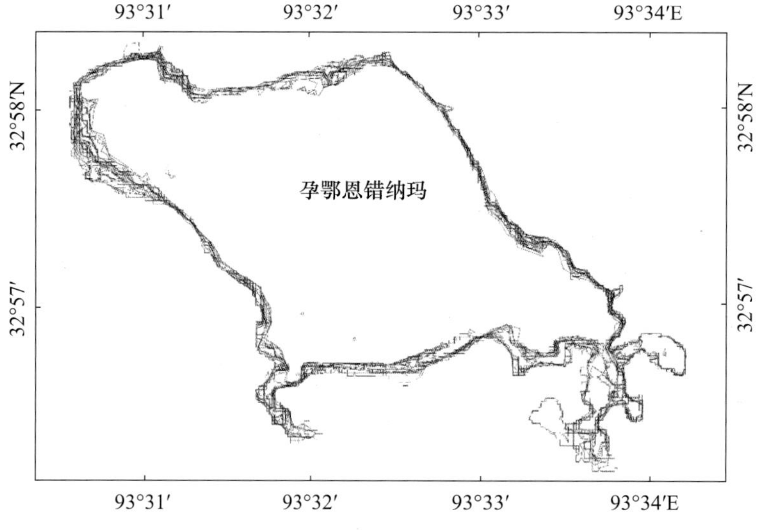

图 5-94 1987—2022 年孕鄂恩错纳玛边界变化

表 5-31 1987—2022 年孕鄂恩错纳玛逐五年面积统计 单位：km²

年份	1987	1990	1995	2000	2005	2010	2015	2020	2022
孕鄂恩错纳玛	8.29	8.35	8.21	8.34	8.77	9.89	9.69	9.34	9.63

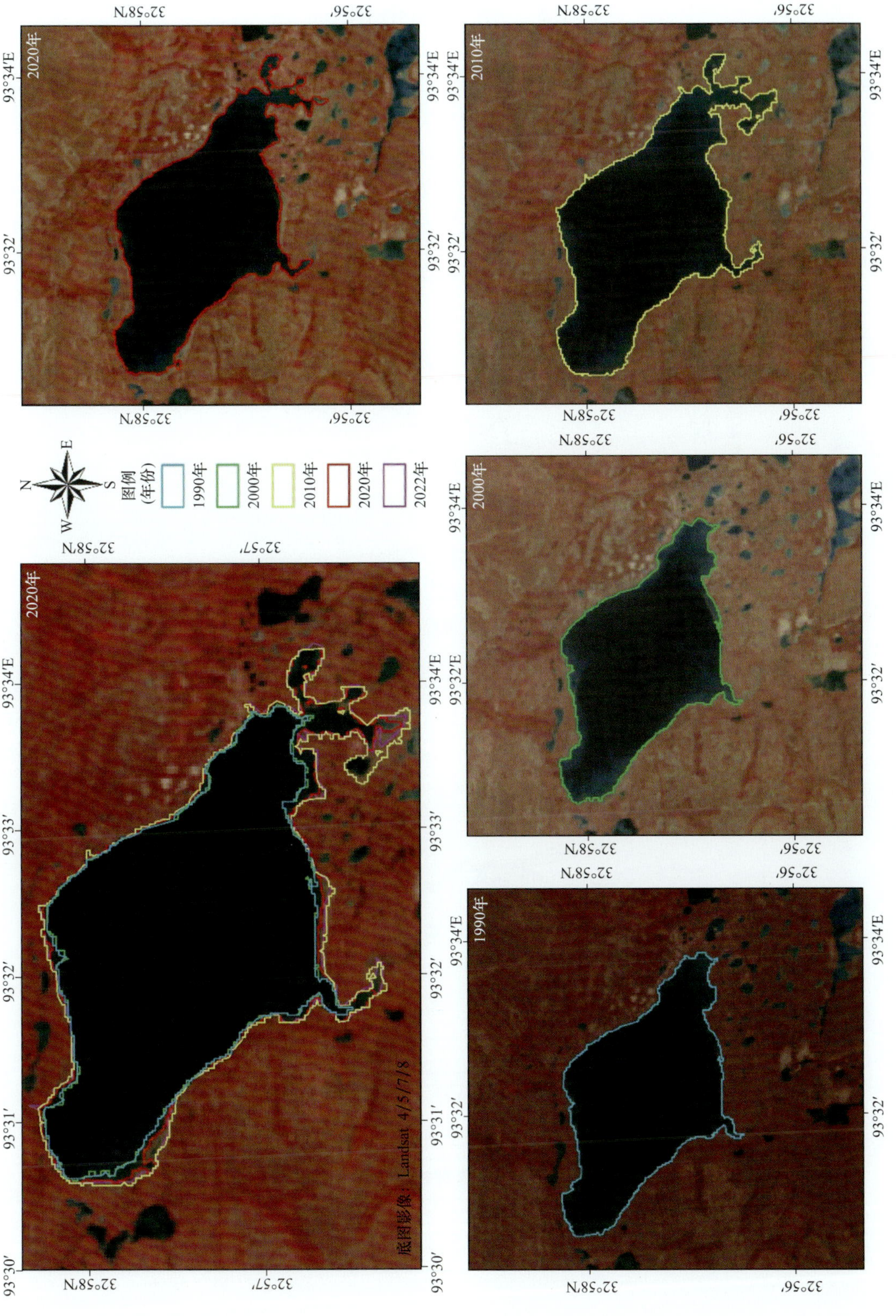

图 5-95　1987—2022 年孕鄂恩错纳玛湖面时空变化

5.32 苟鲁都格措

苟鲁都格措，位于青海省玉树藏族自治州治多县，湖体形态狭长。地理坐标为东经 91°49′48″，北纬 34°47′24″(中华人民共和国水利部建设与管理司 等，1998)。

多源卫星遥感监测显示，1987—2022 年苟鲁都格措面积呈显著扩张趋势，平均每年扩张 0.15 km²。2022 年苟鲁都格措面积为 8.75 km²，较 1987 年(4.81 km²)扩张 3.94 km²，扩张率为 81.91%(图 5-96，表 5-32)。苟鲁都格措坐落于山谷间，南北两岸是高山，湖体狭长，在扩张过程中向东西两方向扩张明显(图 5-97，图 5-98)。

图 5-96 1987—2022 年苟鲁都格措面积变化

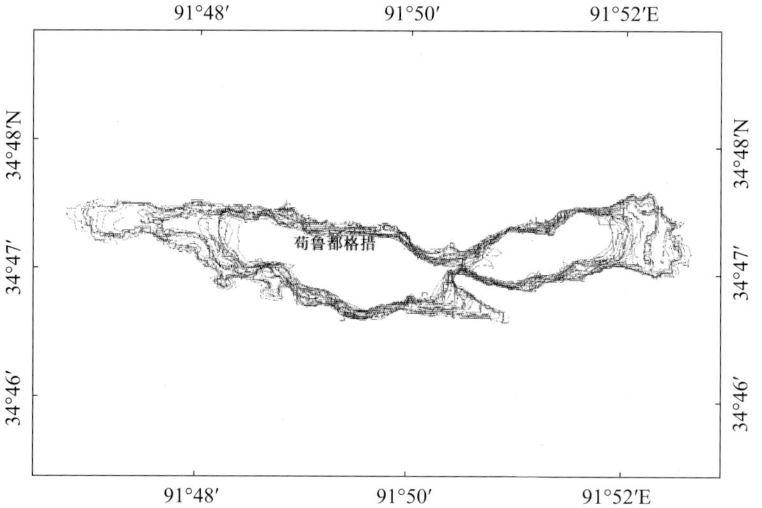

图 5-97 1987—2022 年苟鲁都格措边界变化

表 5-32 1987—2022 年苟鲁都格措逐五年面积统计 单位：km²

年份	1987	1990	1995	2000	2005	2010	2015	2020	2022
苟鲁都格措	4.81	4.28	4.60	4.33	5.58	6.62	7.60	8.36	8.75

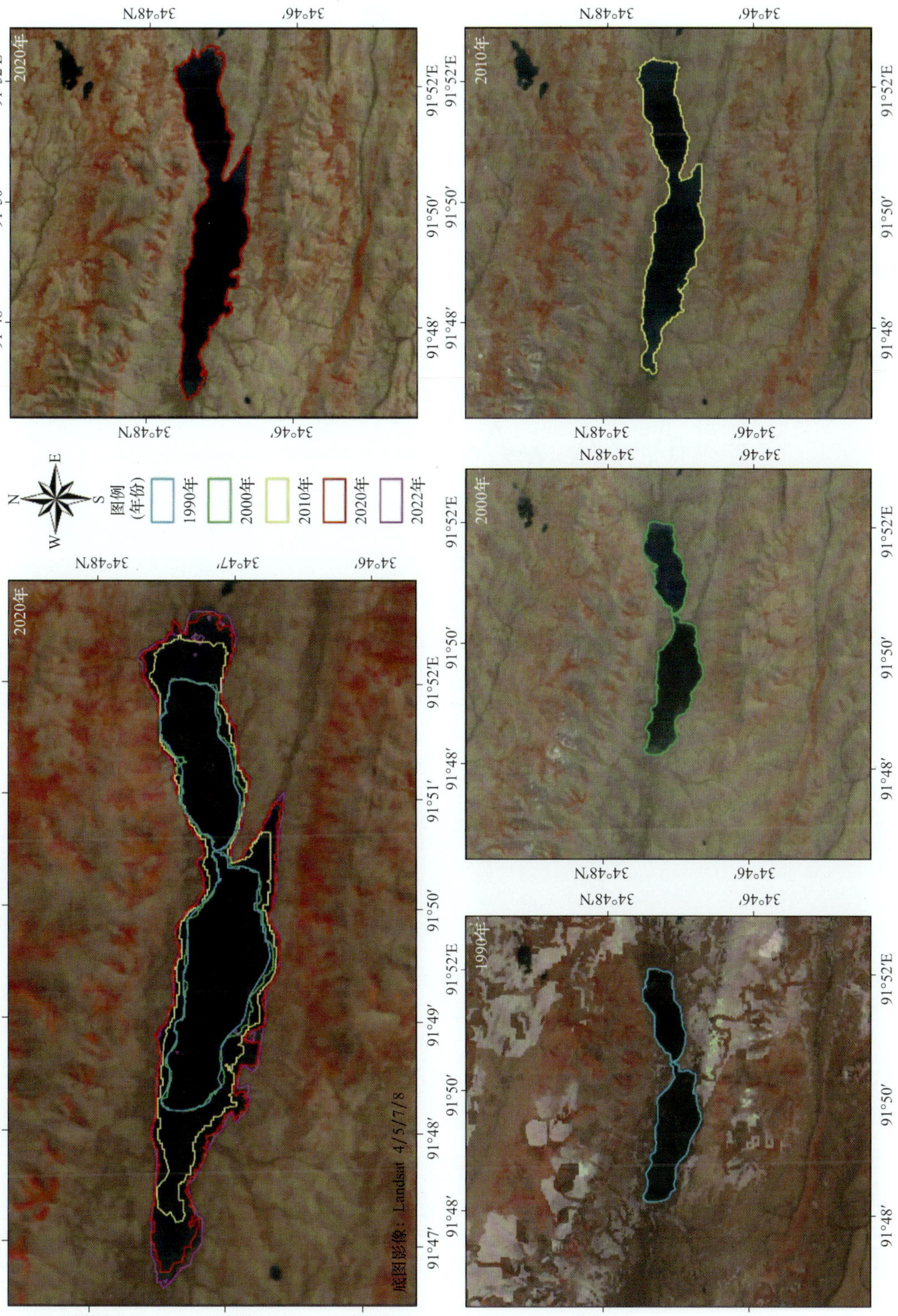

图 5-98　1987—2022 年苟鲁都格措湖面时空变化

5.33 茶　　错

茶错，位于青海省玉树藏族自治州治多县，西距 G109 国道（京拉线）2 km。地理坐标为东经 92°43′48″，北纬 34°22′48″（中华人民共和国水利部建设与管理司 等，1998）。

多源卫星遥感监测显示，1987—2022 年茶错面积呈显著扩张趋势，平均每年扩张 0.12 km²。2022 年茶错面积为 8.85 km²，较 1987 年（2.56 km²）扩张 6.29 km²，扩张率为 245.70%（图 5-99，表 5-33）。在空间变化上，湖泊整体呈扩张趋势，湖四周沿岸变化明显（图 5-100，图 5-101）。

图 5-99　1987—2022 年茶错面积变化

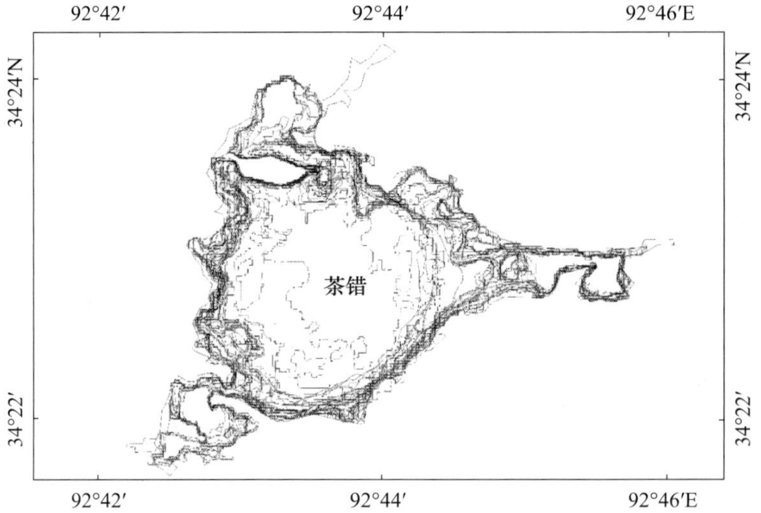

图 5-100　1987—2022 年茶错边界变化

表 5-33　1987—2022 年茶错逐五年面积统计　　单位：km²

年份	1987	1990	1995	2000	2005	2010	2015	2020	2022
茶错	2.56	5.05	6.51	4.00	7.72	7.58	6.10	8.24	8.85

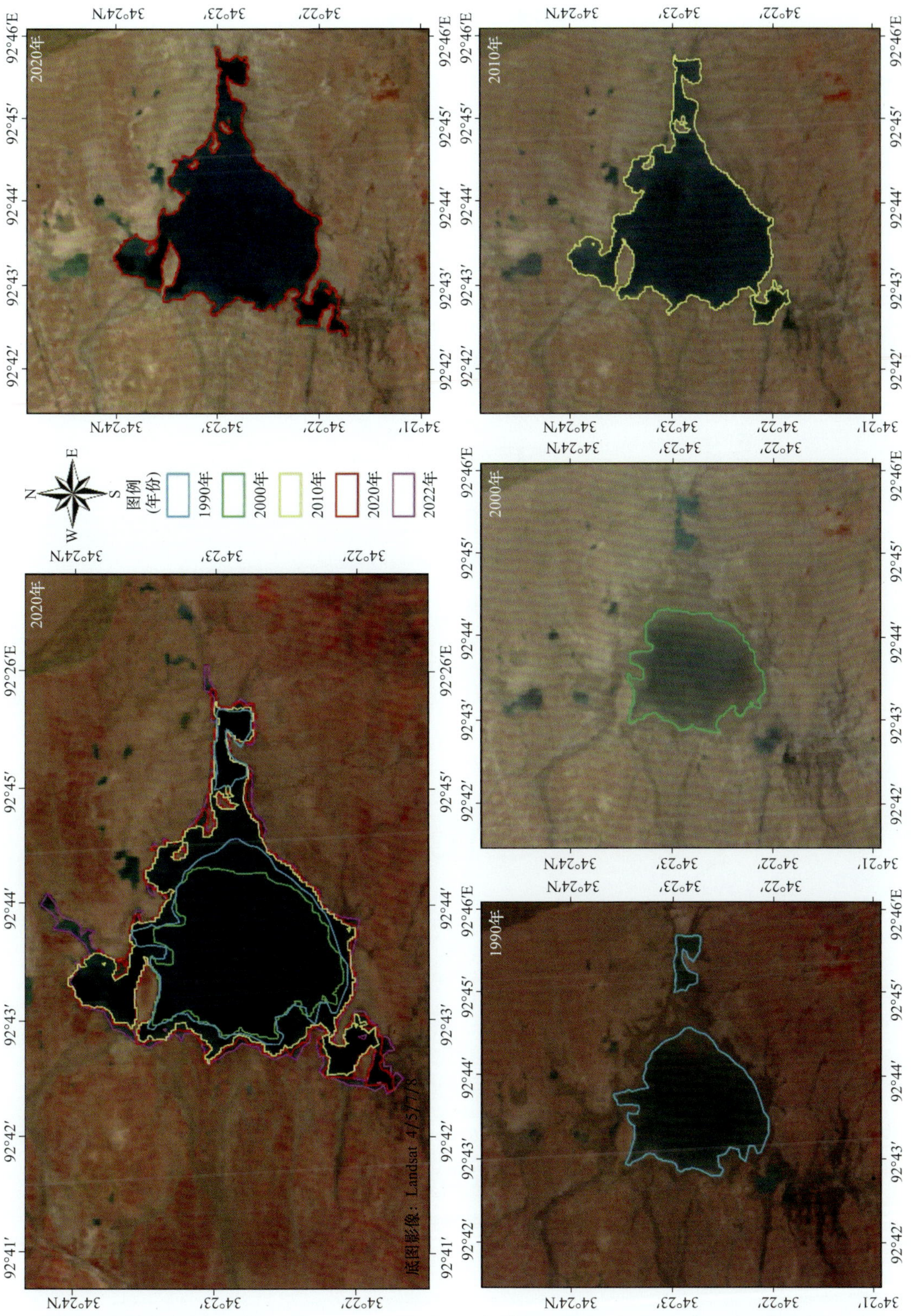

图 5-101　1987—2022 年茶错湖面时空变化

5.34 扎木错

扎木错，位于青海省玉树藏族自治州杂多县。地理坐标为东经 93°25′48″，北纬 33°0′0″（中华人民共和国水利部建设与管理司 等，1998）。湖水主要依赖查当乡雪山融水汇集和地表径流，河源发育有沼泽湿地。

多源卫星遥感监测显示，1987—2022 年扎木错面积呈显著扩张趋势，平均每年扩张 0.06 km²。2022 年扎木错面积为 7.41 km²，较 1987 年（5.15 km²）扩张 2.26 km²，扩张率为 43.88%（图 5-102，表 5-34）。在空间变化上，湖泊整体呈扩张趋势，湖西部入湖河口和南部变化最明显（图 5-103，图 5-104）。

图 5-102　1987—2022 年扎木错面积变化

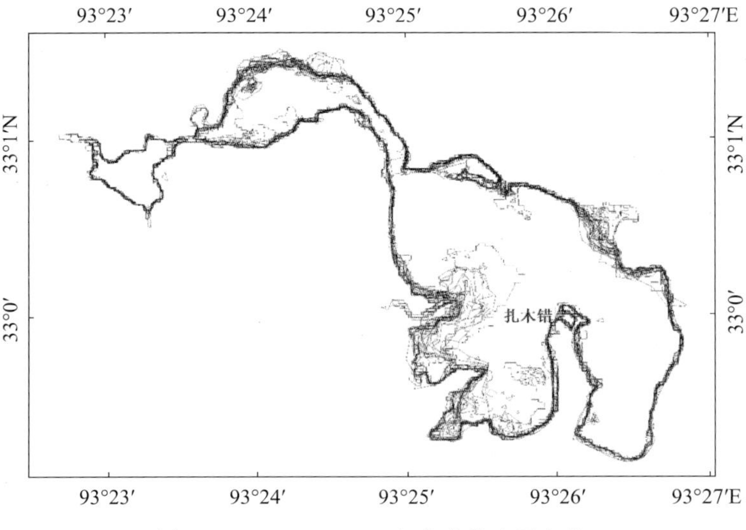

图 5-103　1987—2022 年扎木错边界变化

表 5-34　1987—2022 年扎木错逐五年面积统计　　单位：km²

年份	1987	1990	1995	2000	2005	2010	2015	2020	2022
扎木错	5.15	6.25	6.64	6.47	7.26	7.12	7.12	7.42	7.41

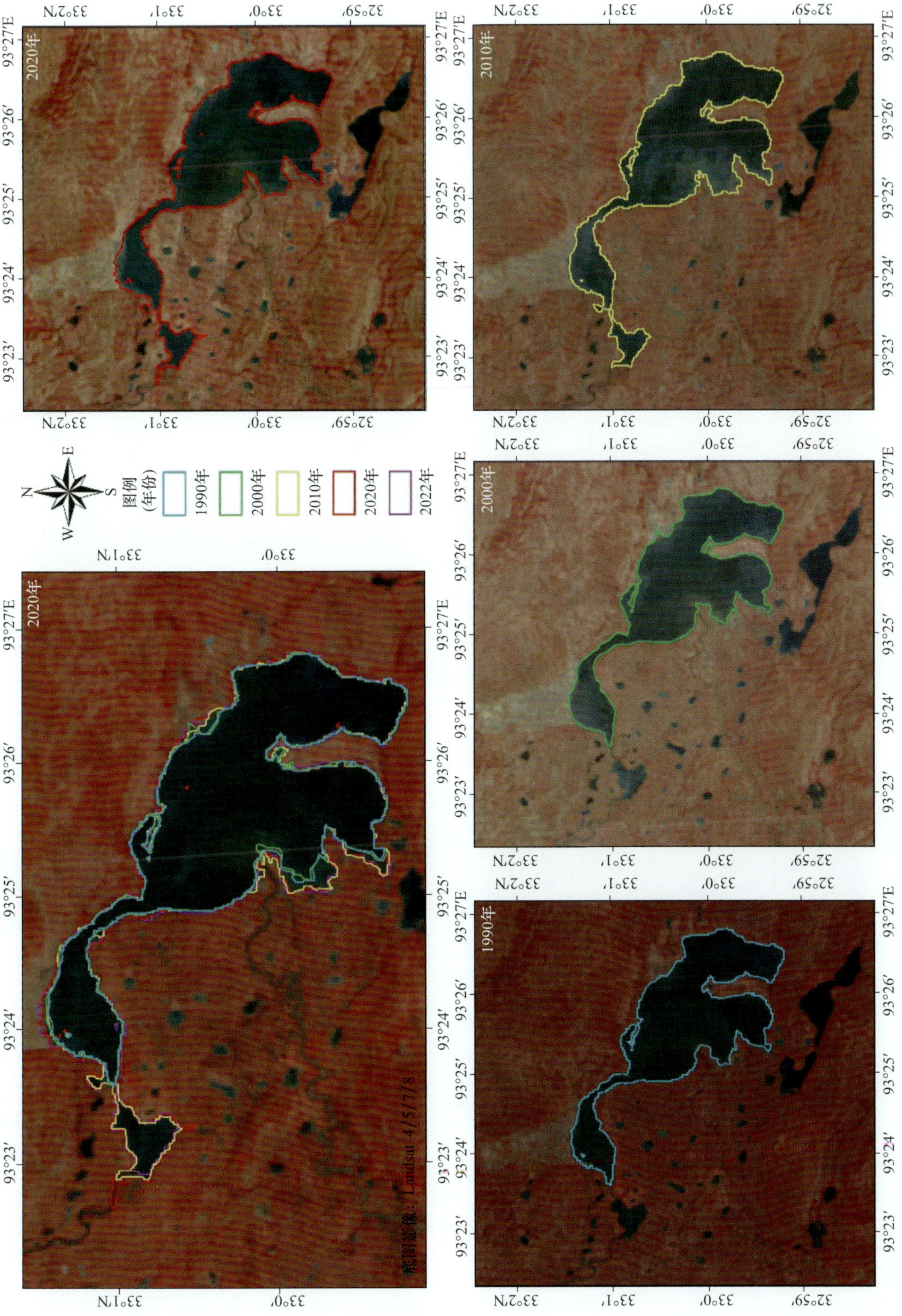

图 5-104　1987—2022 年扎木错湖面时空变化

5.35 连水湖

连水湖，位于青海省玉树藏族自治州治多县。东部与永红湖水道相连，湖东北部分布有10个小湖。地理坐标为东经 89°49′12″，北纬 35°16′48″（中华人民共和国水利部建设与管理司等，1998）。

多源卫星遥感监测显示，1987—2022 年连水湖面积呈稳定扩张态势，平均每年扩张 0.03 km²，1994 年湖泊干涸。2022 年连水湖面积为 7.61 km²，较 1987 年（6.70 km²）扩张 0.91 km²，扩张率为 13.58%（图 5-105，表 5-35）。在空间变化上，湖西部变化最明显（图 5-106，图 5-107）。

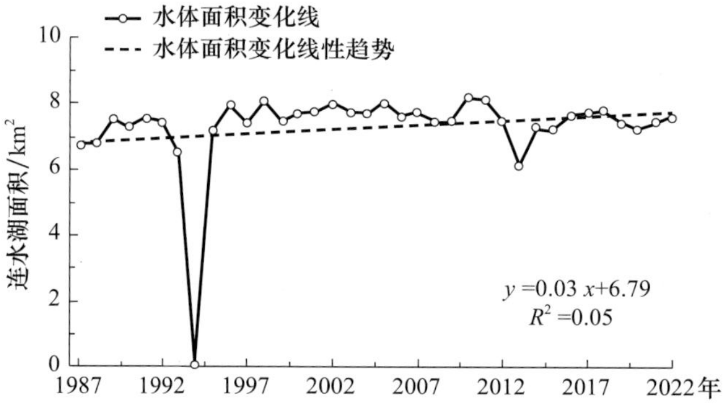

图 5-105　1987—2022 年连水湖面积变化

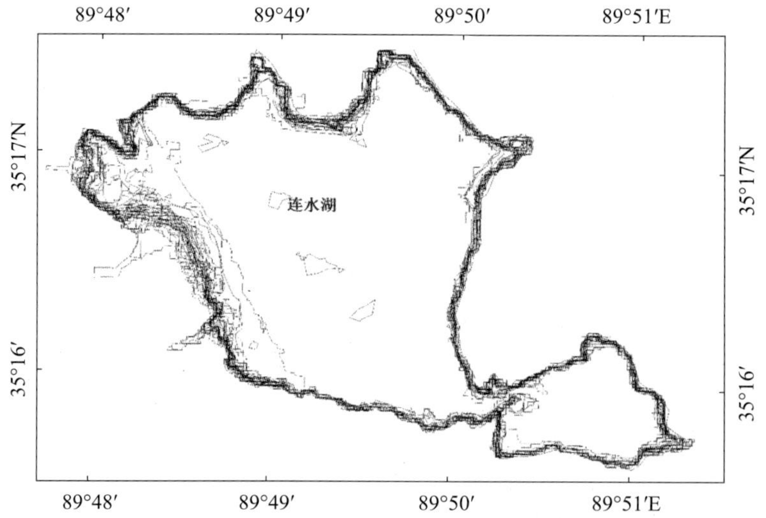

图 5-106　1987—2022 年连水湖边界变化

表 5-35　1987—2022 年连水湖逐五年面积统计　　单位：km²

年份	1987	1990	1995	2000	2005	2010	2015	2020	2022
连水湖	6.70	7.33	7.22	7.71	8.03	8.23	7.23	7.20	7.61

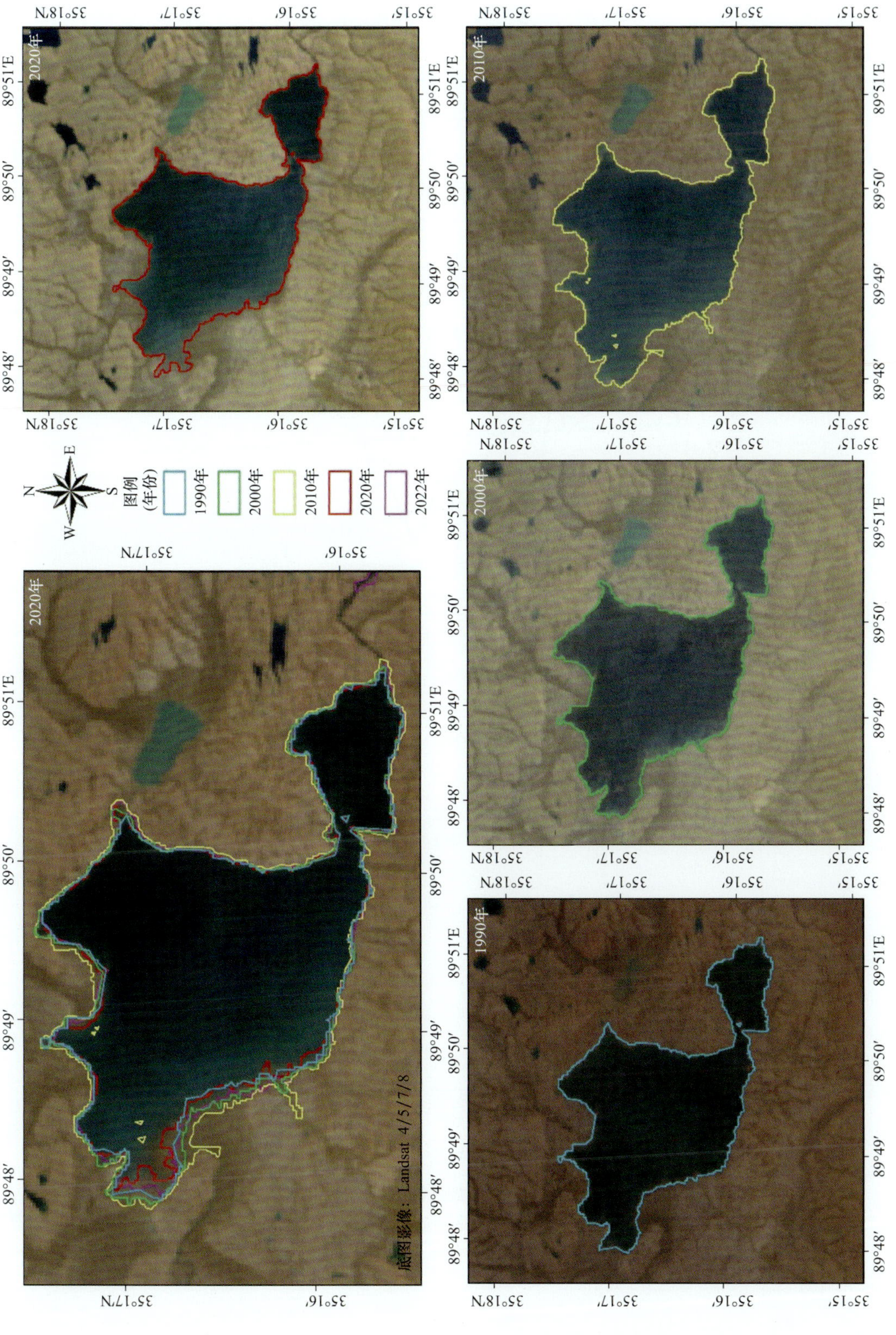

图 5-107　1987—2022 年连水湖湖面时空变化

5.36 赛永错(晒阴错)

赛永错,又名晒阴错,位于青海省玉树藏族自治州玉树市。地理坐标为东经 96°4′48″,北纬 33°21′0″(中华人民共和国水利部建设与管理司 等,1998)。面积 6.33 km²。

多源卫星遥感监测显示,1987—2022 年赛永错面积呈"V"字形变化,1987—2008 年湖面积逐渐萎缩达最小,2009—2020 年湖面积逐渐扩张,整体上呈萎缩态势,平均每年萎缩 0.01 km²。2022 年赛永错面积为 6.48 km²,较 1987 年(6.26 km²)扩张 0.22 km²,扩张率为 3.51%(图 5-108,表 5-36)。在空间变化上,赛永错在北向、西向变化明显(图 5-109,图 5-110)。

图 5-108 1987—2022 年赛永错面积变化

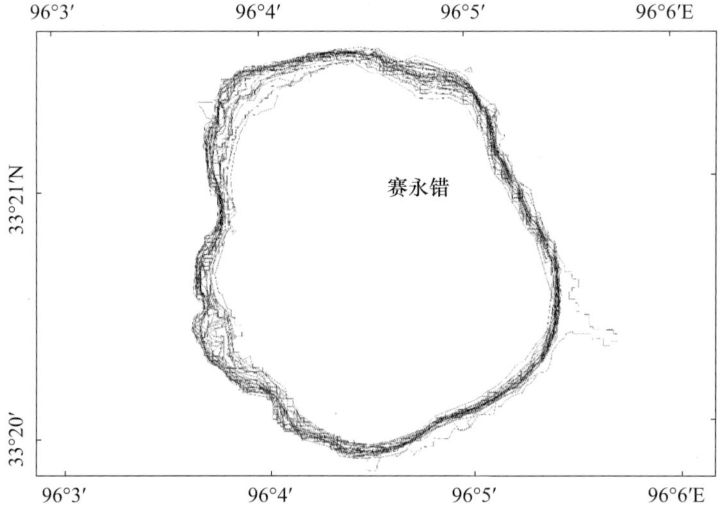

图 5-109 1987—2022 年赛永错边界变化

表 5-36 1987—2022 年赛永错逐五年面积统计 单位:km²

年份	1987	1990	1995	2000	2005	2010	2015	2020	2022
赛永错	6.26	6.52	6.23	6.15	5.78	5.80	6.35	6.41	6.48

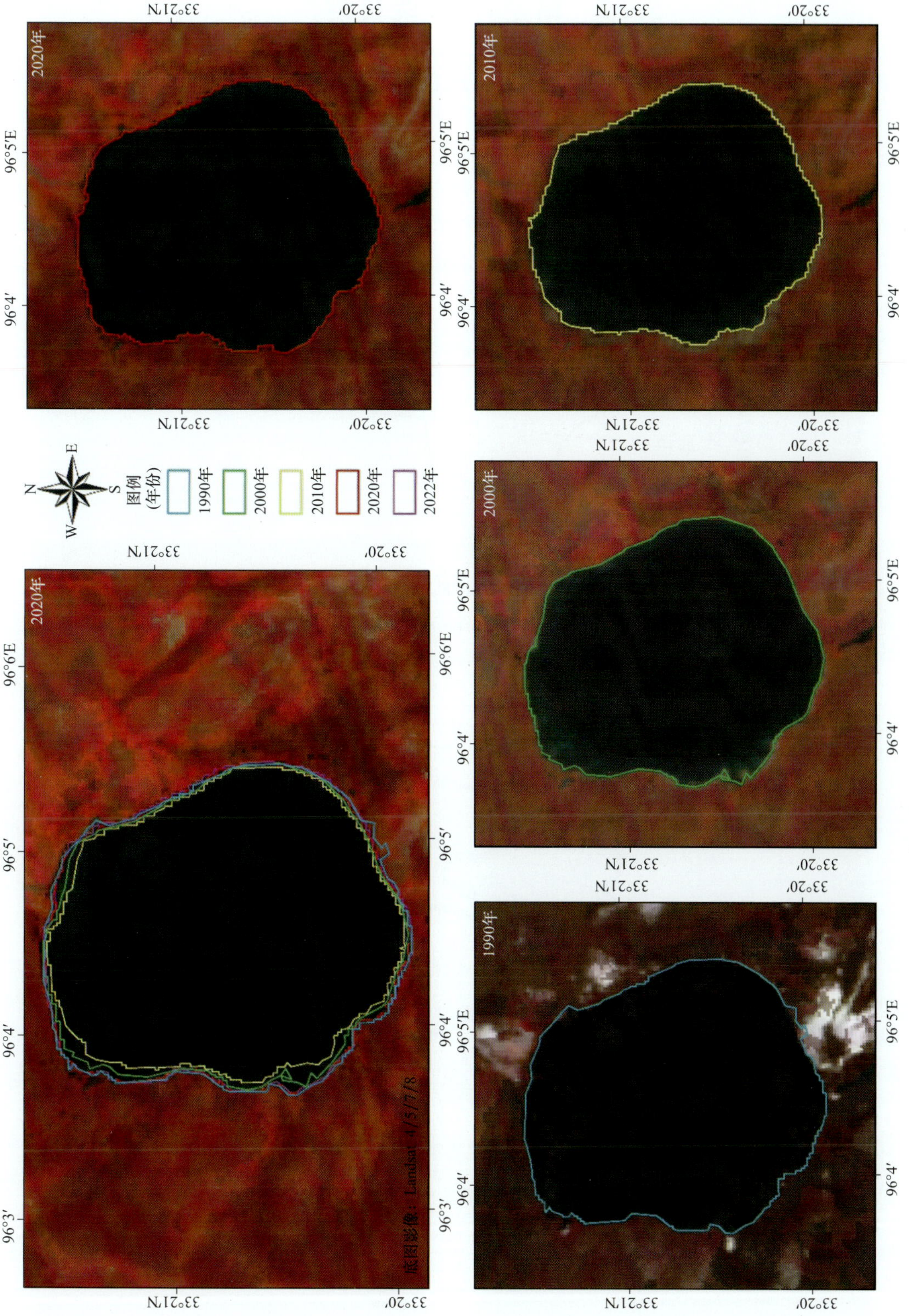

图 5-110　1987—2022 年赛永错湖面时空变化

5.37 错龙扎(错陇日阿)

错龙扎，又名错陇日阿，位于青海省玉树藏族自治州曲麻莱县。地理坐标为东经 97°0′36″，北纬 35°17′59″(中华人民共和国水利部建设与管理司 等，1998)。

多源卫星遥感监测显示，1987—2022 年错龙扎湖面积呈“V”字形变化，1987—2004 年湖面积萎缩，2005—2022 年湖面积扩张，整体呈扩张态势，平均每年扩张 0.03 km²。2022 年错龙扎湖面积为 6.44 km²，较 1987 年(5.40 km²)扩张 1.04 km²，扩张率为 19.26%(图 5-111，表 5-37)。在空间变化上，错龙扎在北向、西向、南向扩张明显(图 5-112，图 5-113)。

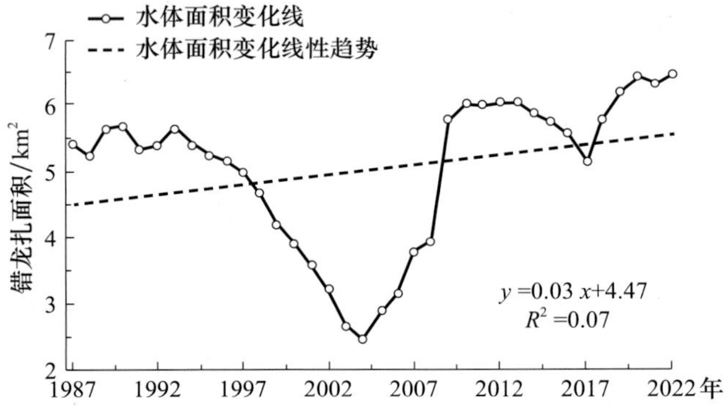

图 5-111　1987—2022 年错龙扎面积变化

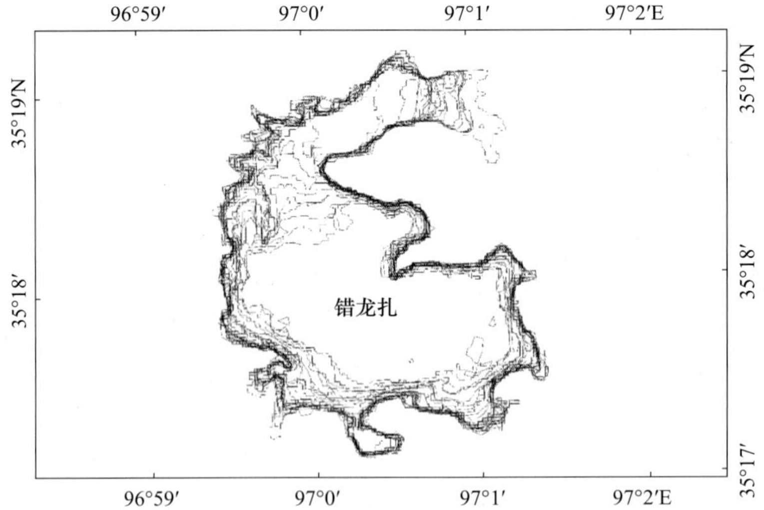

图 5-112　1987—2022 年错龙扎边界变化

表 5-37　1987—2022 年错龙扎逐五年面积统计　　单位：km²

年份	1987	1990	1995	2000	2005	2010	2015	2020	2022
错龙扎	5.40	5.68	5.23	3.90	2.89	6.01	5.76	6.40	6.44

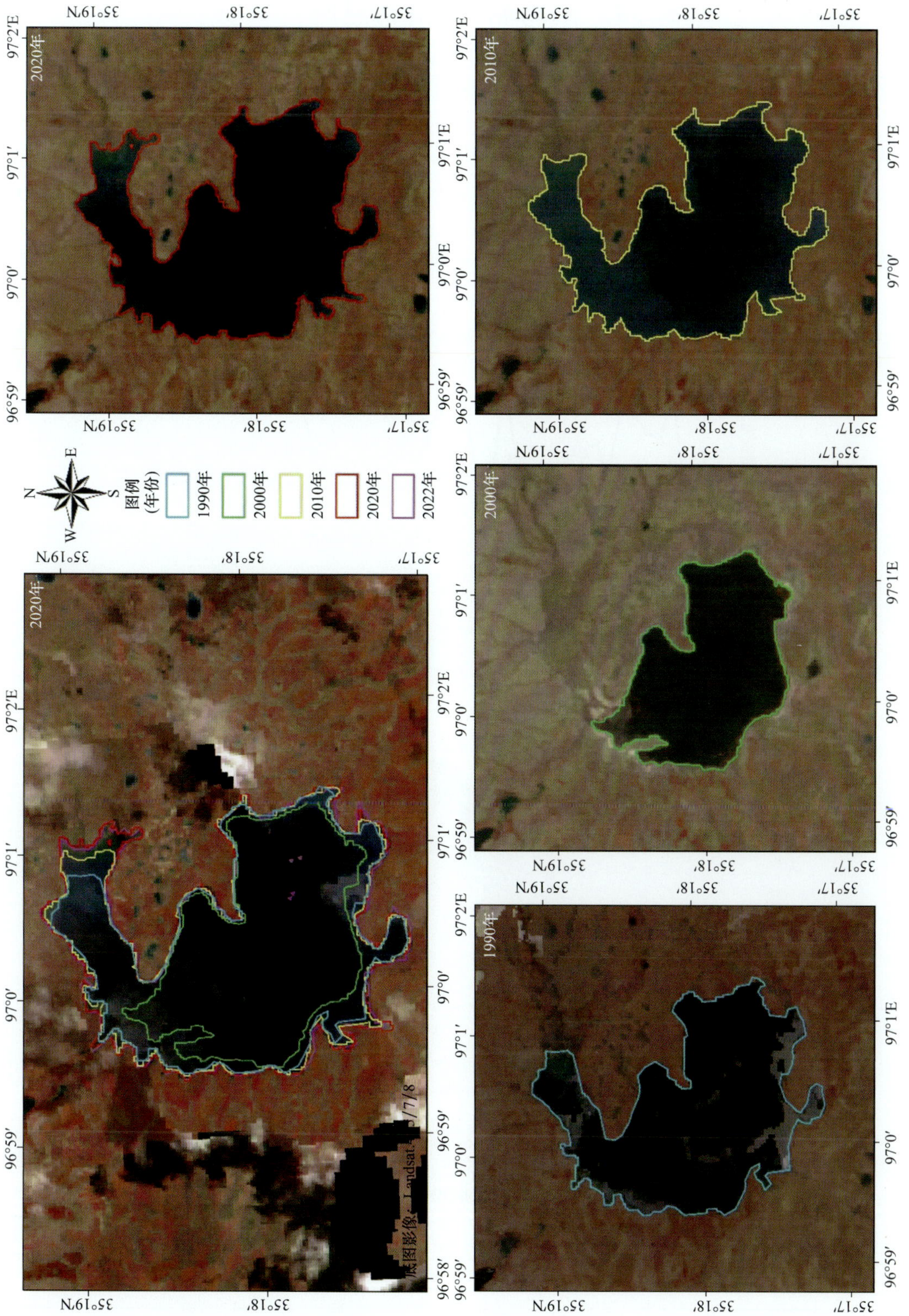

图 5-113　1987—2022 年错龙扎湖面时空变化

5.38 尼阿希措(措希尼阿)

尼阿希措，又名措希尼阿，位于青海省玉树藏族自治州治多县。地理坐标为东经 92°50′，北纬 34°11′(中华人民共和国水利部建设与管理司 等，1998)。

多源卫星遥感监测显示，1987—2022 年尼阿希措面积呈显著扩张趋势，平均每年扩张 0.16 km²，1997 年湖泊干涸。2022 年尼阿希措面积为 9.69 km²，较 1987 年(4.28 km²)扩张 5.41 km²，扩张率为 126.40%(图 5-114，表 5-38)。在空间变化上，湖体向北扩张明显(图 5-115，图 5-116)。

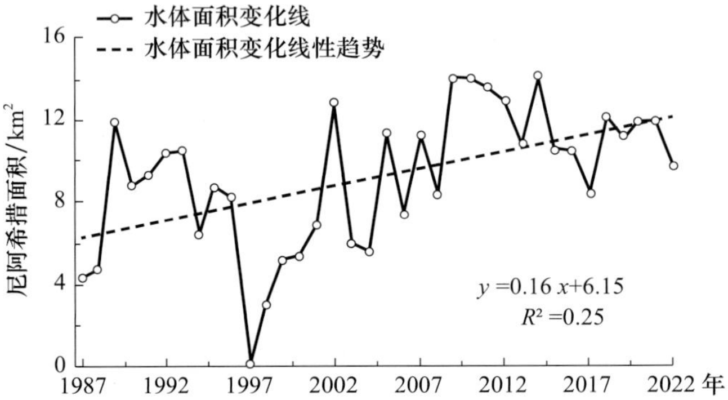

图 5-114 1987—2022 年尼阿希措面积变化

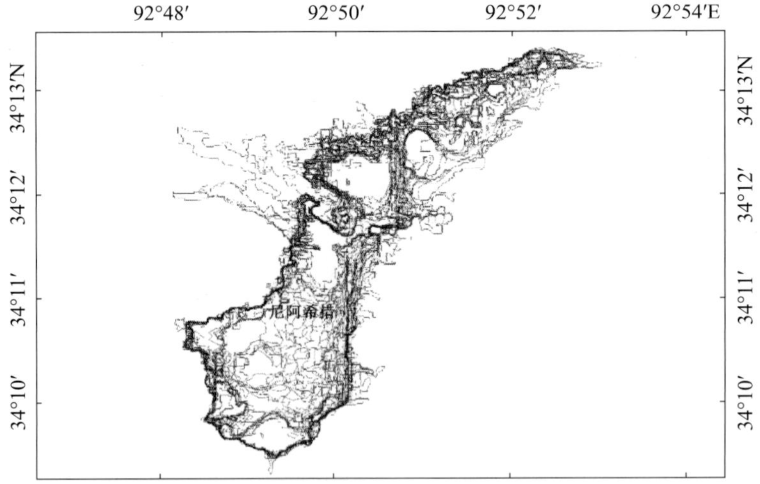

图 5-115 1987—2022 年尼阿希措边界变化

表 5-38 1987—2022 年尼阿希措逐五年面积统计 单位：km²

年份	1987	1990	1995	2000	2005	2010	2015	2020	2022
尼阿希措	4.28	8.75	8.73	5.35	11.31	13.98	10.43	11.90	9.69

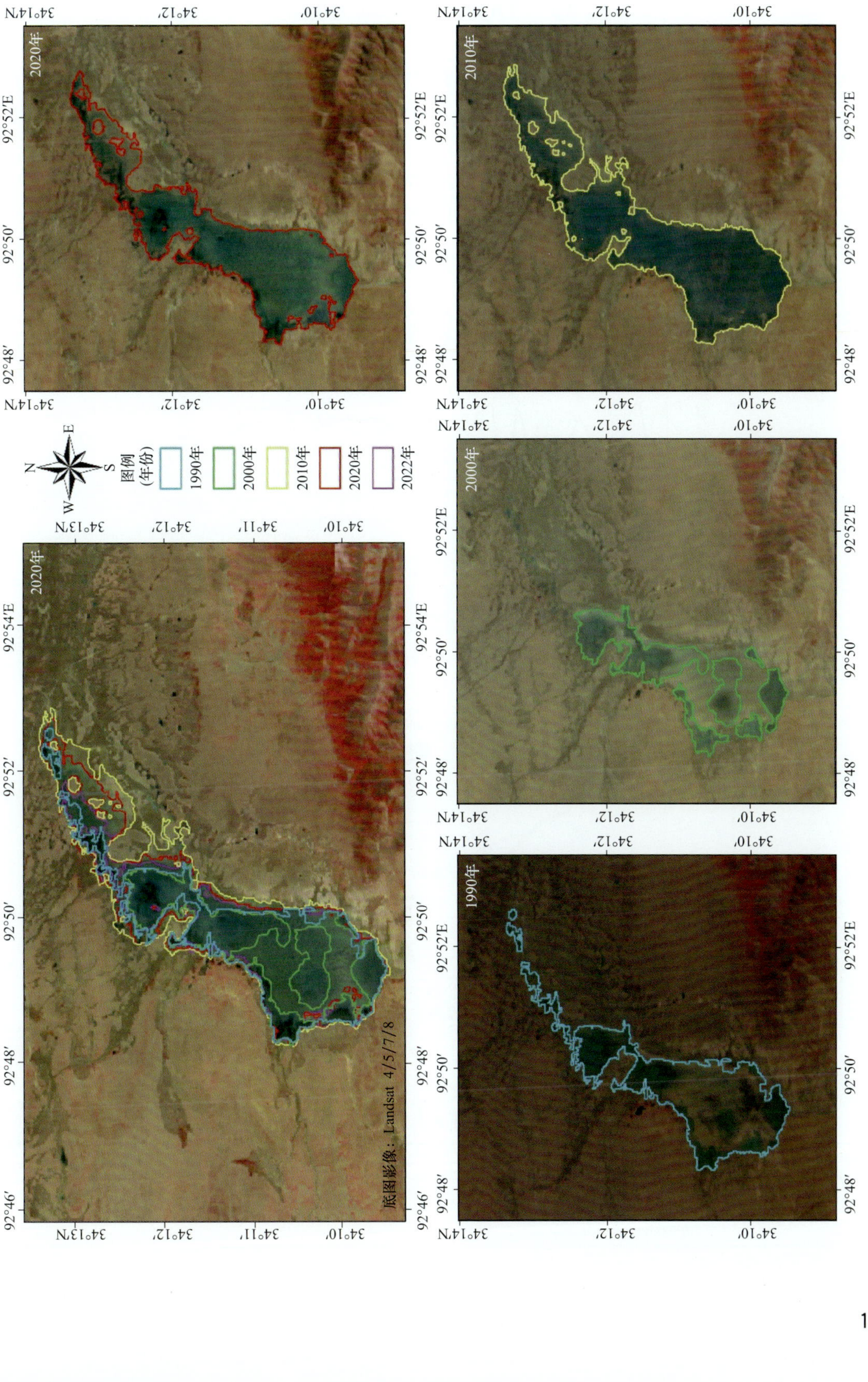

图 5-116　1987—2022 年尼阿希措湖面时空变化

5.39 DQH 无名湖 002

DQH 无名湖 002，位于青海省玉树藏族自治州曲麻莱县。该湖属长江源头楚玛尔河上的季节性外流湖，与楚玛尔河由细长的水道相连。地理坐标为东经 93°49′12″，北纬 35°13′12″（中华人民共和国水利部建设与管理司 等，1998）。

多源卫星遥感监测显示，1987—2022 年 DQH 无名湖 002 湖面积呈显著扩张趋势，平均每年扩张 0.03 km²。2022 年 DQH 无名湖 002 湖面积为 5.26 km²，较 1987 年（4.51 km²）扩张 0.75 km²，扩张率为 16.63%（图 5-117，表 5-39）。在空间变化上，湖东部楚玛尔河入湖区是变化最明显的区域（图 5-118，图 5-119）。

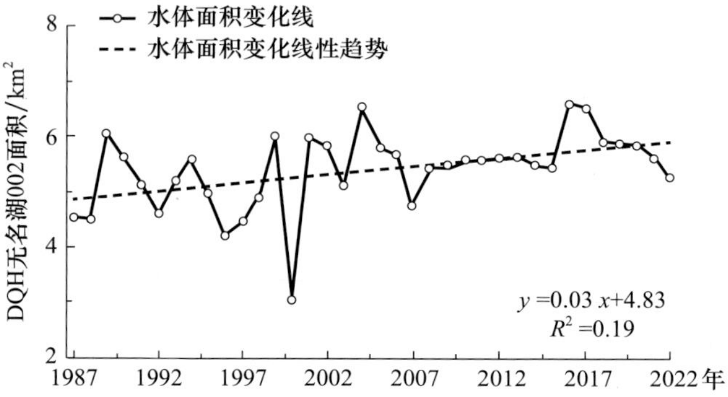

图 5-117 1987—2022 年 DQH 无名湖 002 面积变化

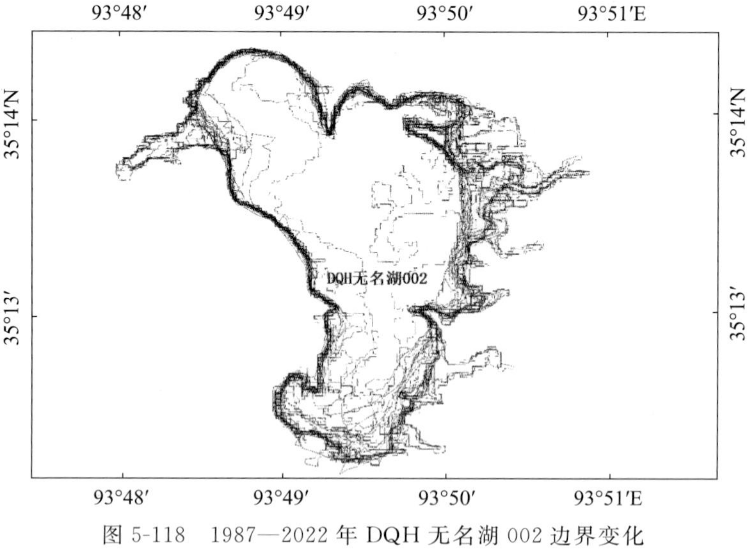

图 5-118 1987—2022 年 DQH 无名湖 002 边界变化

表 5-39 1987—2022 年 DQH 无名湖 002 逐五年面积统计 单位：km²

年份	1987	1990	1995	2000	2005	2010	2015	2020	2022
DQH 无名湖 002	4.51	5.60	4.98	2.98	5.78	5.57	5.45	5.85	5.26

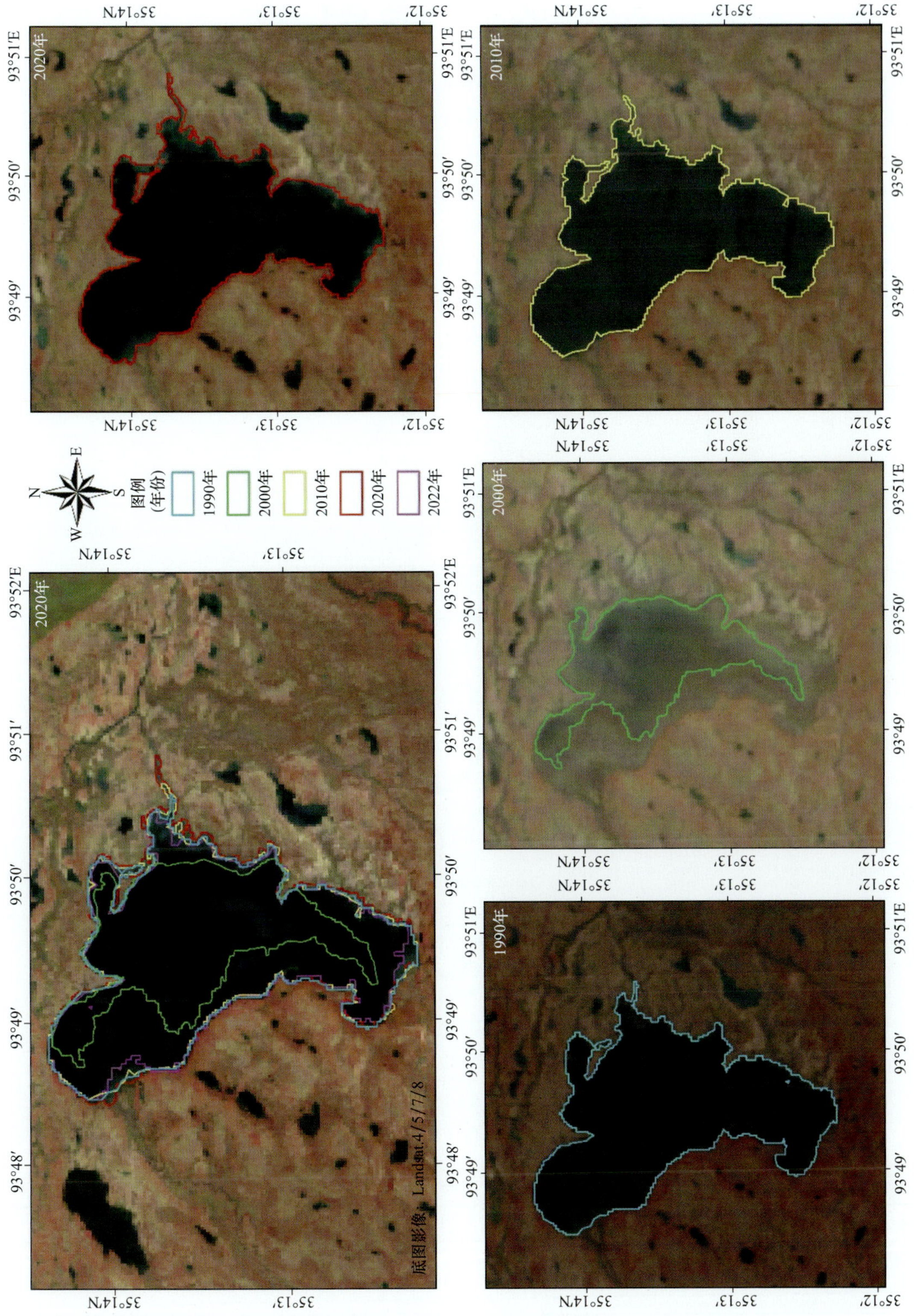

图 5-119　1987—2022 年 DQH 无名湖 002 湖面时空变化

5.40 DQH 无名湖 004

DQH 无名湖 004，位于青海省玉树藏族自治州治多县。地理坐标为东经 91°34′12″，北纬 35°1′48″（中华人民共和国水利部建设与管理司 等，1998）。

多源卫星遥感监测显示，1987—2022 年 DQH 无名湖 004 湖面积呈显著扩张趋势，平均每年扩张 0.19 km²。2022 年 DQH 无名湖 004 湖面积为 10.82 km²，较 1987 年（4.03 km²）扩张 6.79 km²，扩张率为 168.49%（图 5-120，表 5-40）。在空间变化上，湖西部和南部入湖河流注入的洪积扇区是变化最明显的区域（图 5-121，图 5-122）。

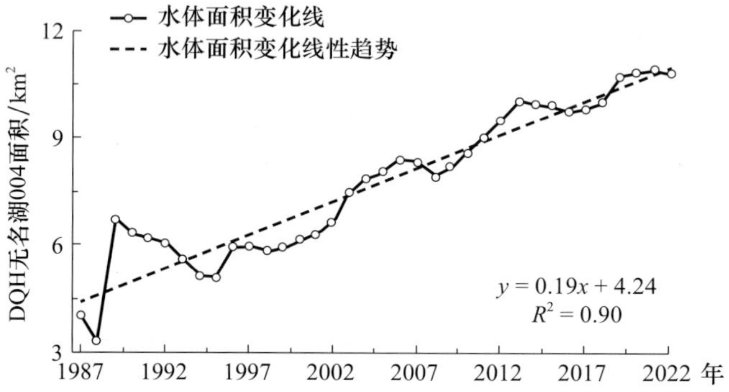

图 5-120 1987—2022 年 DQH 无名湖 004 面积变化

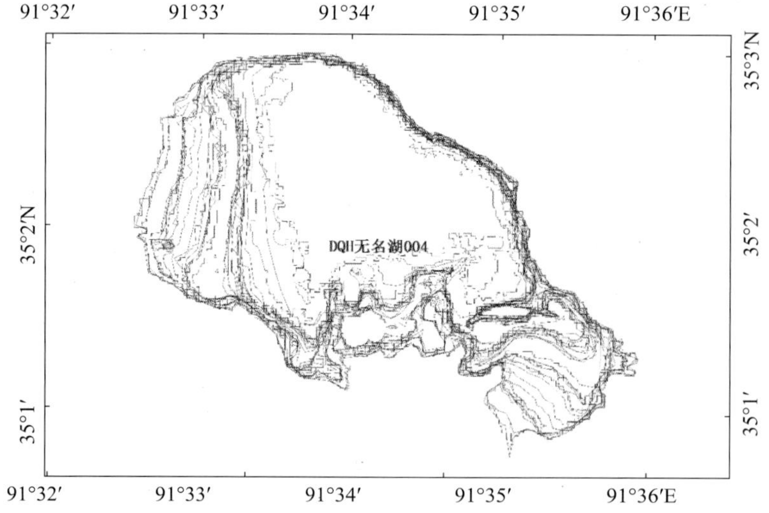

图 5-121 1987—2022 年 DQH 无名湖 004 边界变化

表 5-40 1987—2022 年 DQH 无名湖 004 逐五年面积统计 单位：km²

年份	1987	1990	1995	2000	2005	2010	2015	2020	2022
DQH 无名湖 004	4.03	6.34	5.05	6.20	8.04	8.60	9.91	10.83	10.82

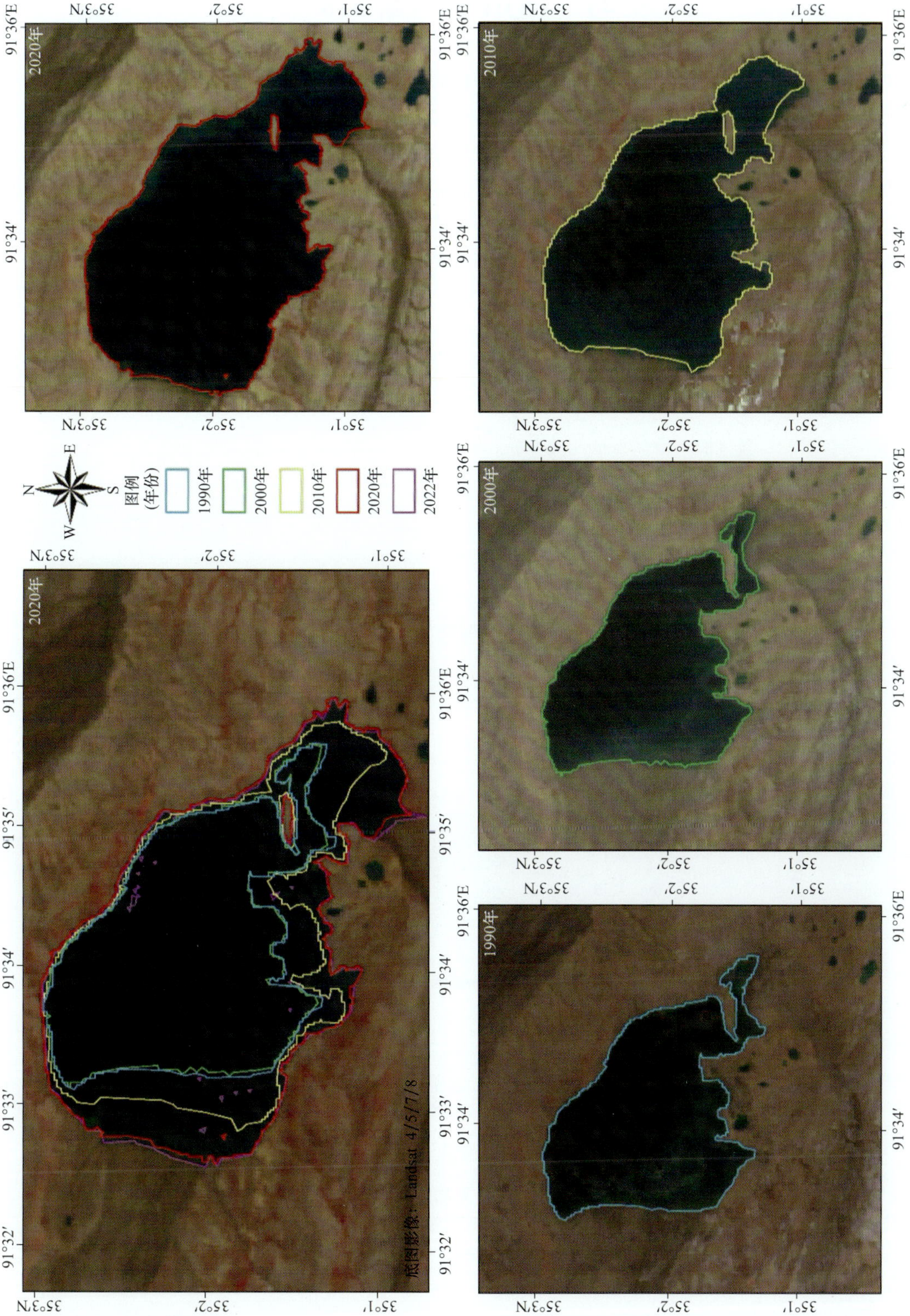

图 5-122 1987—2022 年 DQH 无名湖 004 湖面时空变化

5.41 DQH 无名湖 016

DQH 无名湖 016,位于青海省玉树藏族自治州治多县。地理坐标为东经 90°35′24″,北纬 34°57′0″(中华人民共和国水利部建设与管理司 等,1998)。

多源卫星遥感监测显示,1987—2022 年 DQH 无名湖 016 湖面积呈显著扩张趋势,平均每年扩张 0.11 km^2。2022 年 DQH 无名湖 016 湖面积为 6.02 km^2,较 1987 年(3.45 km^2)扩张 2.57 km^2,扩张率为 74.49%(图 5-123,表 5-41)。在空间变化上,湖北部和南部入湖河流注入的洪积扇区、湖东部出流的冲积扇区是变化最明显的区域(图 5-124,图 5-125)。

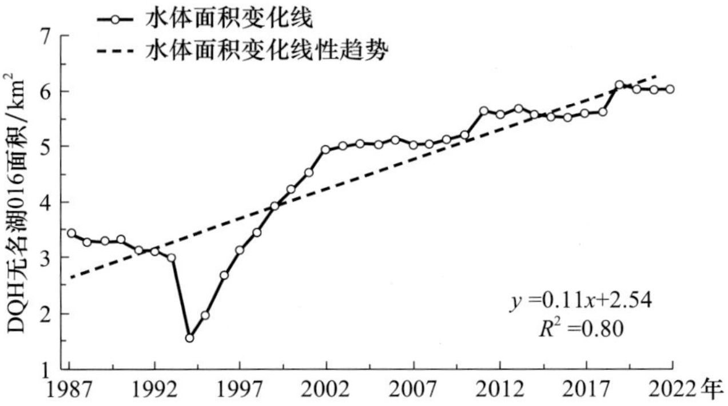

图 5-123 1987—2022 年 DQH 无名湖 016 面积变化

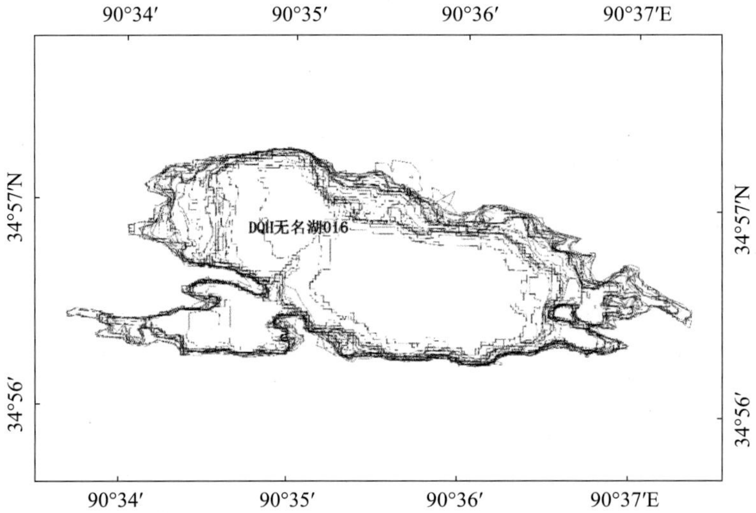

图 5-124 1987—2022 年 DQH 无名湖 016 边界变化

表 5-41 1987—2022 年 DQH 无名湖 016 逐五年面积统计 单位:km^2

年份	1987	1990	1995	2000	2005	2010	2015	2020	2022
DQH 无名湖 016	3.45	3.32	1.94	4.22	5.02	5.18	5.53	6.03	6.02

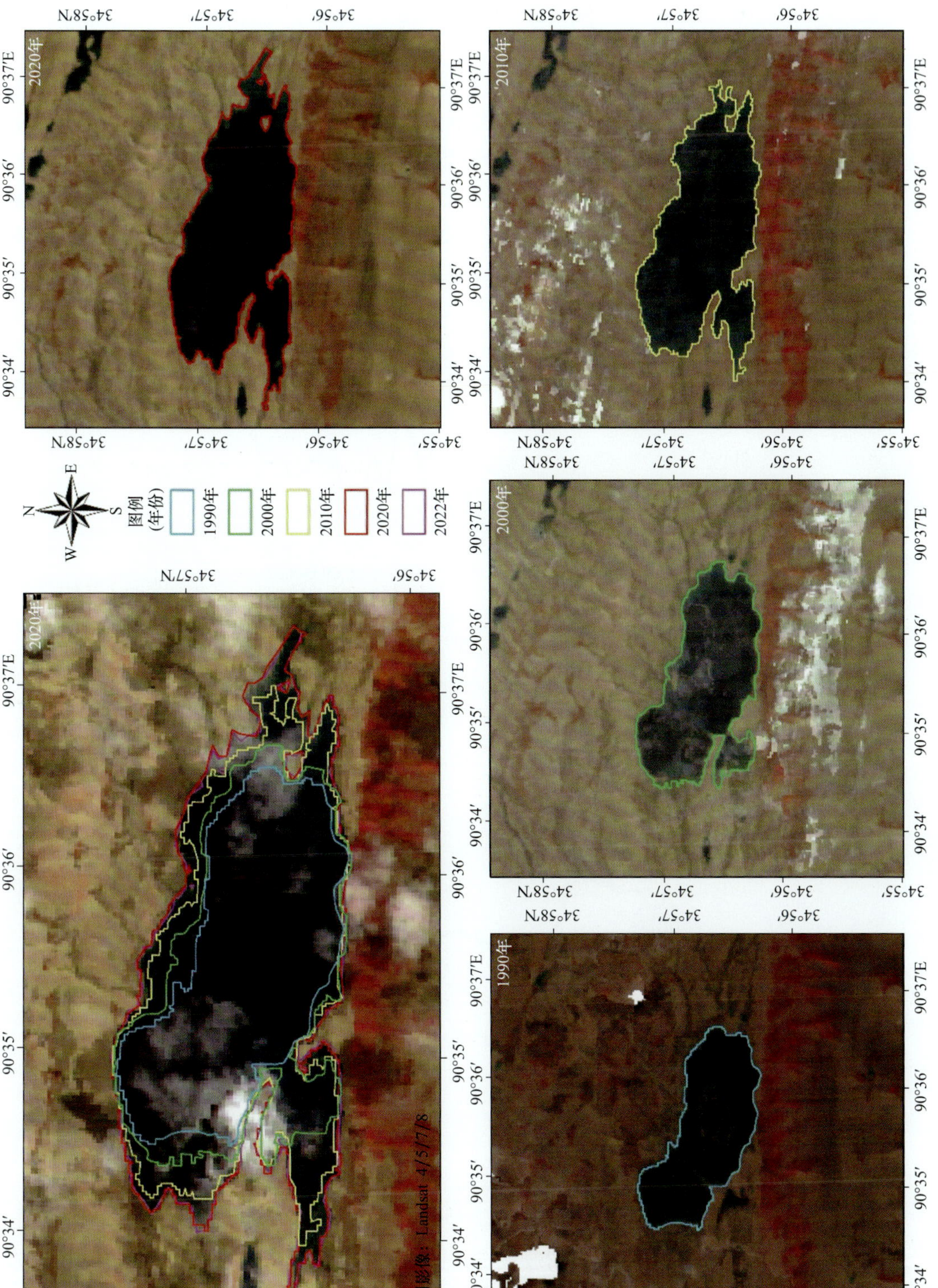

图 5-125　1987—2022 年 DQH 无名湖 016 湖面时空变化

5.42 S63005

S63005，位于青海省玉树藏族自治州治多县。地理坐标为东经 90°49′，北纬 35°57′，湖面水位海拔 4877 m（中华人民共和国水利部建设与管理司 等，1998）。湖东部与太阳湖出流的河道相连，湖水主要依赖湖南北两侧的高寒融雪汇集。

多源卫星遥感监测显示，1987—2022 年 S63005 湖面积呈显著扩张趋势，平均每年扩张 0.09 km^2。2022 年 S63005 湖面积为 11.45 km^2，较 1987 年（7.87 km^2）扩张 3.58 km^2，扩张率为 45.49%（图 5-126，表 5-42）。在空间变化上，湖西部入湖河流注入的洪积扇区、湖东部出流的冲积扇区是变化最明显的区域（图 5-127，图 5-128）。

图 5-126　1987—2022 年 S63005 面积变化

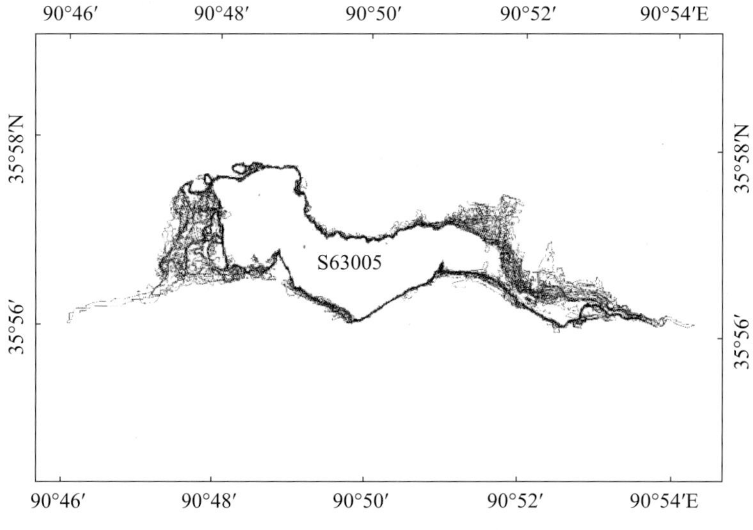

图 5-127　1987—2022 年 S63005 边界变化

表 5-42　1987—2022 年 S63005 逐五年面积统计　　单位：km^2

年份	1987	1990	1995	2000	2005	2010	2015	2020	2022
S63005	7.87	9.22	8.88	8.42	8.74	11.99	9.62	11.02	11.45

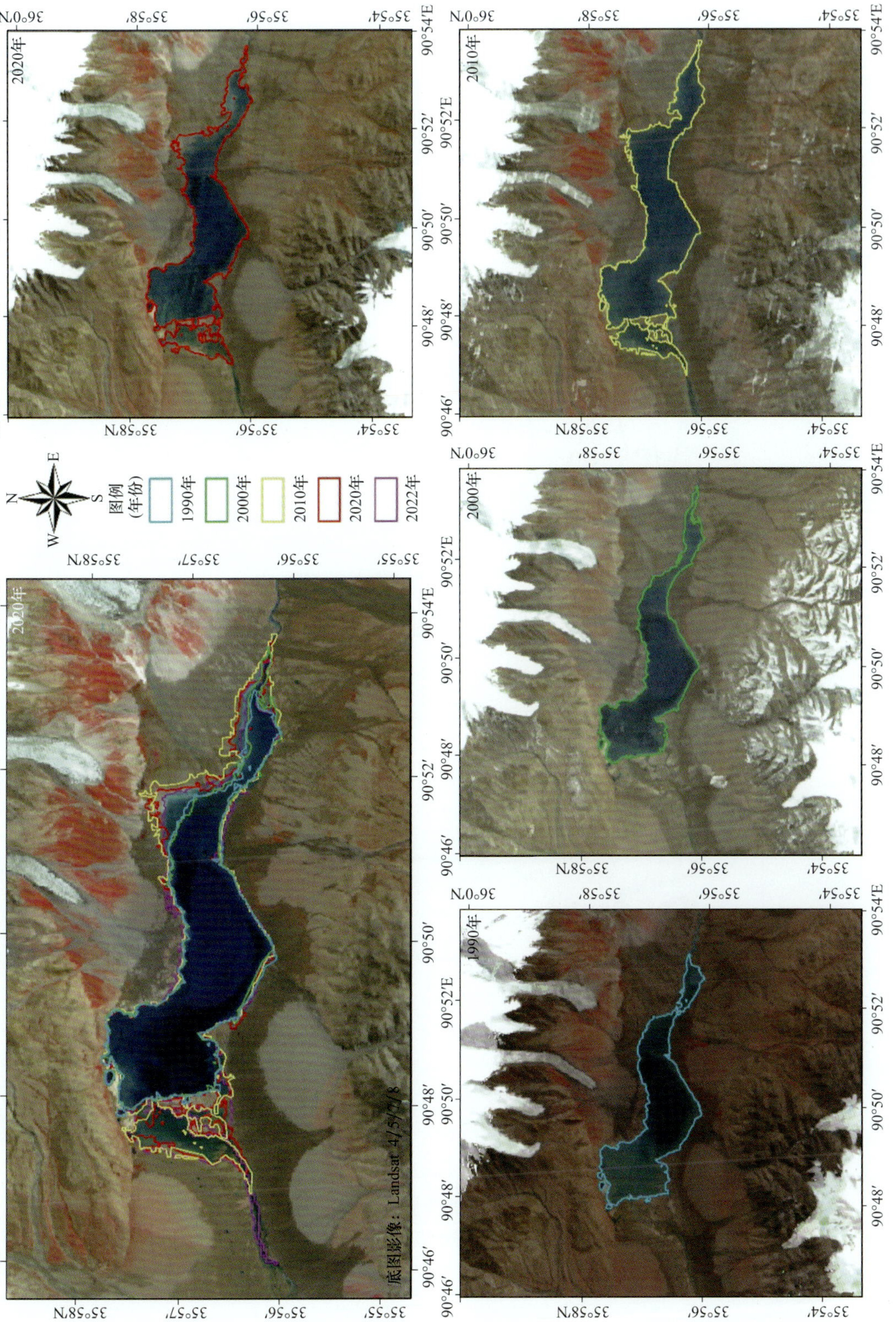

图 5-128　1987—2022 年 S63005 湖面时空变化

5.43 S63010

S63010,位于青海省玉树藏族自治州治多县。北距盐湖 3 km,无水道相连。地理坐标为东经 93°29′24″,北纬 35°25′12″(中华人民共和国水利部建设与管理司 等,1998)。

多源卫星遥感监测显示,1987—2022 年 S63010 湖面积呈显著扩张趋势,平均每年扩张 0.02 km^2。2022 年 S63010 湖面积为 4.07 km^2,较 1987 年(3.83 km^2)扩张 0.24 km^2,扩张率为 6.27%(图 5-129,表 5-43)。在空间变化上,湖泊整体变化较小,湖西部变化相对明显(图 5-130,图 5-131)。

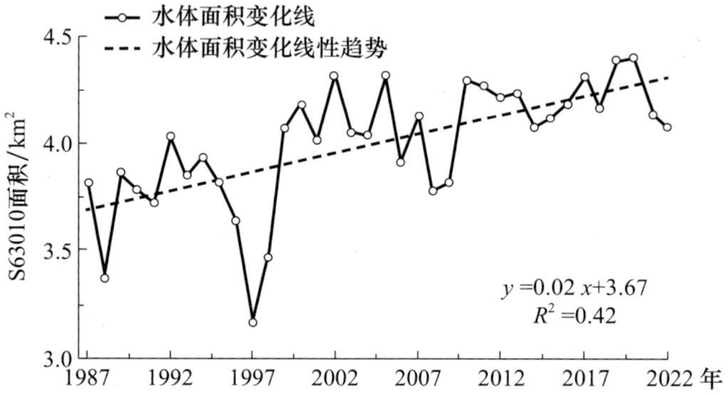

图 5-129　1987—2022 年 S63010 面积变化

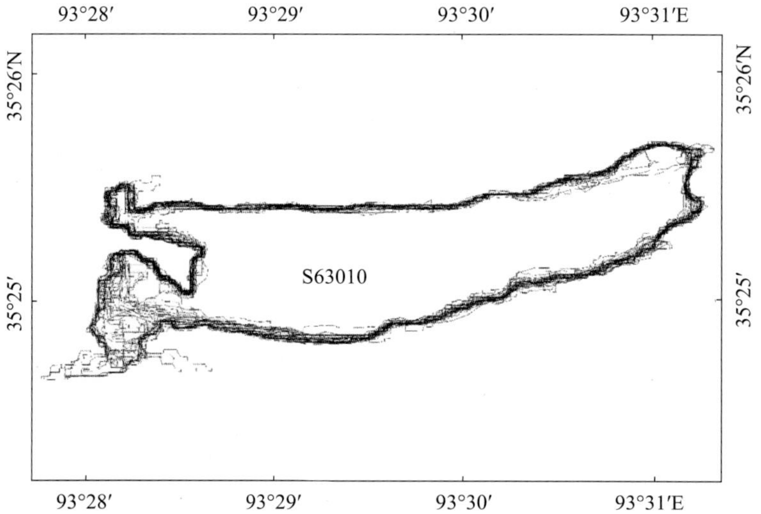

图 5-130　1987—2022 年 S63010 边界变化

表 5-43　1987—2022 年 S63010 逐五年面积统计　　单位:km^2

年份	1987	1990	1995	2000	2005	2010	2015	2020	2022
S63010	3.83	3.59	3.82	4.18	4.32	4.29	4.11	4.41	4.07

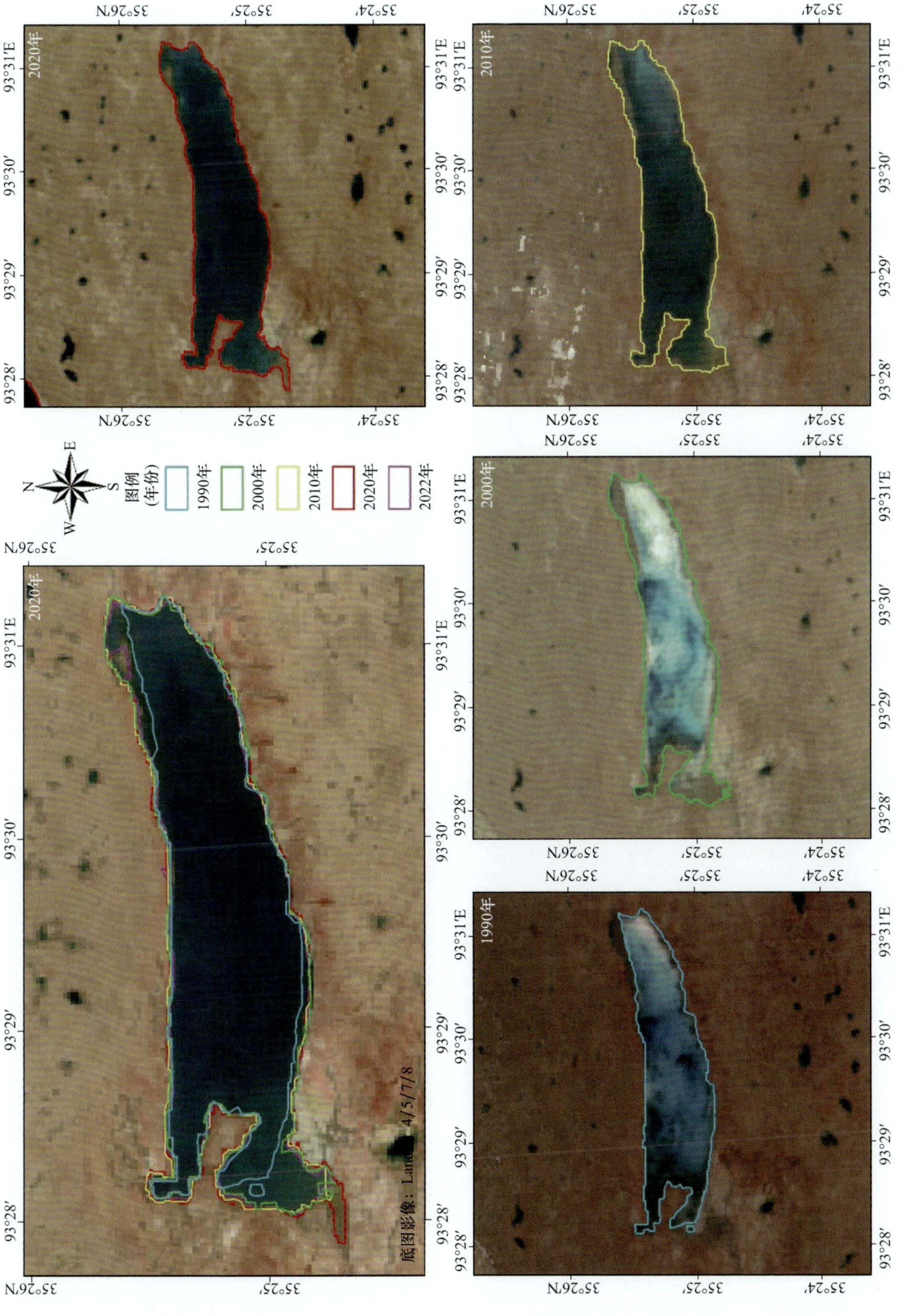

图 5-131　1987—2022 年 S63010 湖面时空变化

5.44 S63011

S63011，位于青海省玉树藏族自治州治多县。地理坐标为东经 91°49′12″，北纬 34°53′59″（中华人民共和国水利部建设与管理司 等，1998）。

多源卫星遥感监测显示，1987—2022 年 S63011 湖面积呈显著扩张趋势，平均每年扩张 0.10 km²。2022 年 S63011 湖面积为 5.49 km²，较 1987 年（2.81 km²）扩张 2.68 km²，扩张率为 95.37%（图 5-132，表 5-44）。在空间变化上，湖体东南向扩张明显（图 5-133，图 5-134）。

图 5-132 1987—2022 年 S63011 面积变化

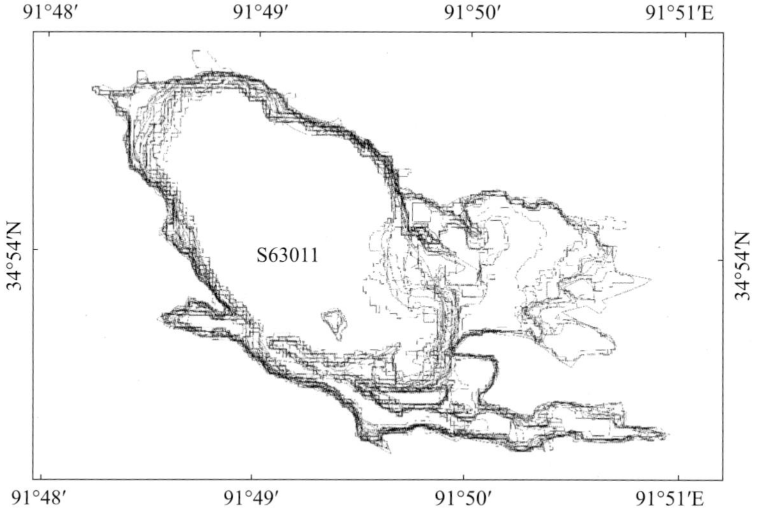

图 5-133 1987—2022 年 S63011 边界变化

表 5-44 1987—2022 年 S63011 逐五年面积统计 单位：km²

年份	1987	1990	1995	2000	2005	2010	2015	2020	2022
S63011	2.81	2.49	2.92	3.19	3.62	4.89	5.10	5.36	5.49

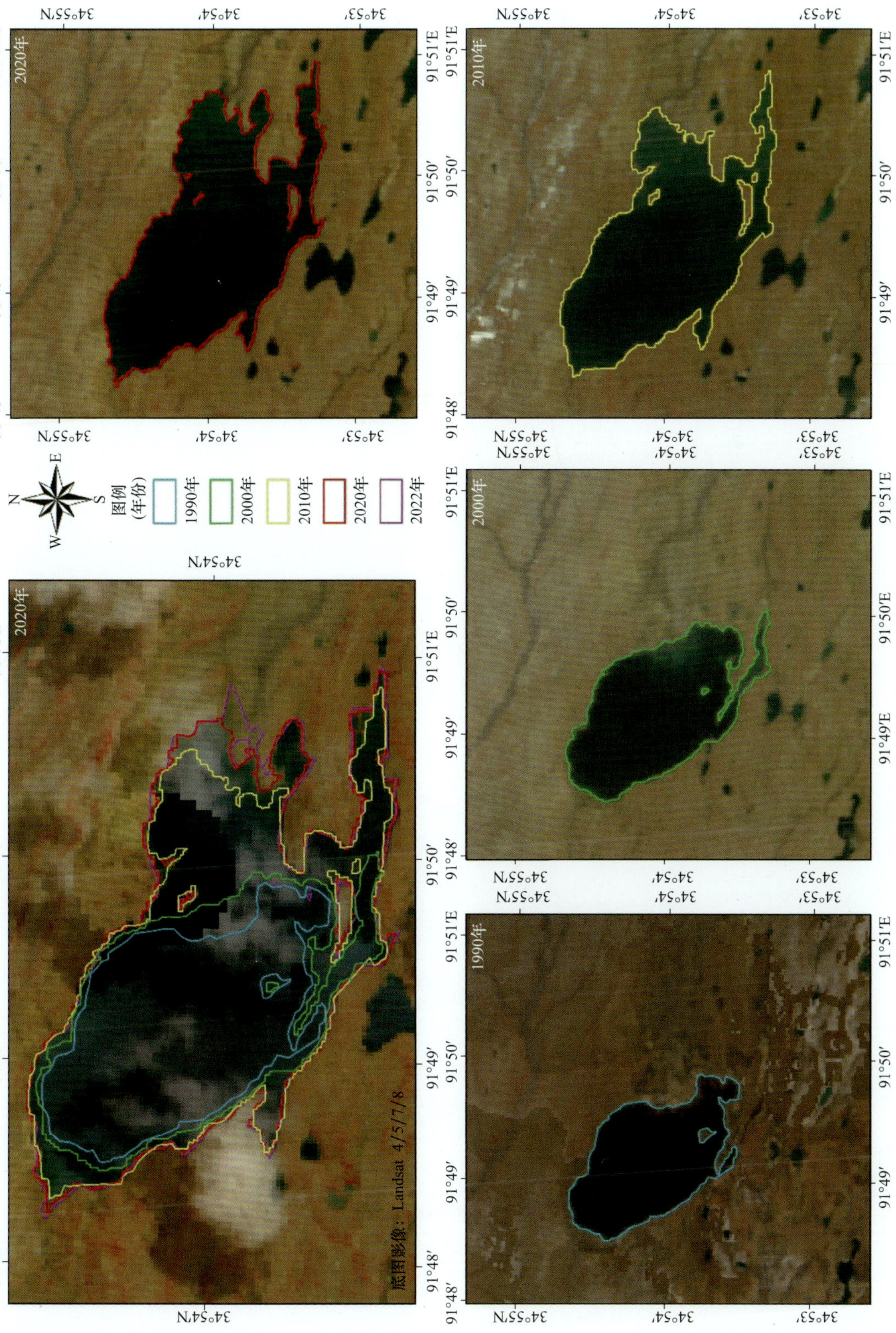

图 5-134　1987—2022 年 S63011 湖面时空变化

5.45 S63013

S63013，位于青海省玉树藏族自治州治多县。北距库赛湖 1 km，无水道相连。地理坐标为东经 92°56′24″，北纬 35°36′0″（中华人民共和国水利部建设与管理司 等，1998）。

多源卫星遥感监测显示，1987—2022 年 S63013 湖面积呈显著扩张趋势，平均每年扩张 0.10 km^2，湖泊在 1994 年干涸。2022 年 S63013 湖面积为 6.81 km^2，较 1987 年（2.85 km^2）扩张 3.96 km^2，扩张率为 138.95%（图 5-135，表 5-45）。在空间变化上，湖体向东西扩张，西部和东部是变化最明显的区域（图 5-136，图 5-137）。

图 5-135　1987—2022 年 S63013 面积变化

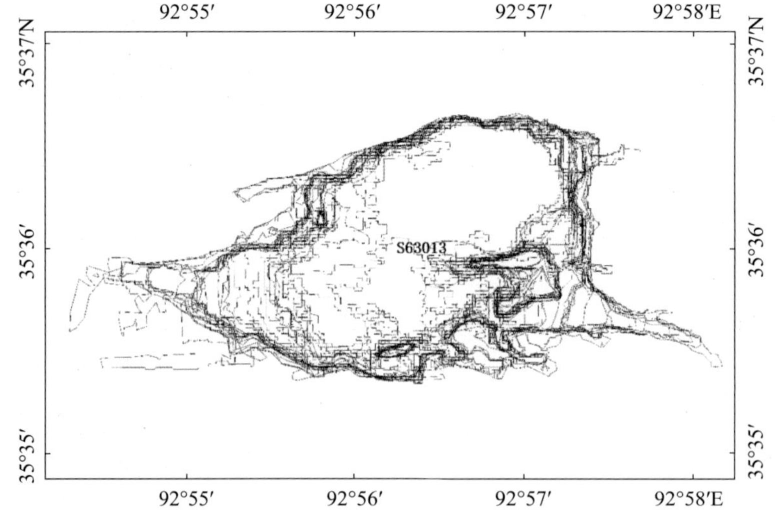

图 5-136　1987—2022 年 S63013 边界变化

表 5-45　1987—2022 年 S63013 逐五年面积统计　　单位：km^2

年份	1987	1990	1995	2000	2005	2010	2015	2020	2022
S63013	2.85	4.16	0.78	3.60	5.43	5.08	5.53	6.60	6.81

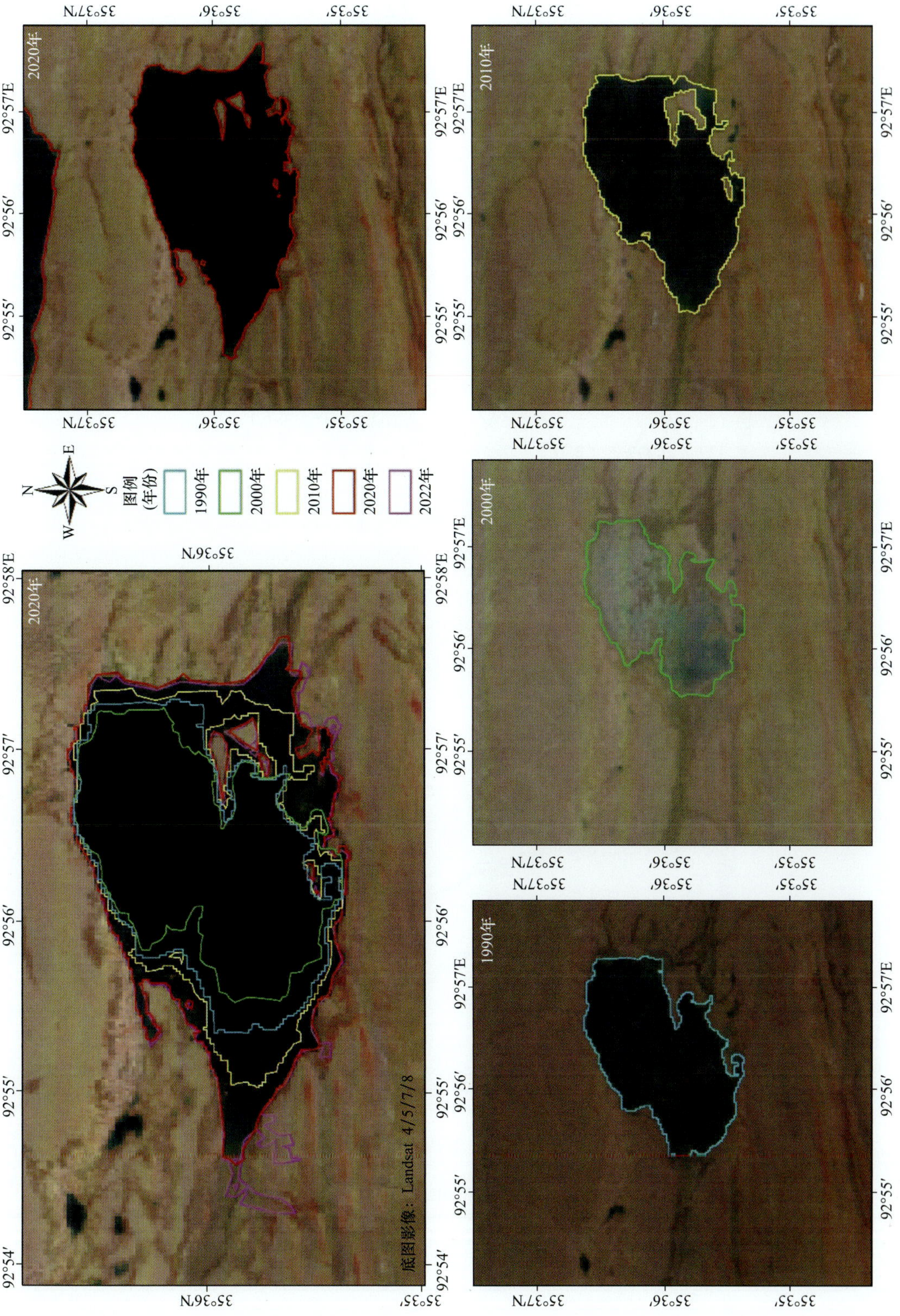

图 5-137 1987—2022 年 S63013 湖面时空变化

5.46 S63022

S63022,位于青海省玉树藏族自治州治多县。地理坐标为东经 91°12′35″,北纬 35°13′48″(中华人民共和国水利部建设与管理司 等,1998)。

多源卫星遥感监测显示,1987—2022 年 S63022 湖面积呈显著扩张趋势,平均每年扩张 0.05 km²。2022 年 S63022 湖面积为 12.44 km²,较 1987 年(11.20 km²)扩张 1.24 km²,扩张率为 11.07%(图 5-138,表 5-46)。在空间变化上,湖西部和东南部是变化最明显的区域(图 5-139,图 5-140)。

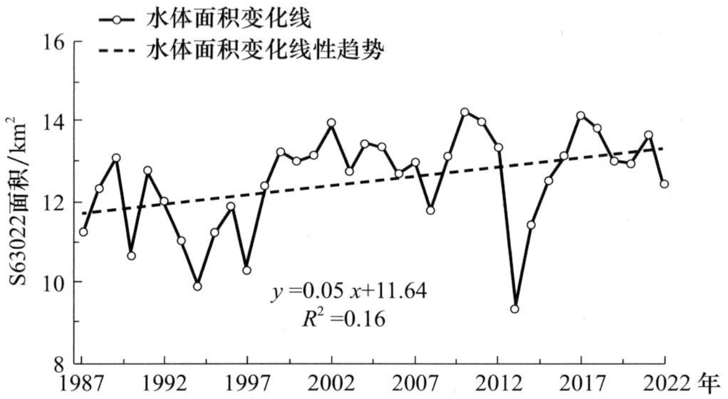

图 5-138 1987—2022 年 S63022 面积变化

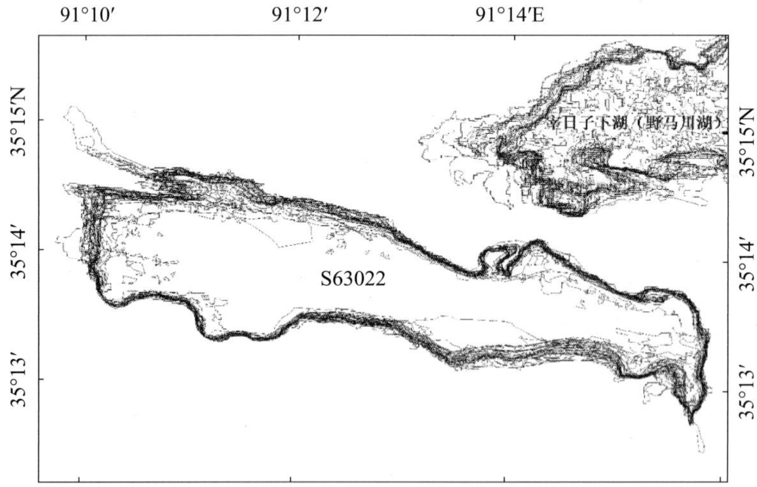

图 5-139 1987—2022 年 S63022 边界变化

表 5-46 1987—2022 年 S63022 逐五年面积统计 单位:km²

年份	1987	1990	1995	2000	2005	2010	2015	2020	2022
S63022	11.20	10.61	11.94	13.00	14.06	14.19	12.52	12.94	12.44

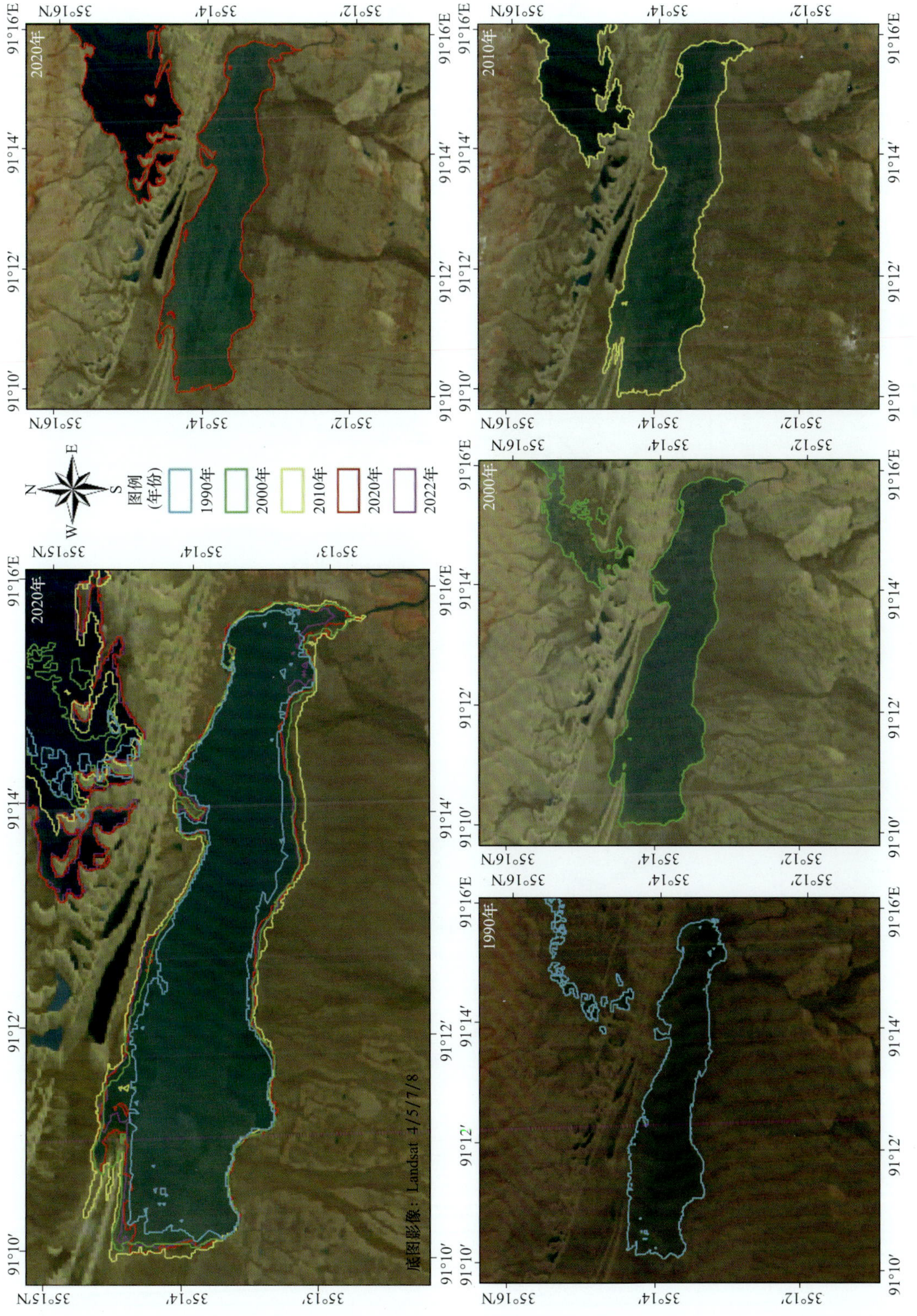

图 5-140　1987—2022 年 S63022 湖面时空变化

5.47 S63026

S63026，位于青海省玉树藏族自治州治多县。通过连水河与西部的节约湖、东部的明镜湖相连。地理坐标为东经 90°23′24″，北纬 35°2′59″（中华人民共和国水利部建设与管理司 等，1998）。

多源卫星遥感监测显示，1987—2022 年 S63026 湖面积呈显著扩张趋势，平均每年扩张 0.02 km²。2022 年 S63026 湖面积为 1.71 km²，较 1987 年（0.87 km²）扩张 0.84 km²，扩张率为 96.55%（图 5-141，表 5-47）。在空间变化上，湖西部入湖河流注入的洪积扇区和东部湖水出流的冲积扇区是变化最明显的区域（图 5-142，图 5-143）。

图 5-141　1987—2022 年 S63026 面积变化

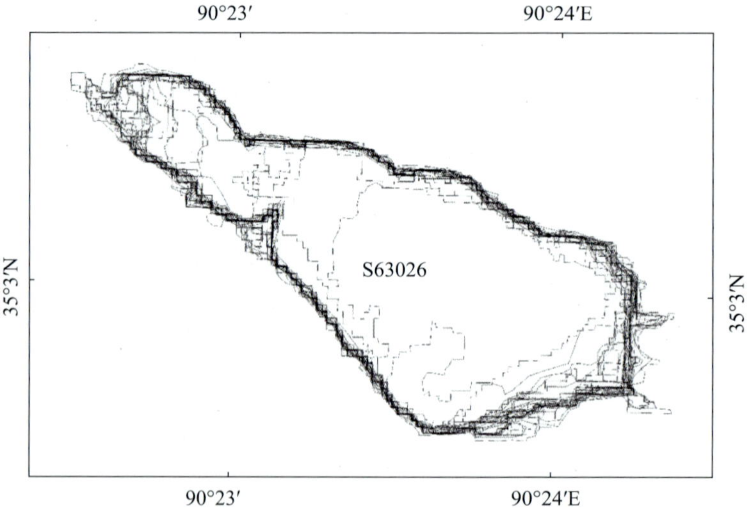

图 5-142　1987—2022 年 S63026 边界变化

表 5-47　1987—2022 年 S63026 逐五年面积统计　　单位：km²

年份	1987	1990	1995	2000	2005	2010	2015	2020	2022
S63026	0.87	1.50	干涸	1.83	1.93	2.00	1.83	1.89	1.71

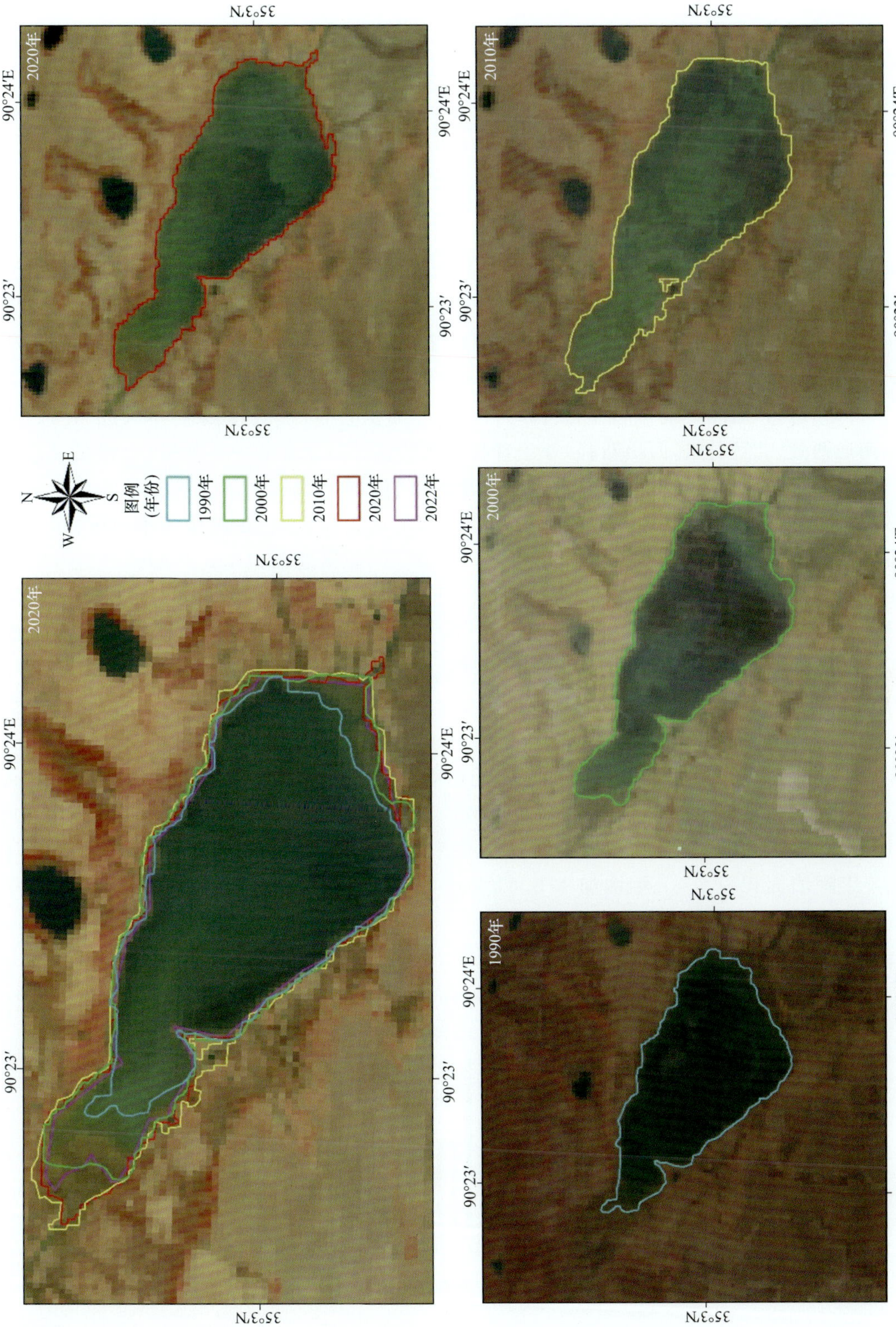

图 5-143　1987—2022 年 S63026 湖面时空变化

第6章 海西蒙古族藏族自治州

青海省海西蒙古族藏族自治州(简称海西州)地处青藏高原北部,因居青海湖以西,故名海西。现辖格尔木、德令哈、茫崖三市,都兰、乌兰、天峻三县和大柴旦一个行政委员会。地理位置大致介于东经 90°07′—99°46′,北纬 35°01′—39°19′。土地总面积 32.58 万 km^2,占青海省总面积的 45.17%,是青海省区域面积最大的民族自治州,主体为中国四大盆地之一的柴达木盆地("柴达木"系蒙古语,意为"盐泽之地"),盆地面积约占全州总面积的 78.76%,故柴达木又成为海西州的代称。南通西藏,北达甘肃,西出新疆,处于青甘新藏四省(区)交汇的中心地带,也曾是通往西域的古"丝绸之路"辅道。其辖下的格尔木市全部辖区由柴达木盆地区和唐古拉山区两块互不相连的地域组成。从 1980 年开始由海西州格尔木市代管的唐古拉山镇,距离格尔木市区425 km,地理位置大致介于东经 89°40′—92°55′,北纬 32°39′—34°48′,辖区总面积 4.8 万 km^2。

1987 年,青海省海西蒙古族藏族自治州面积 4 km^2 以上湖泊有 38 个(本书中所研究湖泊均为境内湖泊,因赤布张错地跨西藏和青海两省(区),故未开展分析),另外,还提取了 4 个面积小于4 km^2 的湖泊,1993 年温泉水库开始蓄水后,海西蒙古族藏族自治州湖泊数量变为 43 个。至 2005 年盖增孟将玛错钦玛与相邻的 Z63014 相连后,研究提取的 43 个湖泊数量变为 42 个(图 6-1)。2022 年海西蒙古族藏族自治州 4 km^2 以上湖泊有 40 个。1987—2022 年海西蒙古族藏族自治州湖泊总面积呈显著增加趋势,平均每年增加 11.27 km^2,2022 年海西蒙古族藏族自治州湖泊总面积为 3297.42 km^2,较 1987 年(2797.36 km^2)增加 500.06 km^2,增加率为 17.88%。其中湖泊面积增加主要来源于乌兰乌拉湖和东达布逊湖,乌兰乌拉湖 2022 年湖泊面积较 1987 年增加 172.61 km^2,东达布逊湖 2022 年湖泊面积较 1987 年增120.91 km^2(图 6-2)。

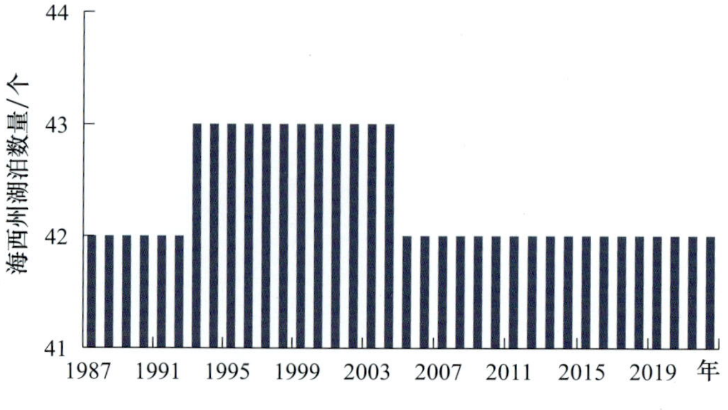

图 6-1 1987—2022 年海西蒙古族藏族自治州湖泊数量变化

图 6-2　1987—2022 年海西蒙古族藏族自治州湖泊总面积变化

6.1　盖增孟将玛错钦玛、Z63014

盖增孟将玛错钦玛，位于青海省海西蒙古族藏族自治州格尔木市代管的唐古拉山镇。地理坐标为东经 92°28′12″，北纬 33°51′0″，湖面积 4.99 km²（中华人民共和国水利部建设与管理司 等，1998）。

Z63014，位于青海省海西蒙古族藏族自治州格尔木市代管的唐古拉山镇，是盖增孟将玛错钦玛南部的一个小湖泊，2005 年两湖连为一体。地理坐标为东经 92°25′48″，北纬 33°49′48″（中华人民共和国水利部建设与管理司 等，1998）。

多源卫星遥感监测显示，1987—2022 年盖增孟将玛错钦玛（含 Z63014，下同）面积呈显著扩张趋势，平均每年扩张 0.15 km²。2022 年盖增孟将玛错钦玛湖面积为8.32 km²，较 1987 年（5.89 km²）扩张 2.43 km²，扩张率为 41.26%（图 6-3，表 6-1）。在空间变化上，盖增孟将玛错钦玛和 Z63014 连接区域以及盖增孟将玛错钦玛东岸是变化最明显的区域（图 6-4，图 6-5）。

图 6-3　1987—2022 年盖增孟将玛错钦玛（含 Z63014）面积变化

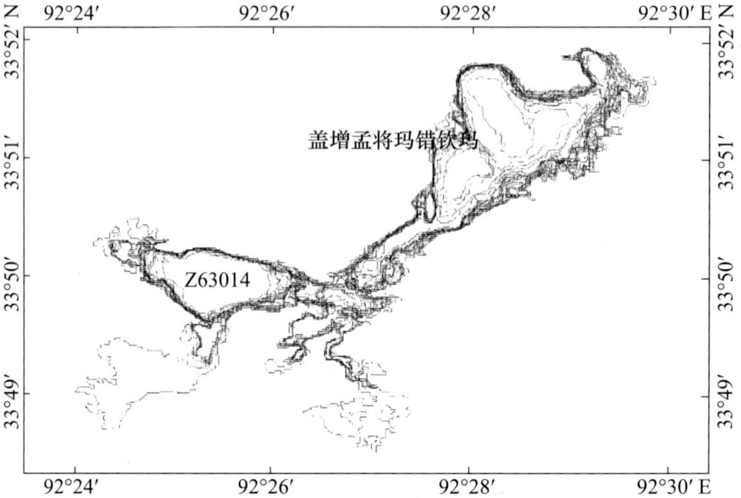

图 6-4　1987—2022 年盖增孟将玛错钦玛、Z63014 边界变化

表 6-1　1987—2022 年盖增孟将玛错钦玛、Z63014 逐五年面积统计　　单位：km^2

年份	1987	1990	1995	2000	2005	2010	2015	2020	2022
盖增孟将玛错钦玛	4.24	4.41	6.88	3.89	7.54	8.78	9.00	12.48	8.32
Z63014	1.65	1.74	1.25	1.84					
合计	5.89	6.15	8.13	5.73	7.54	8.78	9.00	12.48	8.32

6.2　乌兰乌拉湖(马池湖)

乌兰乌拉湖，又名马池湖，是青海省境内第二大湖泊，也是青海境内第二大咸水湖。2018 年，乌兰乌拉湖面积扩张至 684.14 km^2，首次超过青海省第二大湖泊鄂陵湖(683.60 km^2)面积，跃居为青海省第二大湖泊。位于青海省海西蒙古族藏族自治州格尔木市代管的唐古拉山镇，乌兰乌拉山与祖尔肯乌拉山之间，在可可西里自然保护区核心区的南部、长江源保护区的西南部。地理坐标为东经 90°14′—90°44′，北纬 34°41′—34°55′。湖体形态独特，镇湖岭原先是湖中岛屿，后因沙堤发育形成半岛，湖体被半岛分割成仅以狭窄水道相通的北、西、东三部分。滨湖北部为屏湖岭，湖岸陡峭；东、西部为狭长状河谷冲积平原；南部为宽阔的山麓冲积—洪积扇。湖水主要依赖地表径流和湖面降水补给，入湖河流 6 条，南面分布有等马河，西南面分布有跑牛河、熊鱼河，西面分布有天水河等，东面有一些季节性河流。湖面水位海拔 4854.00 m，面积 544.5 km^2(王苏民 等，1998)，2020 年卫星遥感监测水位海拔 4862.05 m(Xu et al.，2021，2022；许凤林 等，2021)。

多源卫星遥感监测显示，1987—2022 年乌兰乌拉湖面积呈显著扩张趋势，平均每年扩张 6.03 km^2。2022 年乌兰乌拉湖面积为 699.57 km^2，较 1987 年(526.96 km^2)扩张 172.61 km^2，扩张率为 32.76%(图 6-6，表 6-2)。在空间变化上，湖西部和湖南部入湖河流注入的洪积扇区是变化最明显的区域(图 6-7，图 6-8)。

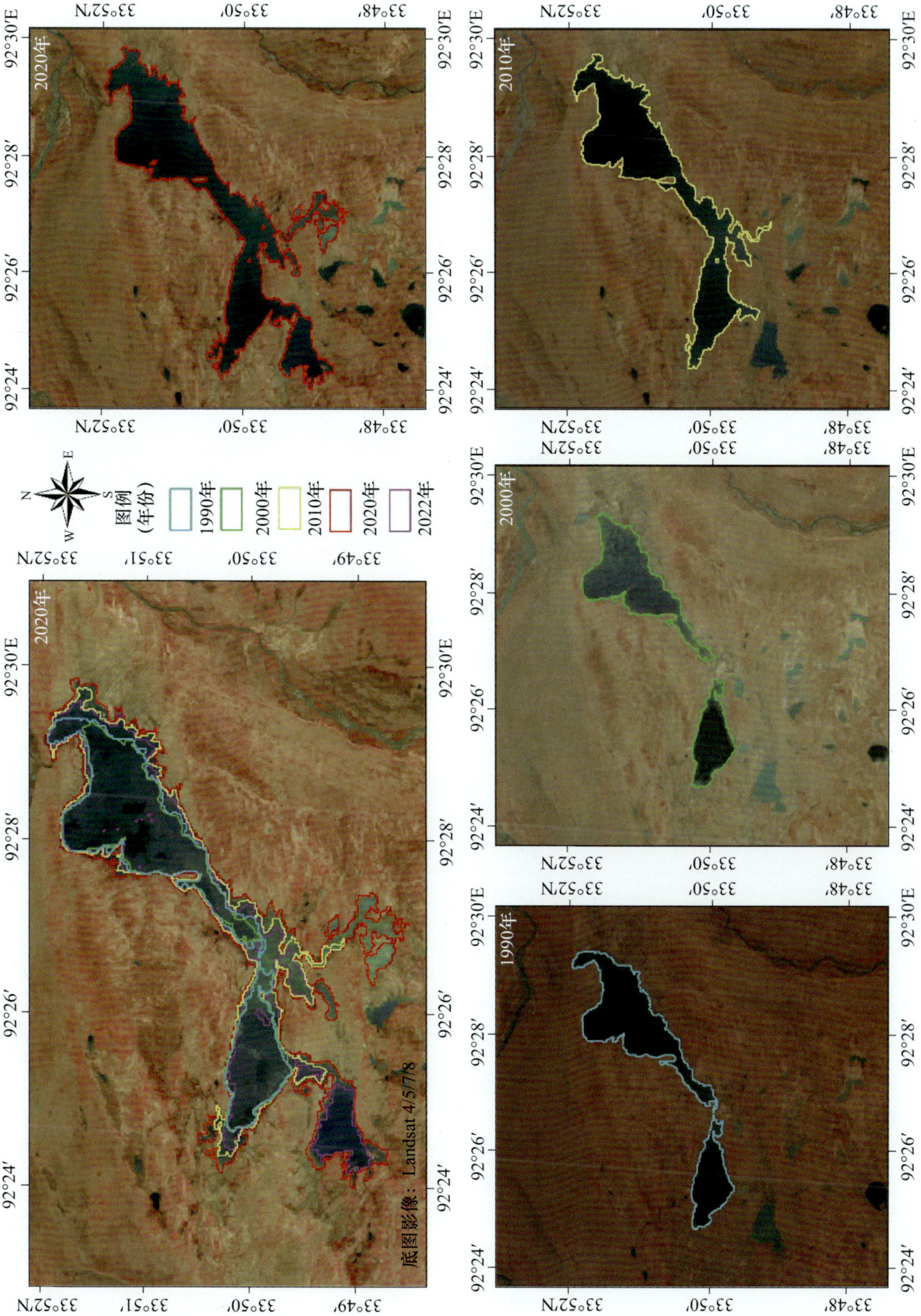

图 6-5　1987—2022 年盖增孟将玛错钦玛、Z63014 湖面时空变化

图 6-6 1987—2022 年乌兰乌拉湖面积变化

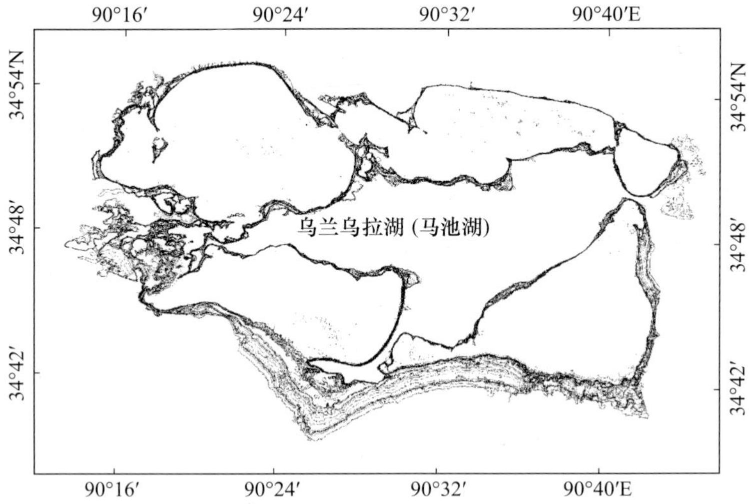

图 6-7 1987—2022 年乌兰乌拉湖边界变化

表 6-2 1987—2022 年乌兰乌拉湖逐五年面积统计 单位：km²

年份	1987	1990	1995	2000	2005	2010	2015	2020	2022
乌兰乌拉湖	526.96	526.52	488.49	511.28	565.14	604.72	650.11	685.75	699.57

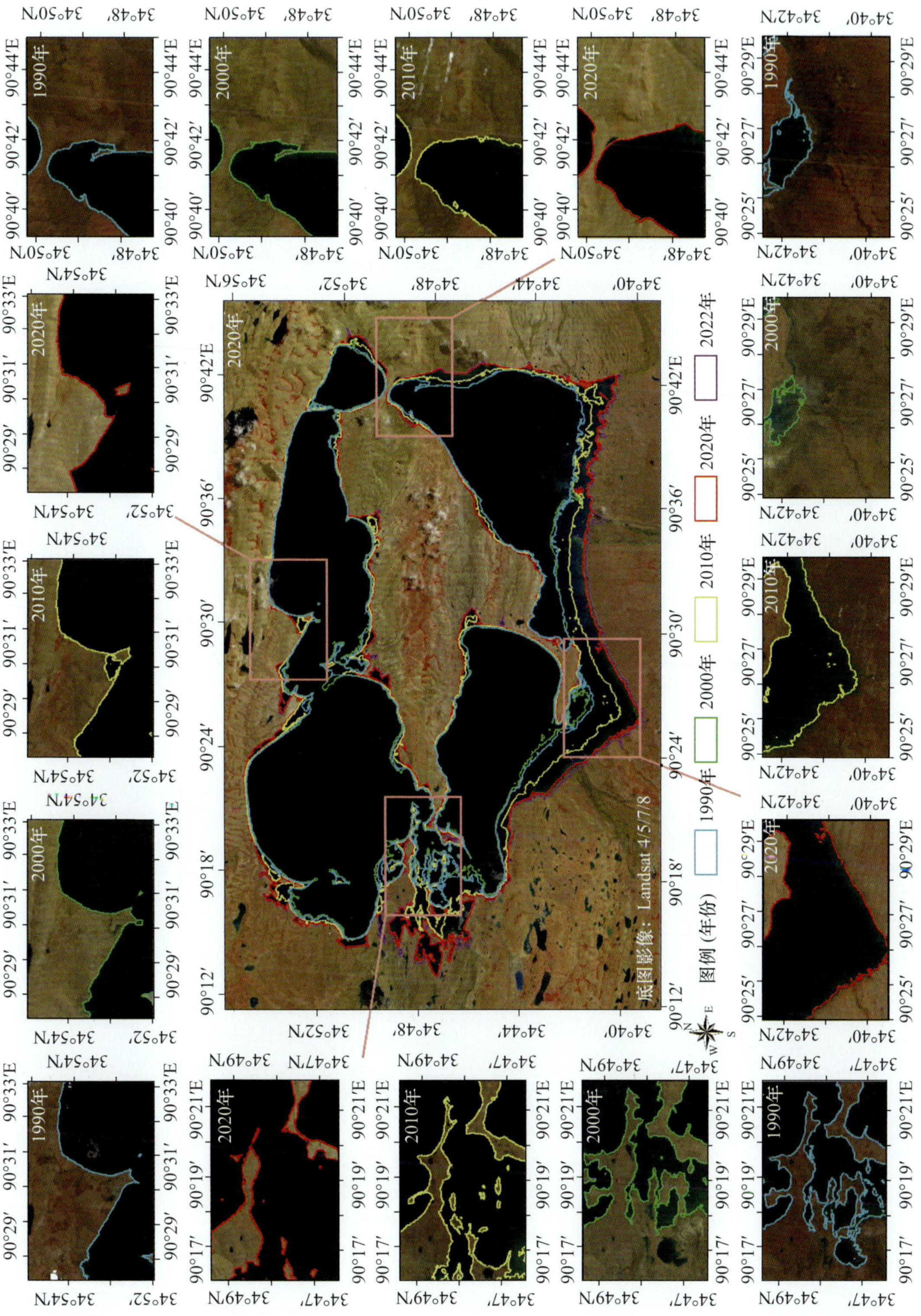

图 6-8　1987—2022 年乌兰乌拉湖湖面时空变化

6.3 哈拉湖

哈拉湖，蒙古语为“哈日诺尔”，意为黑湖，是青海省境内第三大咸水湖，20 世纪 80 年代至 21 世纪初期，哈拉湖是青海省境内仅次于青海湖的第二大咸水湖。但是，随着乌兰乌拉湖面积的显著扩张，2010 年乌兰乌拉湖面积（640.83 km^2）首次超过哈拉湖面积（604.60 km^2）并持续至今，哈拉湖成青海省第三大咸水湖。位于青海省海西蒙古族藏族自治州德令哈市（行政区划属天峻县和乌兰县），深处无人区，地理坐标为东经 97°24′—97°47′，北纬 38°12′—38°25′。祁连山西南部晚第三纪形成的断陷盆地内，盆地外围北部为疏勒南山，南部为哈拉湖南山，东、西部为低矮丘陵。湖水主要依赖地表径流和冰川融水径流补给，入湖河流有 40 余条（青海省地方志编纂委员会，1995），其中由西北向流入的奥果吐乌兰郭勒河最大。湖面水位海拔 4077.00 m，面积 601.7 km（王苏民 等，1998），2020 年卫星遥感监测水位海拔 4080.85m（Xu et al.，2021，2022；许凤林 等，2021）。

多源卫星遥感监测显示，1987—2022 年哈拉湖面积呈显著扩张趋势，平均每年扩张 1.28 km^2。2022 年哈拉湖面积为 643.33 km^2，较 1987 年（595.57 km^2）扩张 47.76 km^2，扩张率为 8.02％（图 6-9a，表 6-3），2011—2020 年期间，哈拉湖水量显著增加，平均每年增加 0.13 Gt，2020 年水量较 2011 年增加了 1.06 Gt（图 6-9b）。在空间变化上，滨湖西岸河滨、湖东部是变化最明显的区域（图 6-10，图 6-11）。

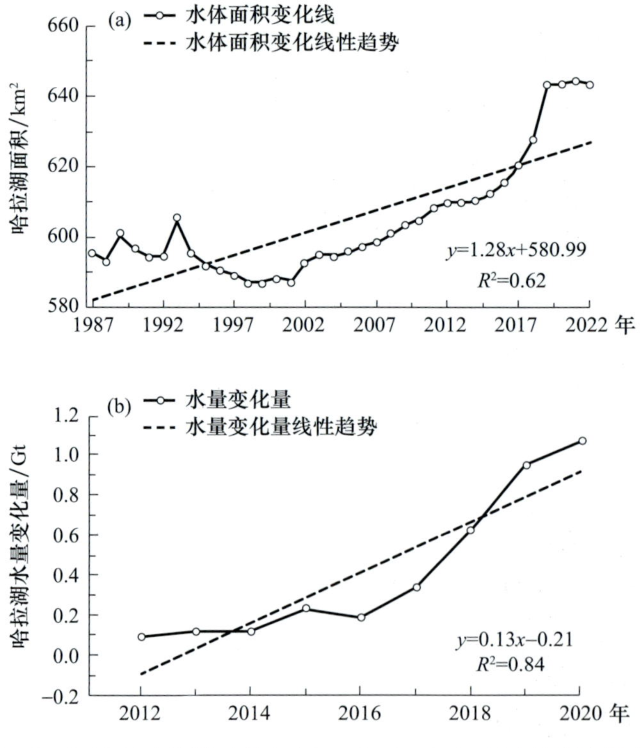

图 6-9　1987—2022 年哈拉湖面积变化（a）；2011—2020 年哈拉湖水量变化量（b）

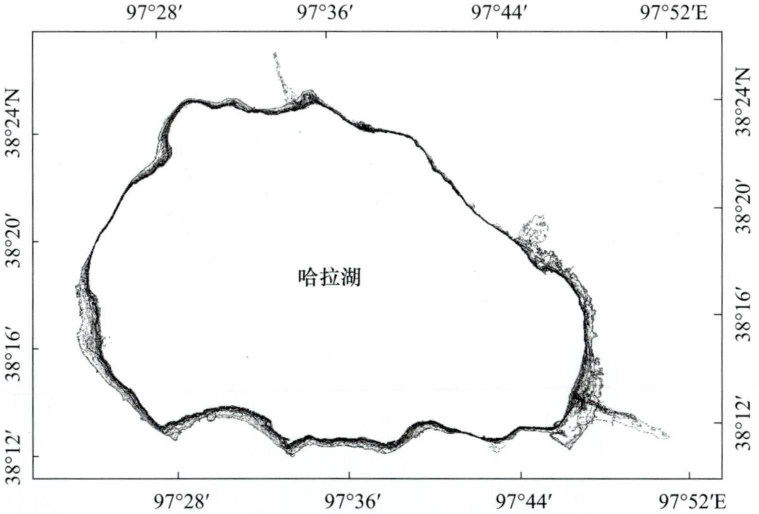

图 6-10　1987—2022 年哈拉湖边界变化

表 6-3　1987—2022 年哈拉湖逐五年面积统计　　单位：km^2

年份	1987	1990	1995	2000	2005	2010	2015	2020	2022
哈拉湖	595.57	596.65	591.63	587.84	595.69	604.60	612.18	643.53	643.33

6.4　东达布逊湖

东达布逊湖，察尔汗盐湖的一部分，位于青海省海西蒙古族藏族自治州格尔木市。地理坐标为东经 95°9′36″，北纬 37°0′36″（中华人民共和国水利部建设与管理司 等，1998）。察尔汗盐湖由涩聂湖、东达布逊湖、北霍布逊湖、南霍布逊湖、大别勒湖、小别勒湖、达西湖、协作湖、团结湖、东陵湖 10 个常年性卤水湖和季节性卤水湖，以及大片干盐滩组成，1989 年夏秋之交察尔汗盐湖地区发生过特大洪水，致使察尔汗盐湖湖水漫涨，1989 年 9 月 1 日以后东达布逊湖、达西湖、小别勒湖连为一体（胡东生，1991b）。

多源卫星遥感监测显示，1987—2022 年东达布逊湖面积波动变化，其中，1987—2002 年面积减少，平均每年减少 11.39 km^2，2002—2022 年面积扩大，平均每年增加 5.38 km^2。1987 年东达布逊湖面积为 236.49 km^2，1989 年洪水过后湖面积上涨到了 385.33 km^2；较 1987 年（236.49 km^2）扩张 148.84 km^2，扩张率为 62.94%；2022 年湖面积为 357.40 km^2，较 1987 年（236.49 km^2）扩张 120.91 km^2，扩张率为 51.13%（图 6-12a，表 6-4），2010—2020 年期间，东达布逊湖水量与湖面积变化一致，先降后升，整体呈增加的变化趋势，平均每年增加 0.005 Gt，2020 年水量较 2010 年增加了 0.05 Gt（图 6-12b）。空间变化上湖体外扩，人工开发痕迹重（图 6-13，图 6-14）。

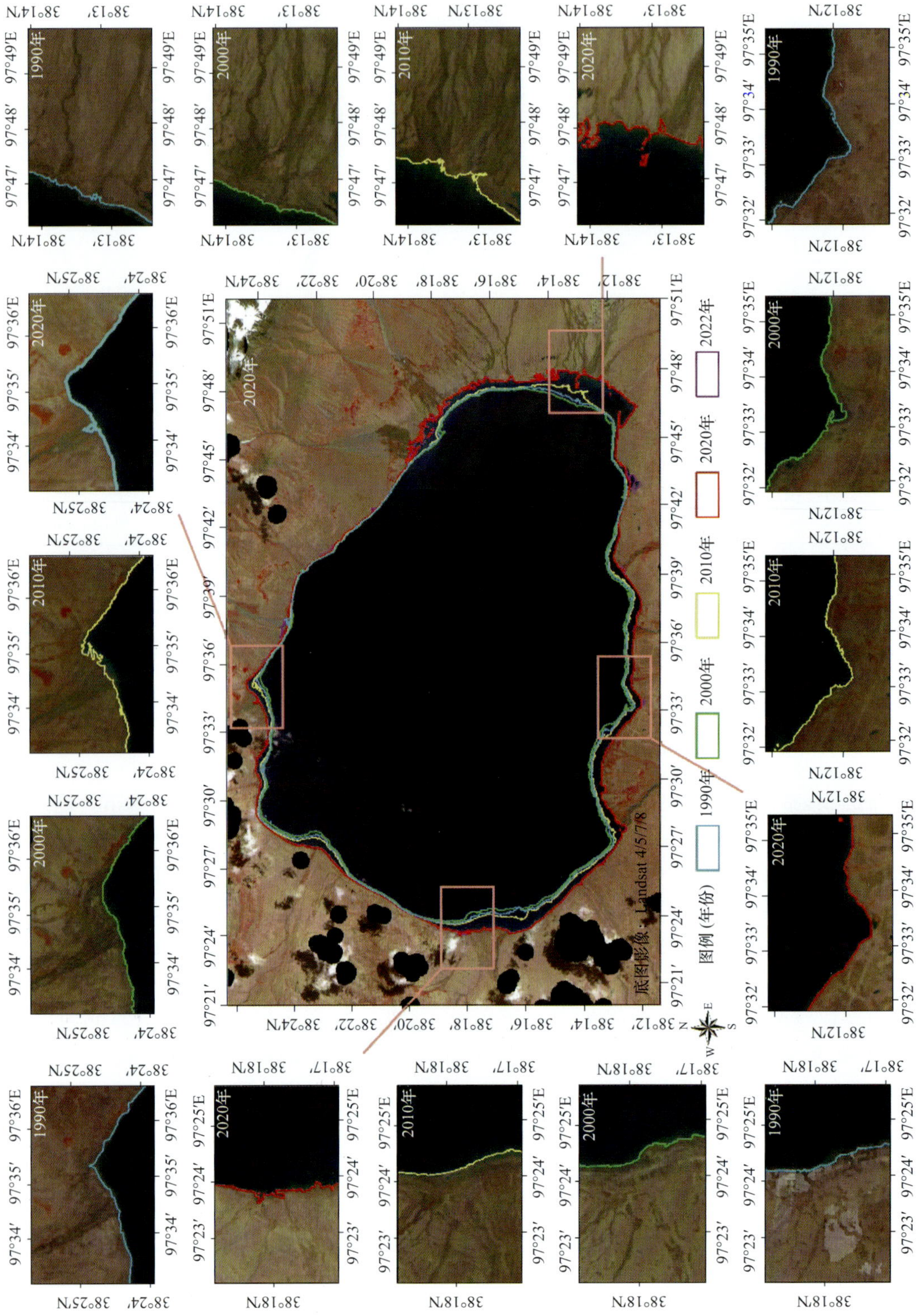

图 6-11　1987—2022 年哈拉湖湖面时空变化

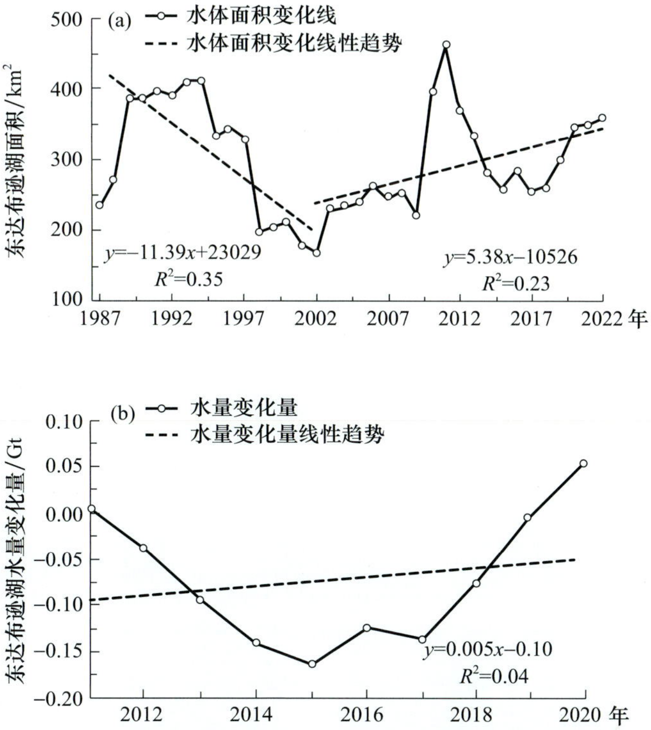

图 6-12 1987—2022 年东达布逊湖面积变化(a);2010—2020 年东达布逊湖水量变化量(b)

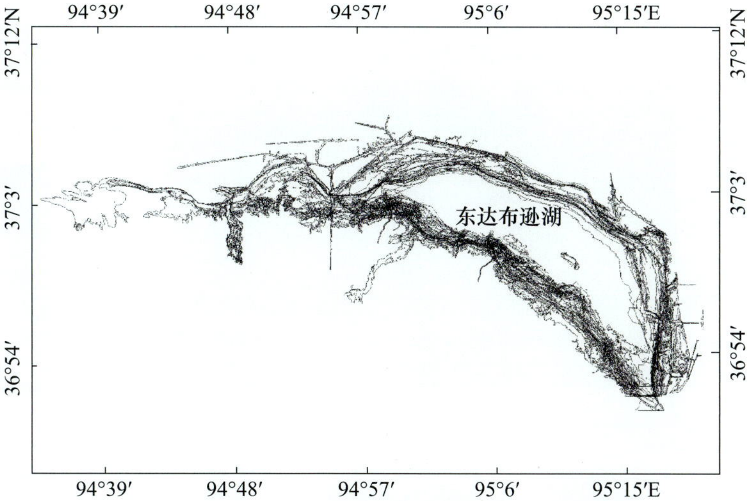

图 6-13 1987—2022 年东达布逊湖边界变化

表 6-4 1987—2022 年东达布逊湖逐五年面积统计 单位:km²

年份	1987	1990	1995	2000	2005	2010	2015	2020	2022
东达布逊湖	236.49	385.32	331.50	212.57	241.83	399.56	258.10	346.00	357.40

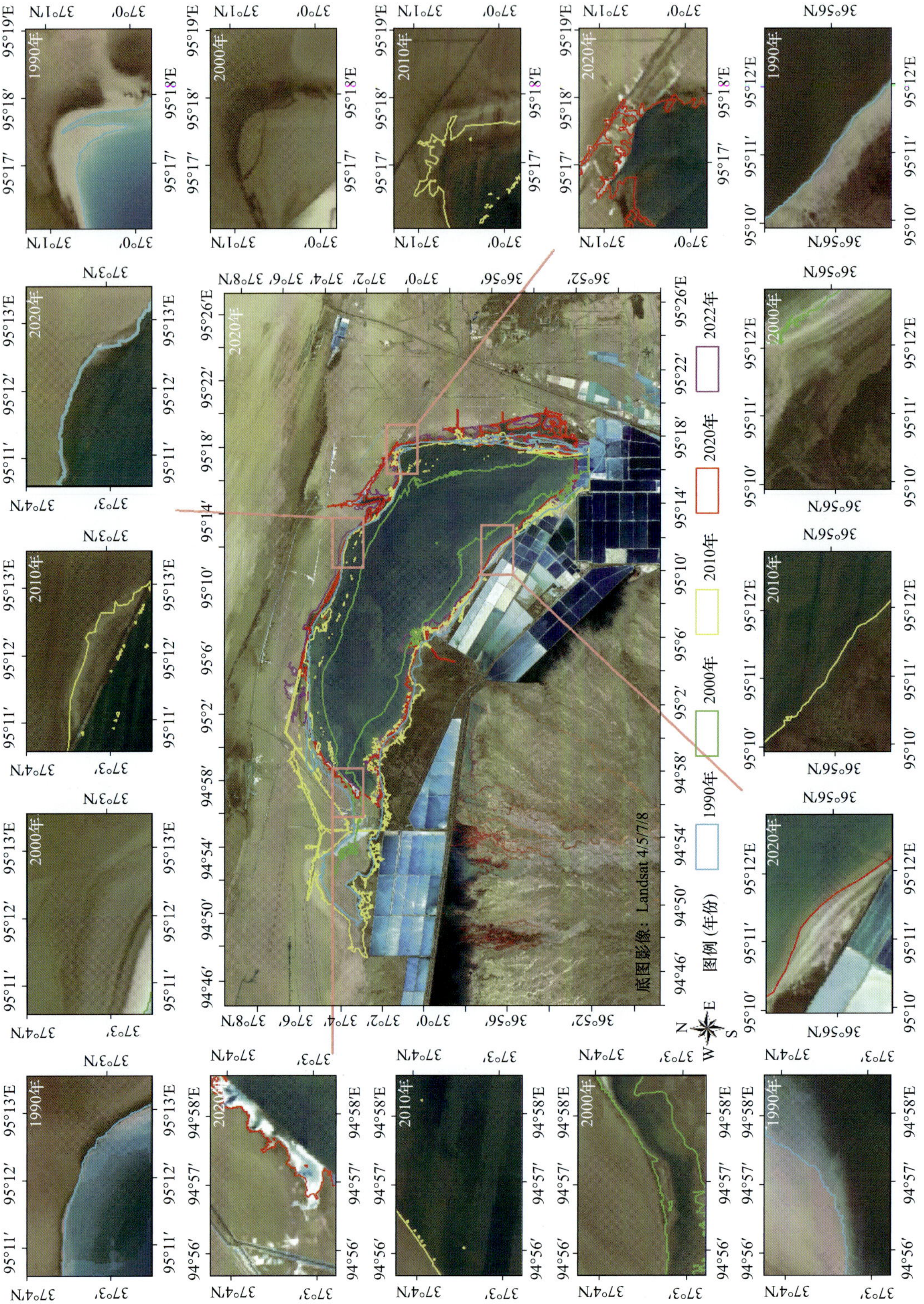

图 6-14　1987—2022 年东达布逊湖湖面时空变化

6.5　托素湖

托素湖，托素是蒙古语，即“酥油”的意思，托素湖与可鲁克湖一咸一淡水域相通，称为褡裢湖。位于青海省海西蒙古族藏族自治州德令哈市，柴达木盆地东北部，地理坐标为东经 96°50′—97°03′，北纬 37°04′—37°13′。滨湖为第四系洪积、冲积砂砾层，湖积盐碱地和风积沙丘。湖中有两个小岛，大的面积达 3.4 km^2。湖水主要依赖北部由连水河相连的纳可鲁克湖水补给。湖面水位海拔 2808.00 m，面积 165.9 km^2（王苏民 等，1998），2020 年卫星遥感监测水位海拔 2812.56 m（Xu et al.，2021，2022；许风林 等，2021）。

多源卫星遥感监测显示，1987—2022 年托素湖面积呈显著扩张趋势，平均每年扩张 0.66 km^2。2022 年托素湖面积为 181.11 km^2，较 1987 年（148.26 km^2）扩张 32.85 km^2，扩张率为 22.16%（图 6-15a，表 6-5），2011—2020 年期间，托素湖水量显著增加，平均每年增加 0.10 Gt，2020 年水量较 2011 年增加了 0.89 Gt（图 6-15b）。在空间变化上，湖泊西部、南部和东部变化明显（图 6-16，图 6-17）。

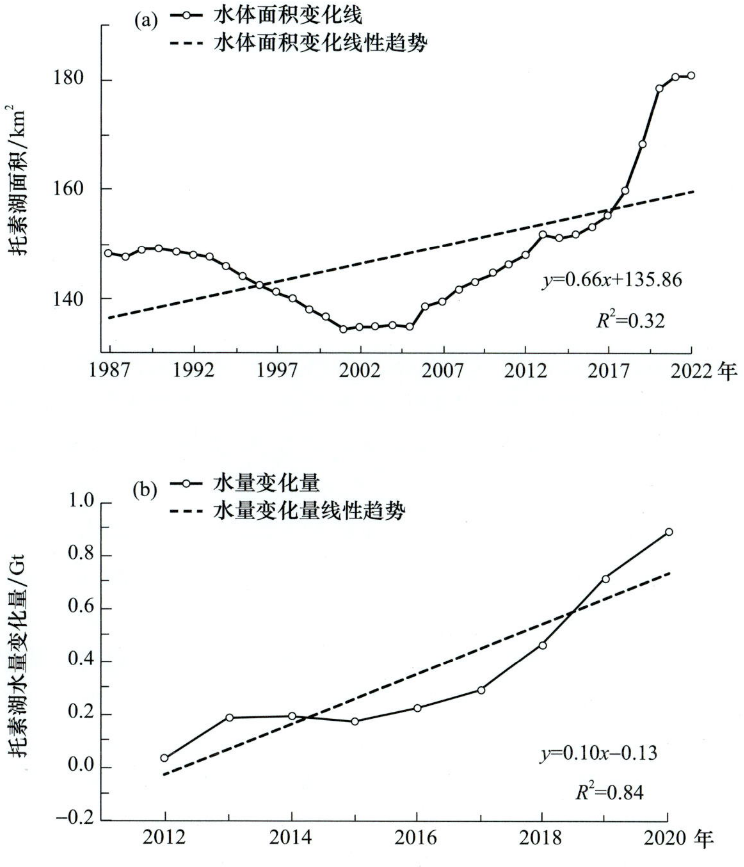

图 6-15　1987—2022 年托素湖面积变化(a)；2011—2020 年托素湖水量变化量(b)

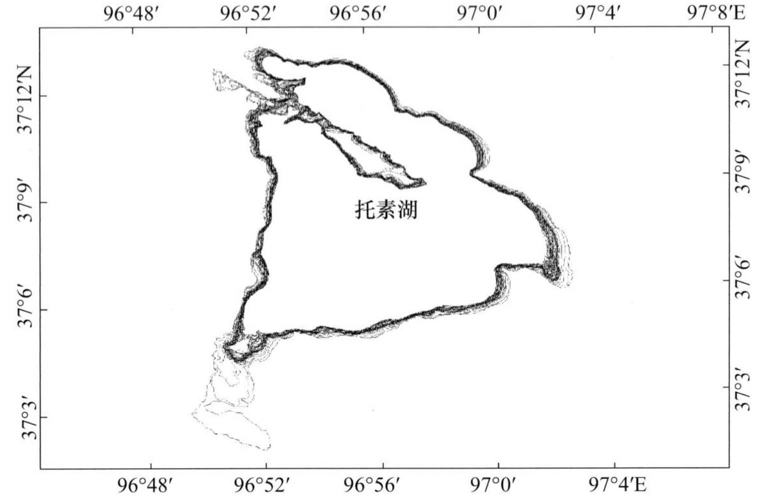

图 6-16　1987—2022 年托素湖边界变化

表 6-5　1987—2022 年托素湖逐五年面积统计　　单位：km^2

年份	1987	1990	1995	2000	2005	2010	2015	2020	2022
托素湖	148.26	149.09	143.97	136.65	134.96	144.78	151.92	178.54	181.11

6.6　尕斯库勒湖

尕斯库勒湖，位于青海省海西蒙古族藏族自治州，柴达木盆地西南端，阿尔金山、祁曼塔格山间的尕斯库勒凹陷内，距离茫崖市花土沟镇西南五六千米，地理坐标为东经 90°42′—90°53′，北纬 38°03′—38°11′。尕斯库勒湖湖盆为封闭型内流盆地，湖水主要依赖地表径流补给，入湖河流 3 条，西部入湖的铁木里克河最大，铁木里克河为一条由多支流、明河、潜流、时令河、泉水等组成的水系。湖东南部分布广阔的干盐滩，面积约 140.0 km^2。湖面水位海拔 2853.00 m，面积 123.8 km^2（王苏民 等，1998），2020 年卫星遥感监测水位海拔 2854.29 m（Xu et al.，2021，2022；许风林 等，2021）。

多源卫星遥感监测显示，1987—2022 年尕斯库勒湖面积整体稳定，趋势变化率为−0.2 km^2/a。2022 年尕斯库勒湖面积为 148.61 km^2，较 1987 年（128.72 km^2）扩张 19.89 km^2（图 6-18a，表 6-6），2011—2020 年期间，尕斯库勒湖水量显著增加，平均每年增加 0.004 Gt，2020 年水量较 2011 年增加了 0.02 Gt（图 6-18b）。在空间变化上，湖东部、湖西部和湖北部变化明显（图 6-19，图 6-20）。

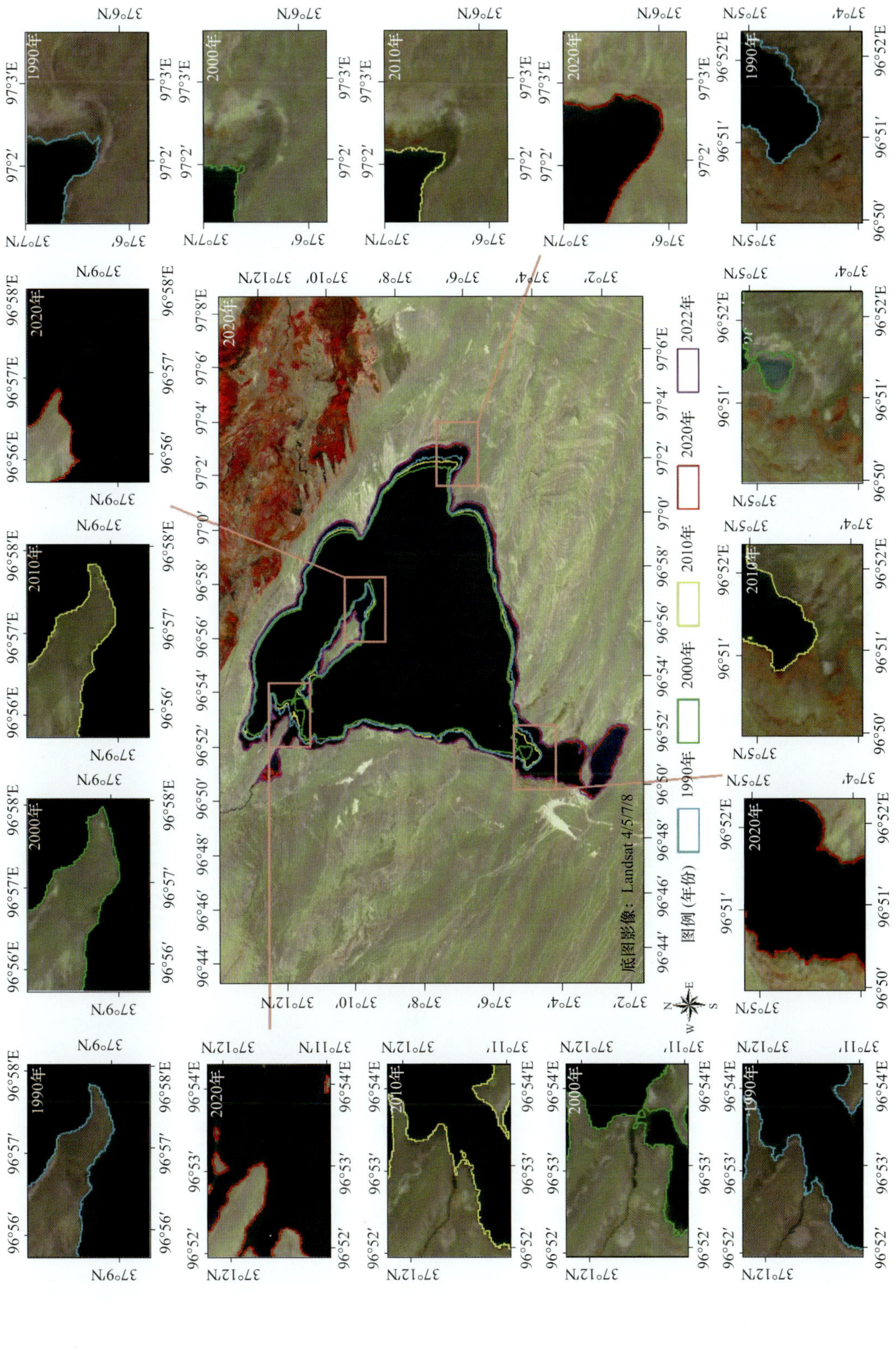

图 6-17　1987—2022 年托素湖湖面时空变化

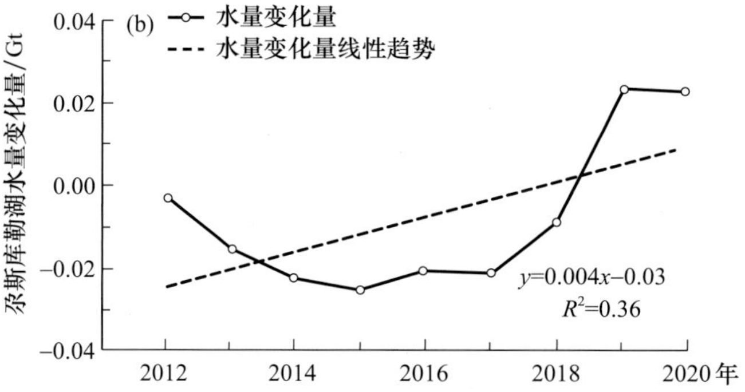

图 6-18 1987—2022 年尕斯库勒湖面积变化(a);2011—2020 年尕斯库勒湖水量变化量(b)

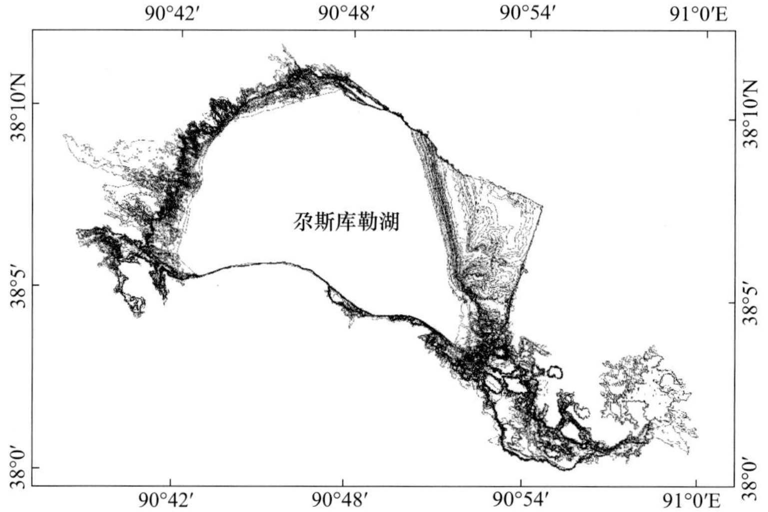

图 6-19 1987—2022 年尕斯库勒湖边界变化

表 6-6 1987—2022 年尕斯库勒湖逐五年面积统计 单位:km²

年份	1987	1990	1995	2000	2005	2010	2015	2020	2022
尕斯库勒湖	128.72	147.13	148.63	154.59	150.94	142.24	143.03	154.19	148.61

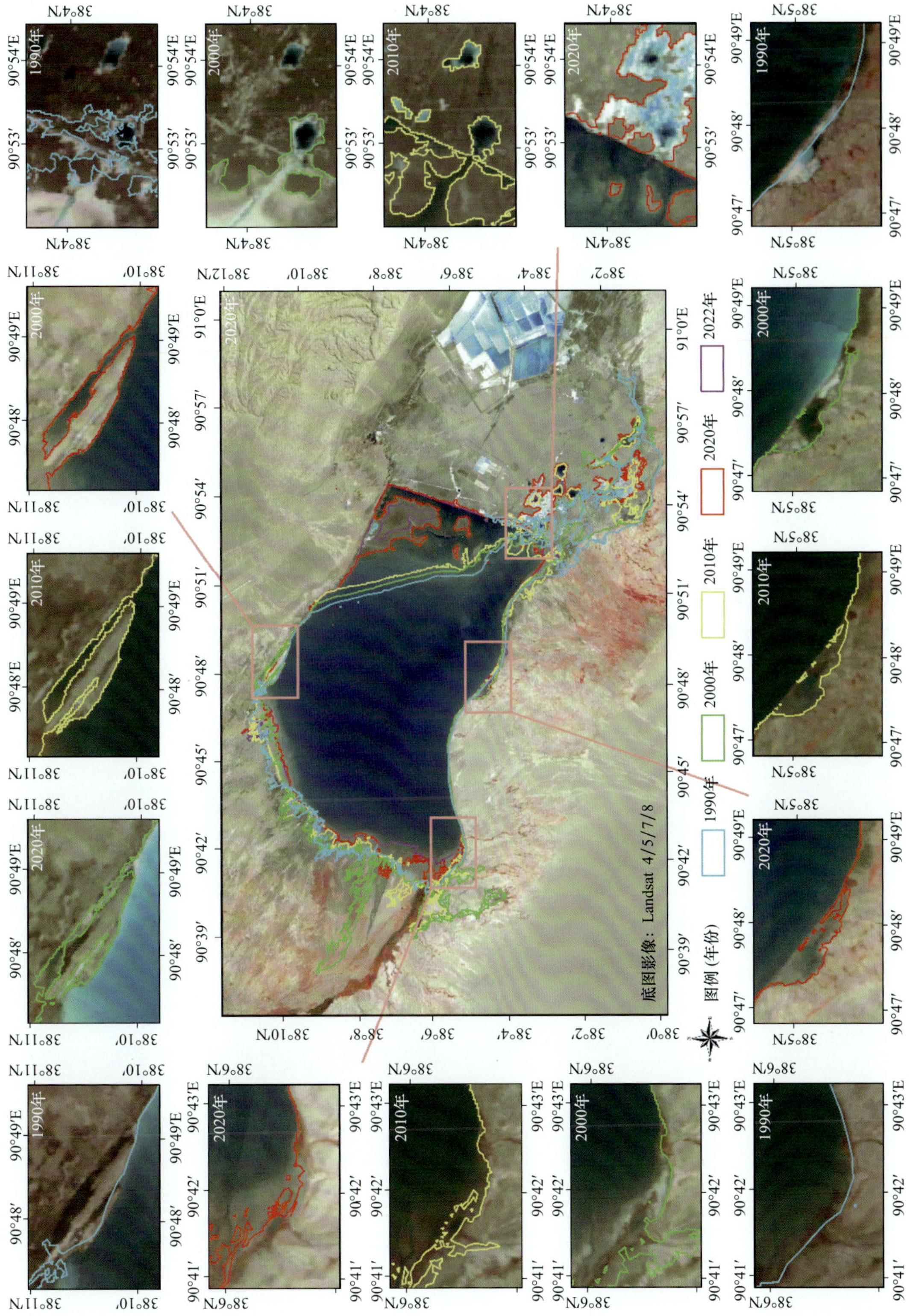

图 6-20　1987—2022 年尕斯库勒湖湖面时空变化

6.7 东台吉乃尔湖

东台吉乃尔湖，位于青海省海西蒙古族藏族自治州格尔木市柴达木盆地内，地理坐标为东经93°49′—94°01′，北纬37°24′—37°36′。湖盆外围为第四系洪积、冲积、风积和湖相黏土及化学类型沉积；滨湖大多为湖积和湖相化学沉积，盐碱地广布。湖东部为约50.0 km²的沙质干盐滩，厚15～20 m。湖水主要依赖东台吉乃尔河补给，该河上源为那陵格勒河和小洪水河，源于昆仑山鹤托板日雪山和布喀达板雪山（张学成 等，1991）。湖面水位海拔2681.00 m，面积121.3 km²（王苏民 等，1998），2020年卫星遥感监测水位海拔2684.55 m（Xu et al.，2021，2022；许凤林 等，2021）。

为了便于开采地下卤水和防止上游洪水对盐田造成损失，2008年青海锂业在东台吉乃尔湖修建了拦水坝，完全拦截了来自东台吉乃尔河的河水，导致东台吉乃尔湖面积在2011年后出现了受人类活动干扰的较大变化（段水强，2018；陈奥 等，2020）。

多源卫星遥感监测显示，1987—2022年东台吉乃尔湖面积整体呈萎缩态势。其中，1987—2011年东台吉乃尔湖面积呈扩张态势，平均每年扩张1.87 km²，2012—2018年，东台吉乃尔湖基本处于干涸状态，仅在拦水坝东南部，湖西南部沿岸区域有面积小于50 km²的盐田，2019年开始，湖面积恢复，2020年面积达到了201.49 km²。但是从2021年5月开始，青海省东台吉乃尔锂资源股份有限公司对东台吉乃尔湖进行规划建设，湖水放干，几近枯竭，仅在拦水坝东南部，湖西南部沿岸区域留有小面积盐田（表6-7，图6-21）。湖西南部盐田开发明显，空间格局出现了较大的变化。（图6-22，图6-23）。

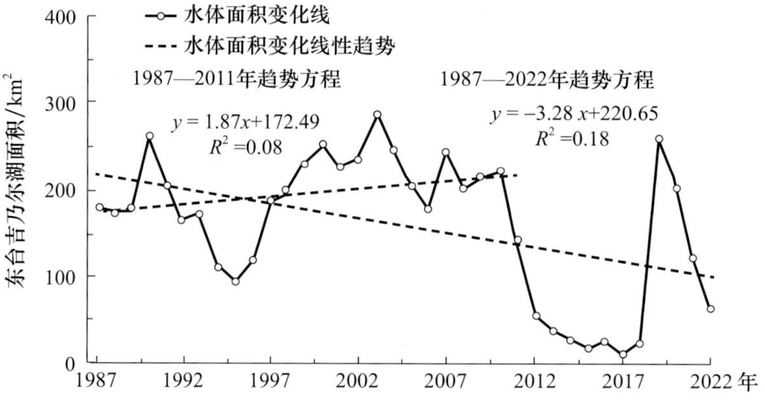

图6-21 1987—2022年东台吉乃尔湖面积变化

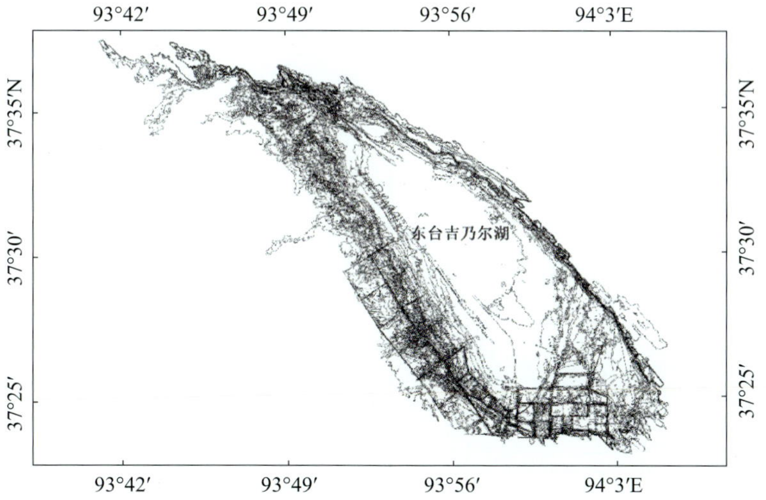

图 6-22　1987—2022 年东台吉乃尔湖边界变化

表 6-7　1987—2022 年东台吉乃尔湖逐五年面积统计　　单位：km^2

年份	1987	1990	1995	2000	2005	2010	2012	2015	2020	2022
东台吉乃尔湖	179.81	265.05	93.74	254.51	201.78	221.19	51.08	16.01	201.49	63.26

6.8　小柴旦湖(小柴达木湖)

小柴旦湖，又名小柴达木湖，蒙语称巴嘎柴达木湖。位于青海省海西蒙古族藏族自治州，柴达木盆地东北边缘，原与大柴旦湖属同一大湖，后因湖泊退缩分离成两个独立湖泊，地理坐标为东经 95°26′—95°35′，北纬 37°27′—37°32′。湖水主要依赖塔塔陵河、泉水和地下水补给，塔塔陵河源于土尔根达板雪山。湖面水位海拔 3172.00 m，面积 71.5 km^2(王苏民 等，1998)，2020 年卫星遥感监测水位海拔 3176.70 m(Xu et al.，2021，2022；许凤林 等，2021)。柳格高速公路(G3011)和德小高速公路(S20)分别从湖区西、北部通过，公路支线可直接抵达湖泊南岸。

多源卫星遥感监测显示，1987—2022 年小柴旦湖面积呈显著扩张趋势，平均每年扩张 1.92 km^2。2022 年小柴旦湖面积为 125.86 km^2，较 1987 年(57.91 km^2)扩张 67.95 km^2，扩张率为 117.34%(图 6-24a，表 6-8)，2010—2020 年期间，小柴旦湖水量显著增加，平均每年增加 0.02 Gt，2020 年水量较 2010 年增加了 0.15 Gt(图 6-24b)。在空间变化上，湖体向西北部扩张明显(图 6-25，图 6-26)。

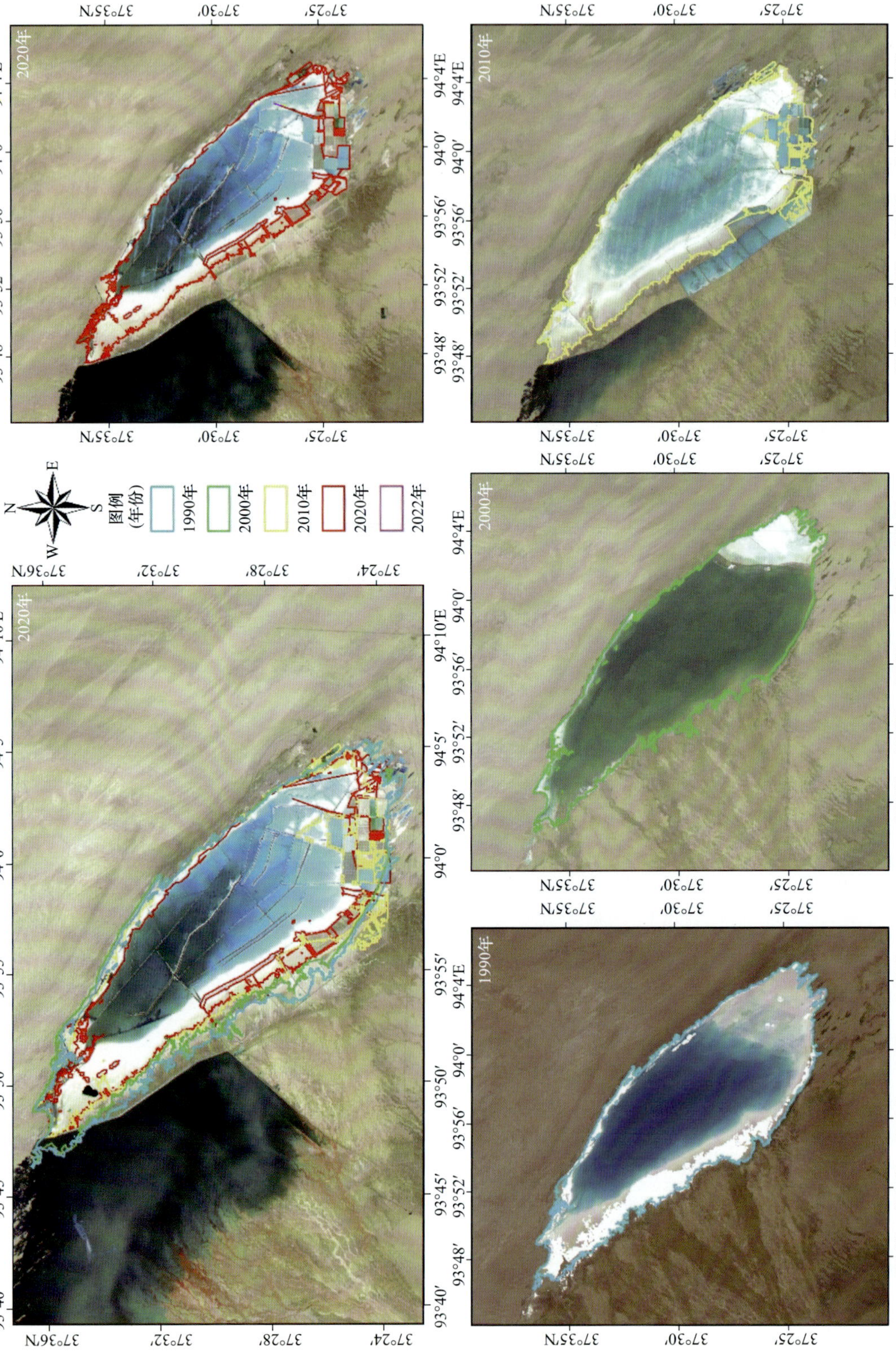

图 6-23 1987—2022 年东台吉乃尔湖湖面时空变化

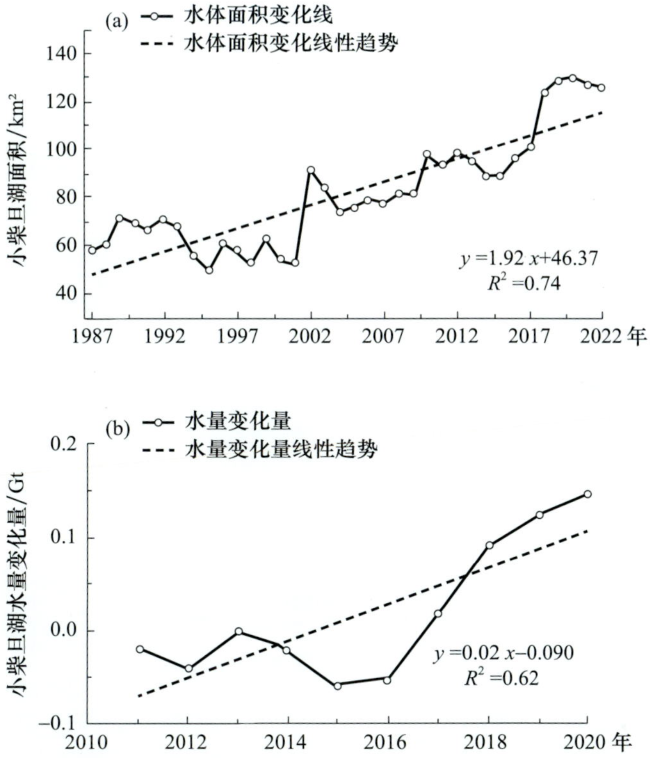

图 6-24　1987—2022 年小柴旦湖面积变化(a);2010—2020 年小柴旦湖水量变化量(b)

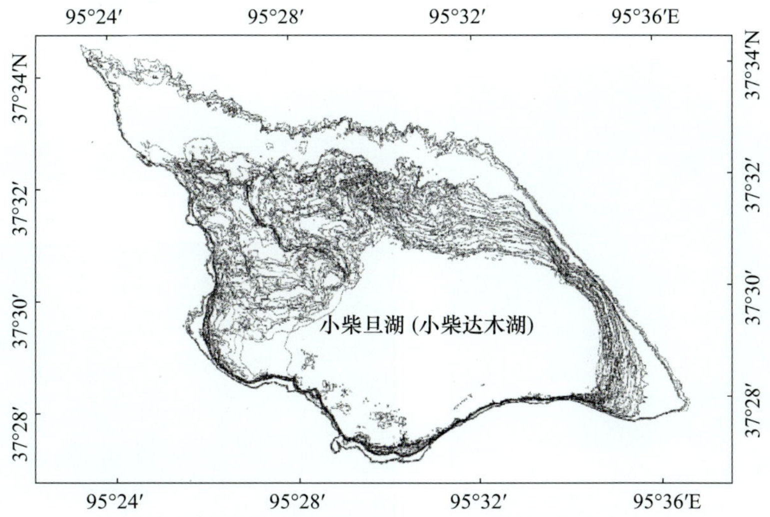

图 6-25　1987—2022 年小柴旦湖边界变化

表 6-8　1987—2022 年小柴旦湖逐五年面积统计　　单位:km²

年份	1987	1990	1995	2000	2005	2010	2015	2020	2022
小柴旦湖	57.91	69.00	49.58	54.41	75.56	98.17	88.57	129.72	125.86

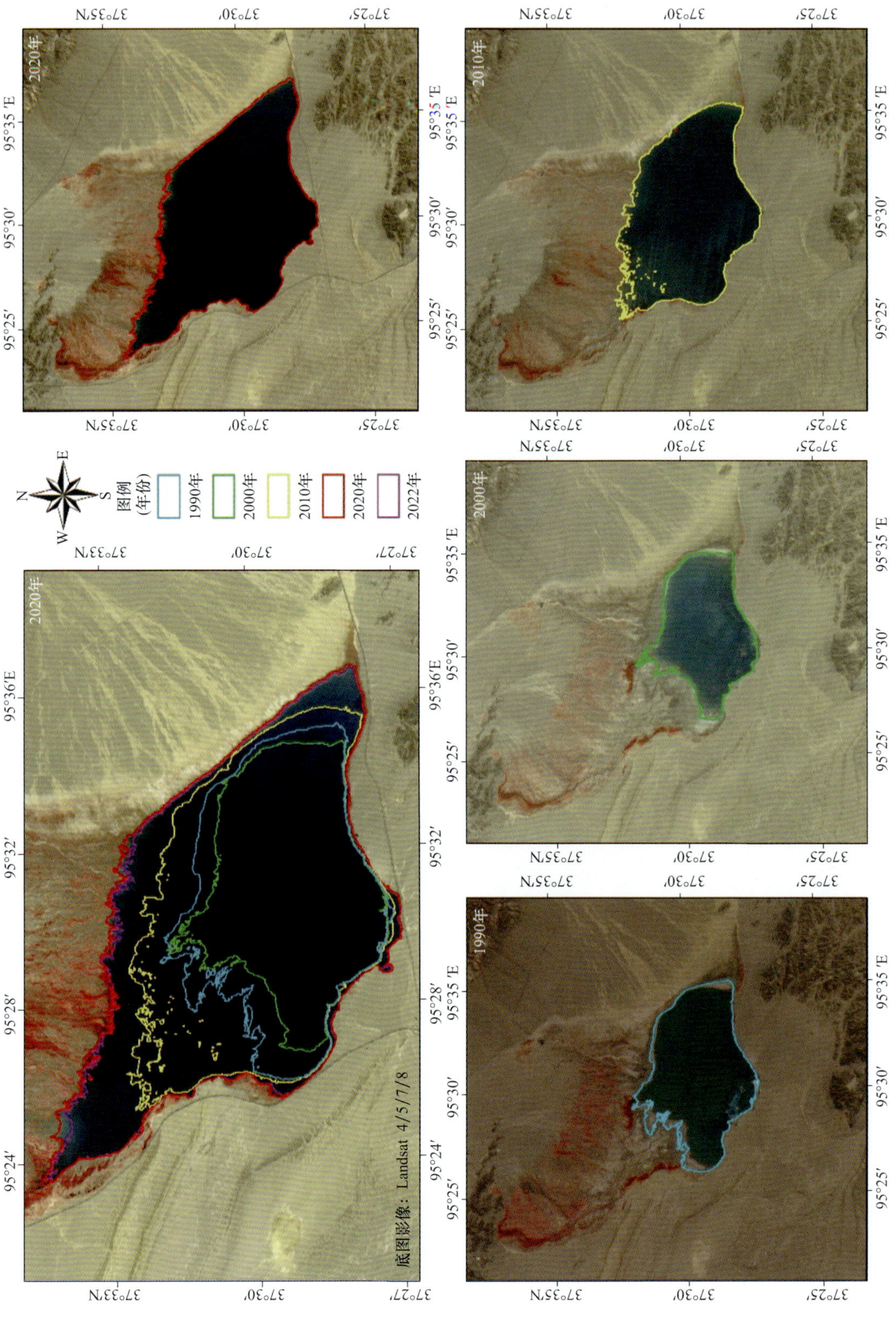

图 6-26 1987—2022 年小柴旦湖湖面时空变化

6.9　茶卡盐湖(达乌苏诺尔)

茶卡盐湖，又名达乌苏诺尔，“茶卡”是藏语，意即盐池，蒙古语“达布逊淖尔”。位于青海省海西蒙古族藏族州乌兰县茶卡镇，柴达木盆地东部，祁连山支脉青海南山与鄂拉山之间新生代断陷盆地内，地理坐标为东经 99°01′—99°11′，北纬 36°39′—36°45′。湖水主要依赖泉水补给，入湖河短小，较长的泉集河有高伟河、莫河，集水域内泉眼 80 余个。茶卡盐湖四周雪山环绕，湖面平静无波的景象，被誉为“中国的天空之镜”。茶卡盐湖还因盛产大青盐驰名，成为中国首家绿色食用盐生产基地。近年来以其生产、旅游两相宜而在国际国内旅游界及青藏高原风光游中享有较高美誉，被《中国国家地理》评为“一生必去的 55 个地方”之一，成为大美青海的一张靓丽金名片。湖面水位海拔 3060.00 m，面积 116.1 km^2(王苏民 等，1998)，2020 年卫星遥感监测水位海拔 3061.49 m(Xu et al.，2021，2022；许凤林 等，2021)。

多源卫星遥感监测显示，1987—2022 年茶卡盐湖面积总体呈显著萎缩趋势，平均每年萎缩 0.42 km^2。2022 年茶卡盐湖面积为 105.08 km^2，较 1987 年(126.10 km^2)萎缩 21.02 km^2，萎缩率为 16.67%(图 6-27a，表 6-9)。2010—2020 年期间，茶卡盐湖水量显著增加，平均每年增加 0.003 Gt，2020 年水量较 2010 年增加了 0.03 Gt(图 6-27b)。在空间变化上，湖西部入湖河流注入的洪积扇区是变化最明显的区域，同时通往湖中心的人工建设痕迹明显(图 6-28，图 6-29)。

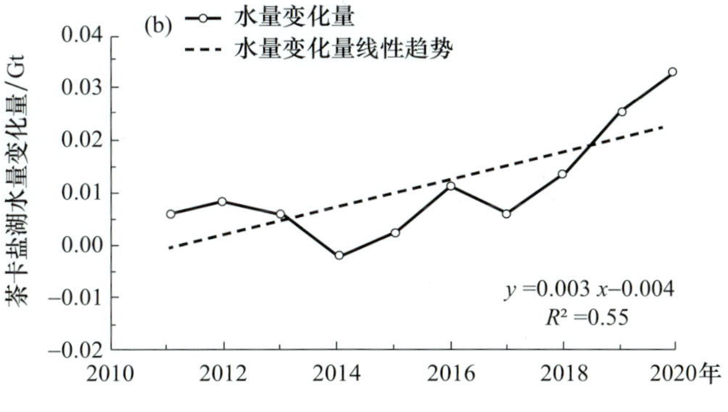

图 6-27　1987—2022 年茶卡盐湖面积变化(a)；
2010—2020 年茶卡盐湖水量变化量(b)

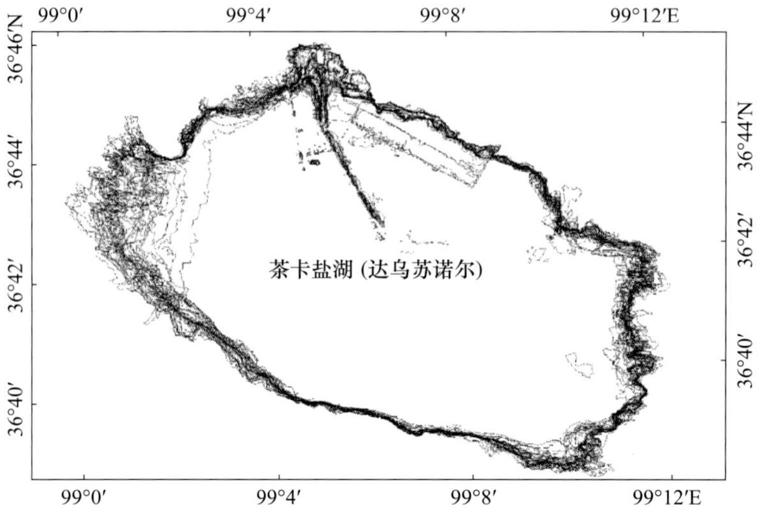

图 6-28　1987—2022 年茶卡盐湖边界变化

表 6-9　1987—2022 年茶卡盐湖逐五年面积统计　　单位：km^2

年份	1987	1990	1995	2000	2005	2010	2015	2020	2022
茶卡盐湖	126.10	134.08	126.42	134.63	134.56	134.62	129.46	131.19	105.08

6.10　雀莫错

雀莫错，系藏语音译，意为神女湖。又名“祖尔肯湖”，为蒙古语，意为心形湖。位于青海省海西蒙古族藏族自治州格尔木市代管的唐古拉山镇，地处祖尔肯乌拉山和各拉丹冬山间一山间盆地内，长江正源沱沱河上游地区，地理坐标为东经 91°05′—91°08′，北纬 33°49′—33°57′。湖的西、北、东三面被祖尔肯乌拉山围绕，东北方矗立有海拔 5845 m 的雀莫山。湖水主要依赖冰雪融水径流和泉水补给，入湖河流 5～6 条，波尔藏陇巴最大，次为夏里陇巴、仁艾当陇等，汇集冰雪融水和泉水，入湖河口有三角洲和洪积扇发育。雀莫错属微咸水湖。湖面水位海拔 4923.00 m，面积 86.4 km^2（胡东生，1994a；王苏民 等，1998），2020 年卫星遥感监测水位海拔 4926.60 m（Xu et al.，2021，2022；许凤林 等，2021）。

多源卫星遥感监测显示，1987—2022 年雀莫错面积呈显著扩张趋势，平均每年扩张 0.47 km^2。2022 年雀莫错面积为 97.32 km^2，较 1987 年（83.56 km^2）扩张 13.76 km^2，扩张率为 16.47％（图 6-30a，表 6-10），2010—2020 年期间，雀莫错水量显著增加，平均每年增加 0.009 Gt，2020 年水量较 2010 年增加了 0.10 Gt（图 6-30b）。在空间变化上，湖东部入湖径流注入的洪积扇区是变化最明显的区域（图 6-31，图 6-32）。

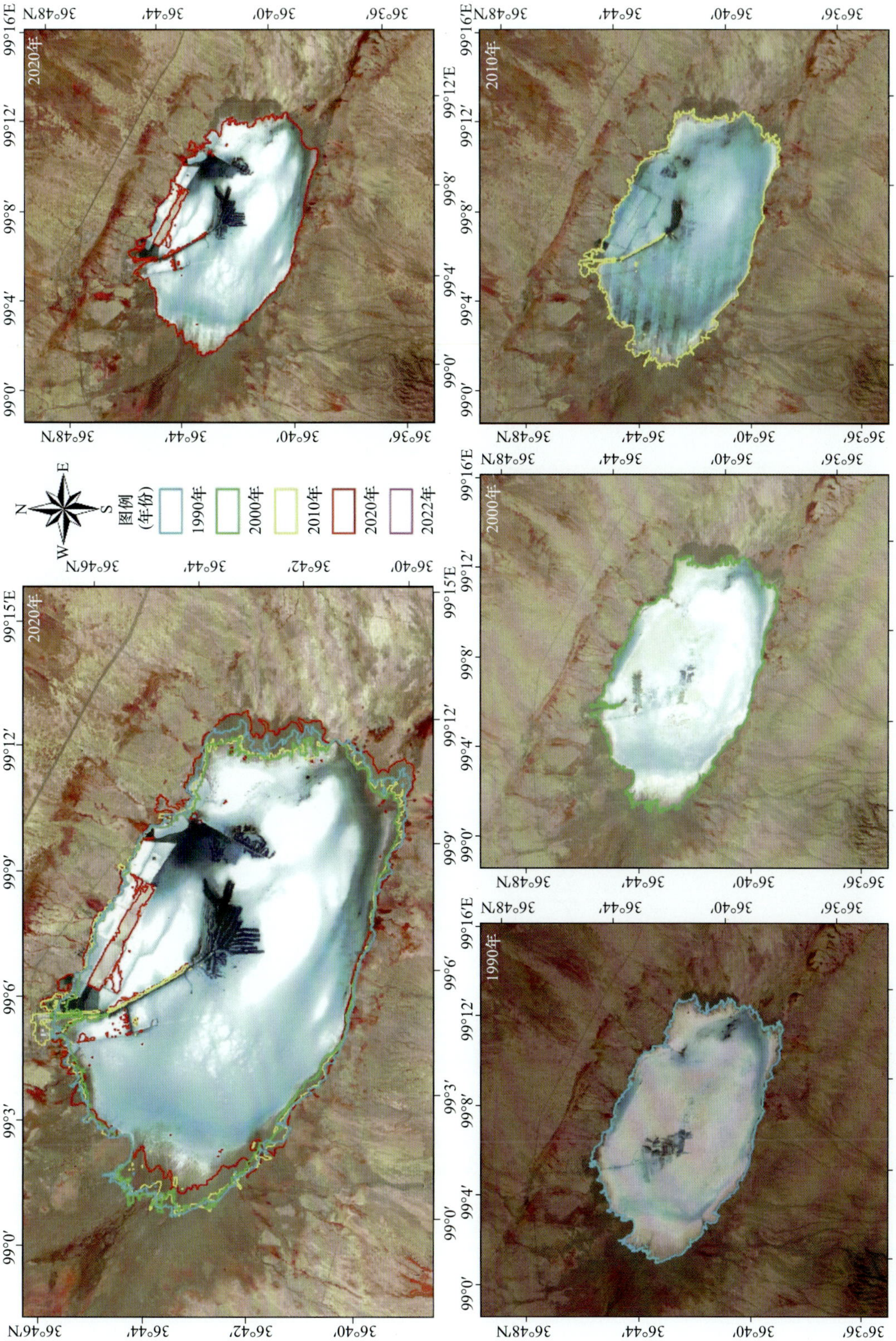

图 6-29　1987—2022 年茶卡盐湖湖面时空变化

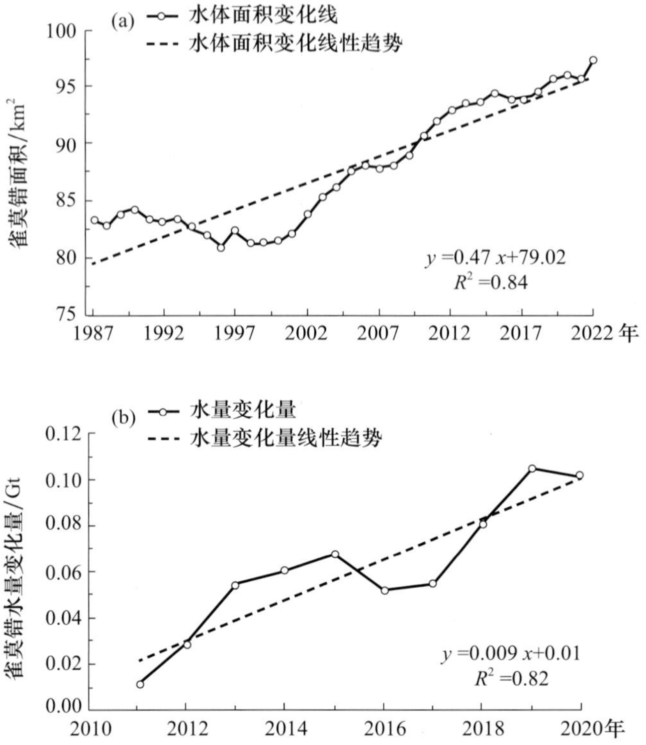

图 6-30　1987—2022 年雀莫错面积变化(a);2010—2020 年雀莫错水量变化量(b)

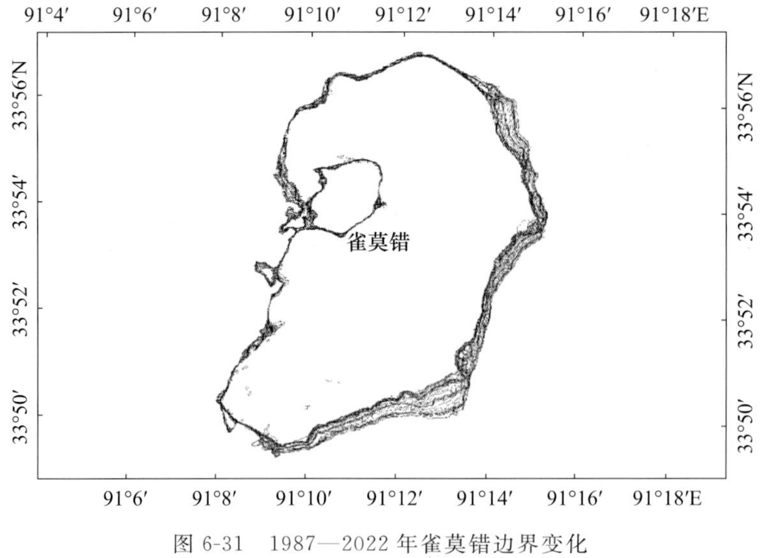

图 6-31　1987—2022 年雀莫错边界变化

表 6-10　1987—2022 年雀莫错逐五年面积统计　　单位:km²

年份	1987	1990	1995	2000	2005	2010	2015	2020	2022
雀莫错	83.56	84.21	81.97	81.46	87.51	90.68	94.39	96.05	97.32

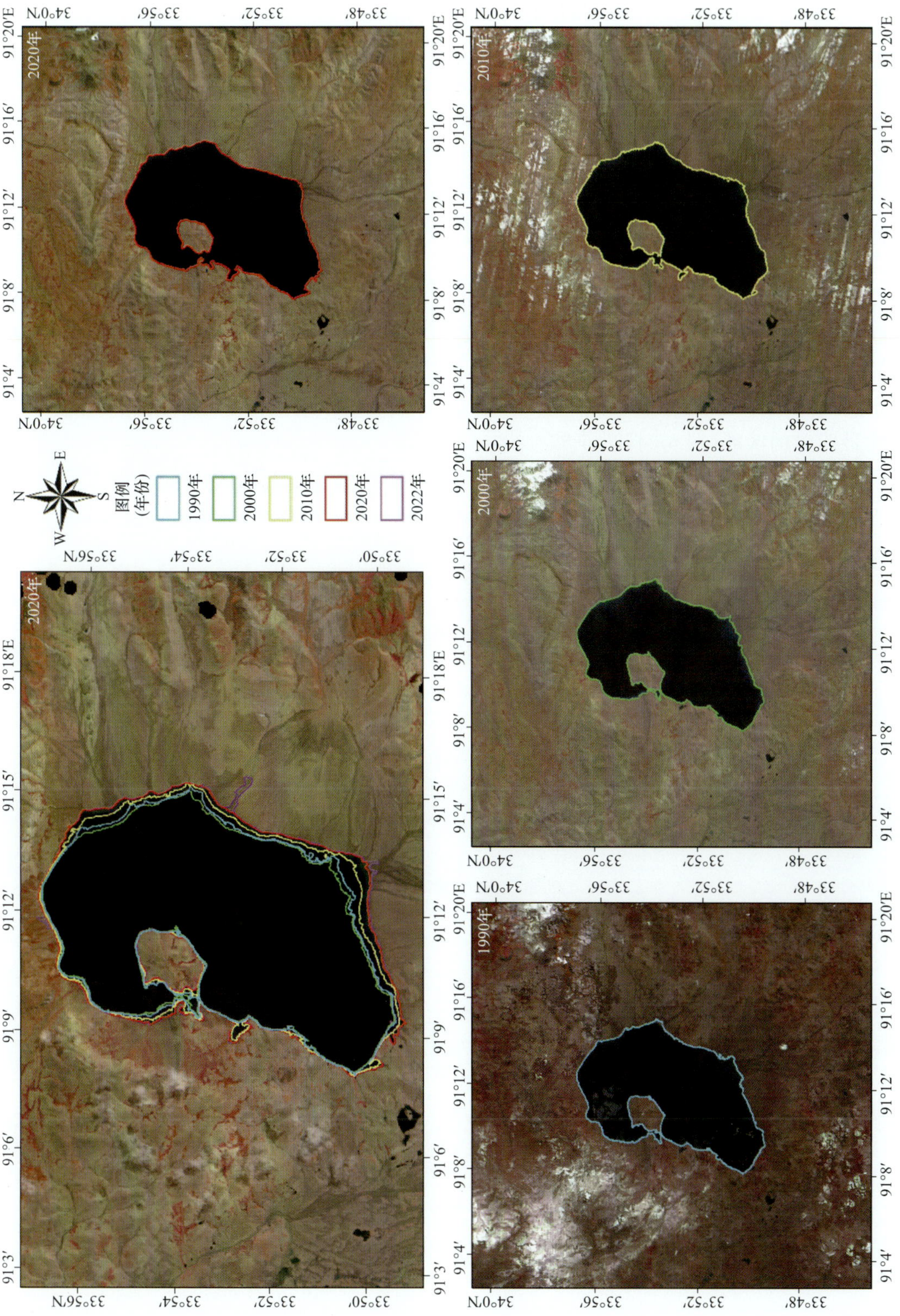

图 6-32　1987—2022 年雀莫错湖面时空变化

6.11 波涛湖

波涛湖，位于青海省海西蒙古族藏族自治州格尔木市代管的唐古拉山镇，羌塘高原东部一山间盆地内，湖盆外围被海拔 5600～6500 m 的祖尔肯乌拉山、唐古拉山、尕恰迪如岗山和普若岗日山环抱，地理坐标为东经 89°54′—90°01′，北纬 33°58′—34°04′。湖水主要依赖冰雪融水径流补给，入湖河流中北部的兰丽河最大，源于祖尔肯乌拉山梅花雪山，汇集冰雪融水，出流经南部节节河注入燕子湖。湖面水位海拔 4983.00 m，面积 70.2 km²（胡东生，1994a；王苏民 等，1998），2020 年卫星遥感监测水位海拔 4989.02 m（Xu et al.，2021，2022；许风林 等，2021）。

多源卫星遥感监测显示，1987—2022 年波涛湖面积呈显著扩张趋势，平均每年扩张 0.09 km²。2022 年波涛湖面积为 71.95 km²，较 1987 年（70.52 km²）扩张 1.43 km²，扩张率为 2.03%（图 6-33a，表 6-11）。2010—2020 年期间，波涛湖水量显著增加，平均每年增加 0.004 Gt，2020 年水量较 2010 年增加了 0.01 Gt（图 6-33b）。在空间变化上，湖北部入湖河流注入的洪积扇区是变化最明显的区域（图 6-34，图 6-35）。

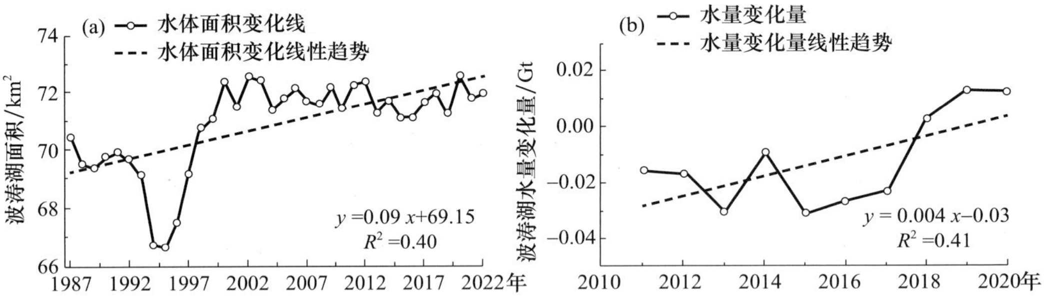

图 6-33　1987—2022 年波涛湖面积变化（a）；2010—2020 年波涛湖水量变化量（b）

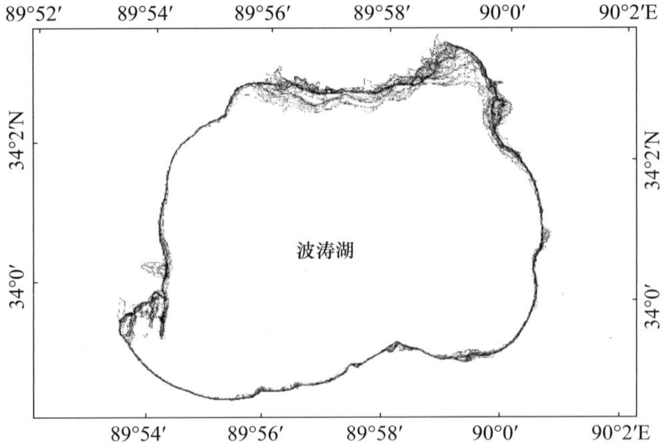

图 6-34　1987—2022 年波涛湖边界变化

表 6-11　1987—2022 年波涛湖逐五年面积统计　　单位：km²

年份	1987	1990	1995	2000	2005	2010	2015	2020	2022
波涛湖	70.52	69.79	66.63	72.44	71.81	71.45	71.11	72.61	71.95

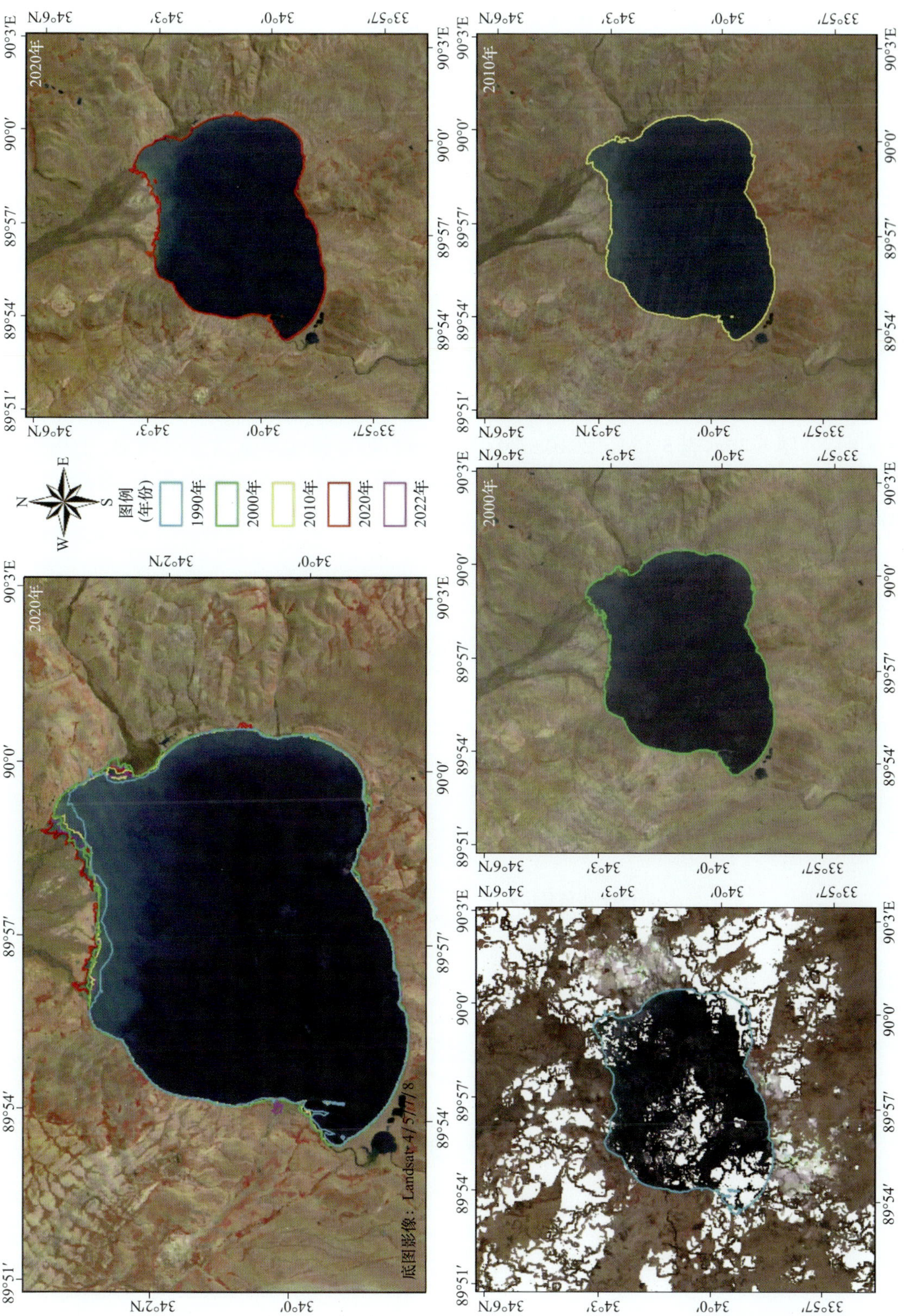

图 6-35　1987—2022 年波涛湖湖面时空变化

6.12 玛章错钦

玛章错钦，位于青海省海西蒙古族藏族自治州格尔木市代管的唐古拉山镇，长江源头沱沱河左岸，是沱沱河北岸的通江湖泊。滨湖北部为乌兰乌拉山，南部为玛章贡玛山和扎仁鄂拉山，地理坐标为东经 91°28′—91°39′，北纬 34°18′—34°23′。起初湖体分为西湖和东湖，西、东湖间由细长的水道相连，随着湖面积的扩张、水位上涨，水道逐渐变宽，东西两湖逐渐合为一体。湖水主要依赖地表径流补给，入湖河流 2 条，其中斜日贡尼曲最大，次为无名河，水量较小。经南部出流，丰水期有湖水泄入沱沱河。湖面水位海拔 4680.00 m，面积 58.8 km^2（胡东生，1994a；王苏民 等，1998），2020 年卫星遥感监测水位海拔 4675.87 m（Xu et al.，2021，2022；许风林 等，2021）。

多源卫星遥感监测显示，1987—2022 年玛章错钦湖面积呈显著扩张趋势，平均每年扩张 0.12 km^2。2022 年玛章错钦湖面积为 66.75 km^2，较 1987 年（61.33 km^2）扩张 5.42 km^2，扩张率为 8.84%（图 6-36a，表 6-12）。2010—2020 年期间，玛章错钦湖水量显著增加，平均每年增加 0.004 Gt，2020 年水量较 2010 年增加了 0.04 Gt（图 6-36b）。在空间变化上，东湖西北部入湖河流斜日贡尼曲注入的洪积扇区是变化最明显的区域（图 6-37，图 6-38）。

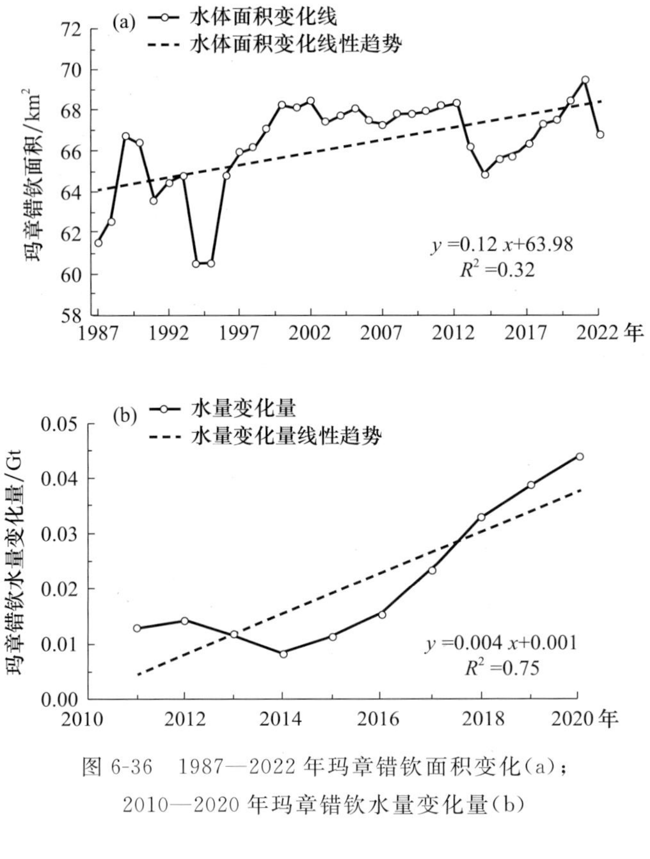

图 6-36 1987—2022 年玛章错钦面积变化（a）；
2010—2020 年玛章错钦水量变化量（b）

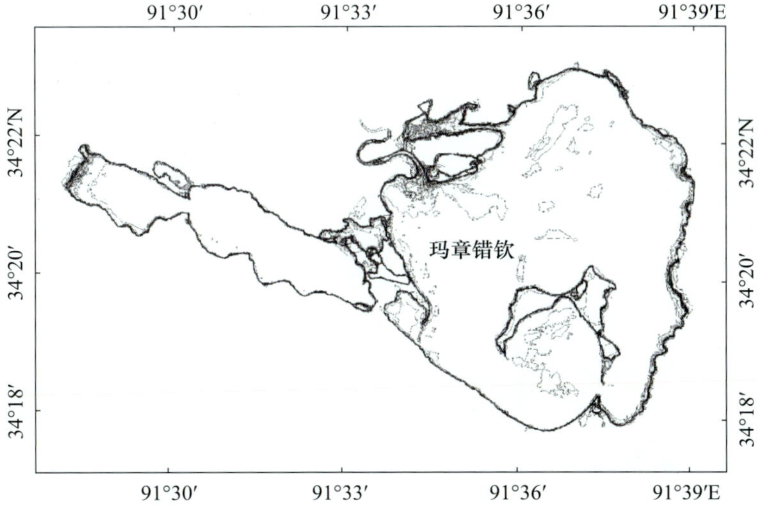

图 6-37　1987—2022 年玛章错钦边界变化

表 6-12　1987—2022 年玛章错钦逐五年面积统计　　单位：km^2

年份	1987	1990	1995	2000	2005	2010	2015	2020	2022
玛章错钦	61.33	66.39	60.43	68.26	68.11	67.93	65.60	68.41	66.75

6.13　大柴旦湖(大柴达木湖)

大柴旦湖，又名大柴达木湖，蒙语称依克柴达木湖，呈“弓”形。位于青海省海西蒙古族藏族自治州，柴达木盆地东北边缘一盆地内，大柴旦镇西南 5 km，地理坐标为东经 95°10′—95°17′，北纬 37°47′—37°54′。第四纪时期与小柴旦湖属同一大湖，后因气候变干，湖泊退缩，库尔雷克山山麓形成的冲积扇出露水面，遂演变为独立湖泊。滨湖为冲积平原和沼泽、盐碱地。湖水主要依赖泉水补给，入湖河流中八里沟河最大，发源于柴达木山，在大柴旦镇东北渗漏潜入地下，穿过大柴旦镇区以泉水出露汇集成 2 条小河汇入湖泊；其他入湖河流均为短小的泉集河。湖面水位海拔 3148.00 m，面积 34.3 km^2(王苏民 等，1998)。2020 年卫星遥感监测水位海拔 3148.95 m(Xu et al.，2021，2022；许凤林 等，2021)。

多源卫星遥感监测显示，1987—2022 年大柴旦湖面积呈扩张态势，平均每年扩张 0.11 km^2。2022 年大柴旦湖面积为 49.06 km^2，较 1987 年(49.87 km^2)萎缩 0.81 km^2，萎缩率为 1.62%(图 6-39，表 6-13)。在空间变化上，湖西部是变化最明显的区域(图 6-40，图 6-41)。

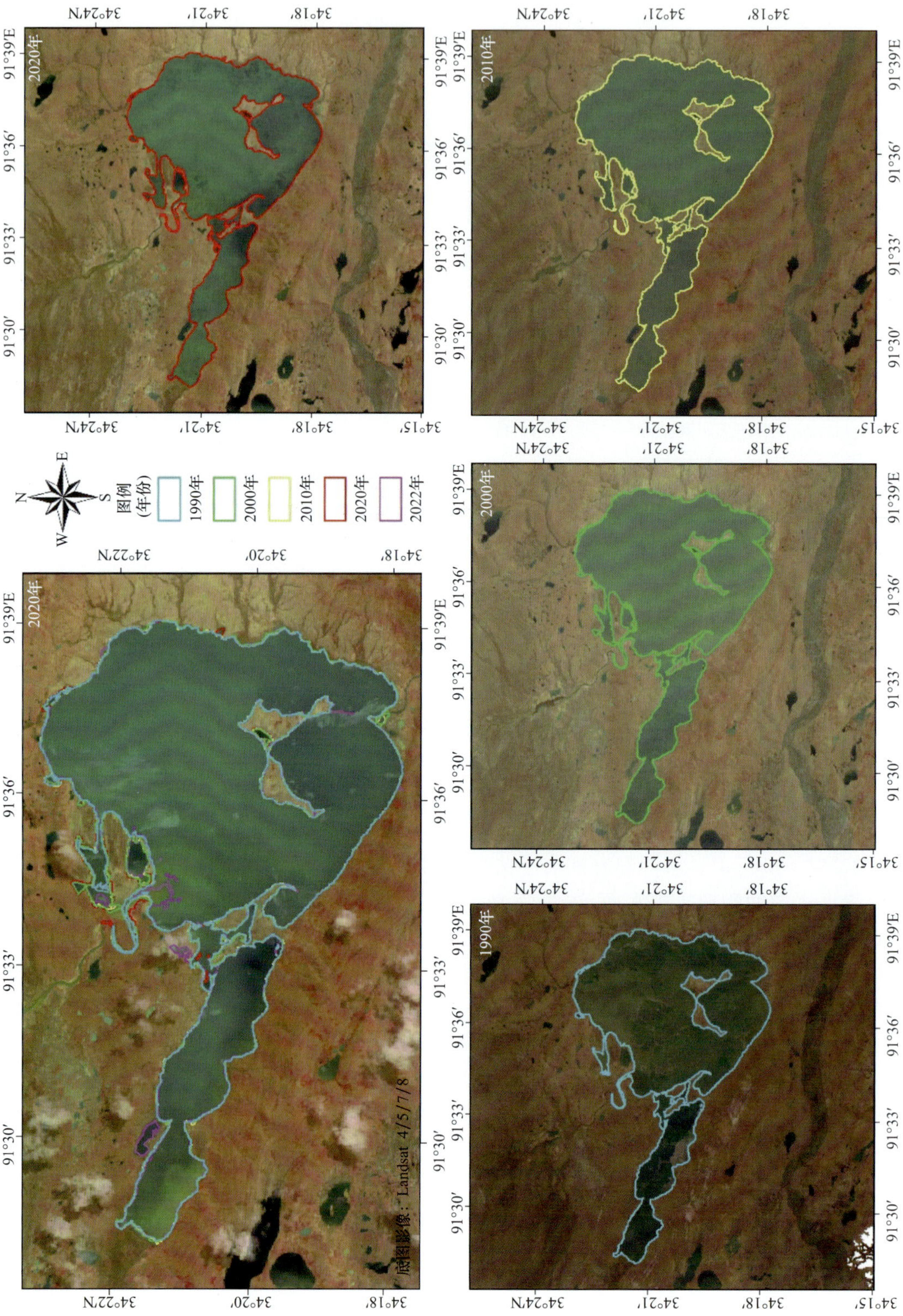

图 6-38　1987—2022 年玛章错钦湖面时空变化

图 6-39　1987—2022 年大柴旦湖面积变化

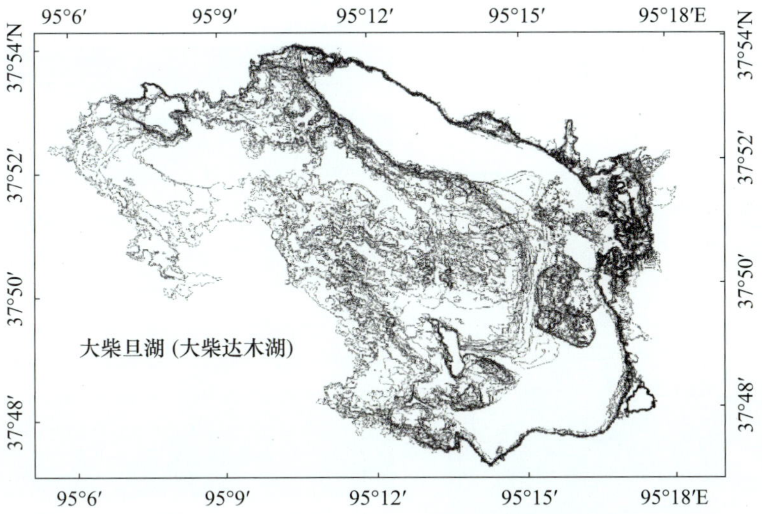

图 6-40　1987—2022 年大柴旦湖边界变化

表 6-13　1987—2022 年大柴旦湖逐五年面积统计　　单位：km²

年份	1987	1990	1995	2000	2005	2010	2015	2020	2022
大柴旦湖	49.87	45.76	46.23	41.71	54.83	60.02	61.36	63.81	49.06

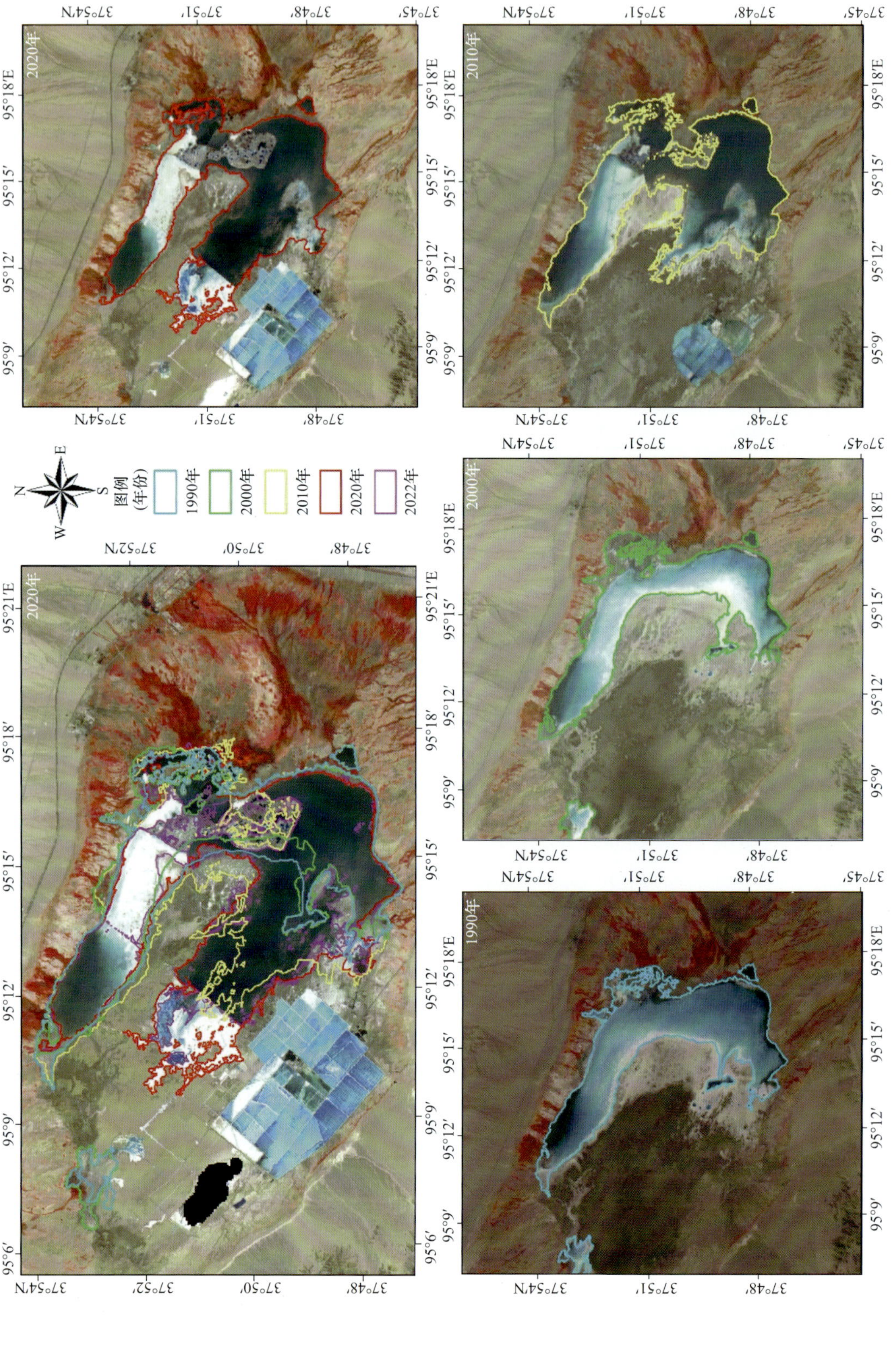

图 6-41 1987—2022 年大柴旦湖湖面时空变化

6.14　雪莲湖

雪莲湖，位于青海省海西蒙古族藏族自治州格尔木市代管的唐古拉山镇，祖尔肯乌拉山西部一山间盆地内，地理坐标为东经 90°12′—90°19′，北纬 34°03′—34°08′。湖盆外围群山环抱，湖带狭窄。湖水主要依赖地表径流补给，其他为时令河，入湖水量较小。湖面水位海拔 5274.00 m，面积 51.7 km^2（胡东生，1994a；王苏民 等，1998），2020 年卫星遥感监测水位海拔 5278.50 m（Xu et al.，2021，2022；许风林 等，2021）。

多源卫星遥感监测显示，1987—2022 年雪莲湖面积呈显著扩张趋势，平均每年扩张 0.16 km^2。2022 年雪莲湖面积为 55.27 km^2，较 1987 年（52.95 km^2）扩张 2.32 km^2，扩张率为 4.38%（图 6-42a，表 6-14）。2011—2020 年期间，雪莲湖水量减少，平均每年减少 0.005 Gt，2020 年水量较 2011 年减少了 0.07 Gt（图 6-42b）。在空间变化上，湖泊呈整体向外扩的变化形势，除湖西部沿岸外的湖岸都有明显的变化（图 6-43，图 6-44）。

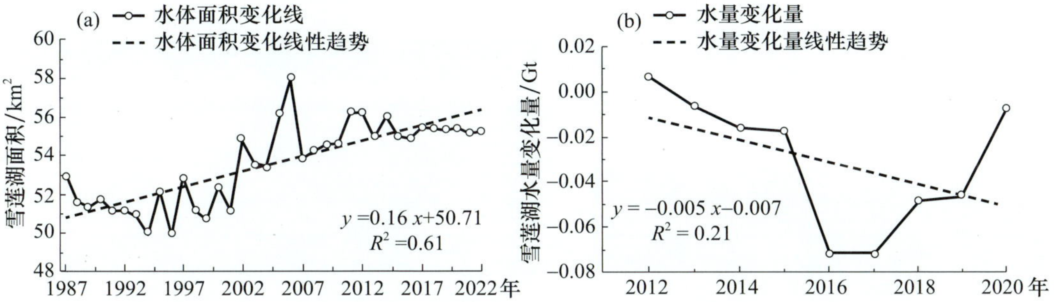

图 6-42　1987—2022 年雪莲湖面积变化(a)；2011—2020 年雪莲湖水量变化量(b)

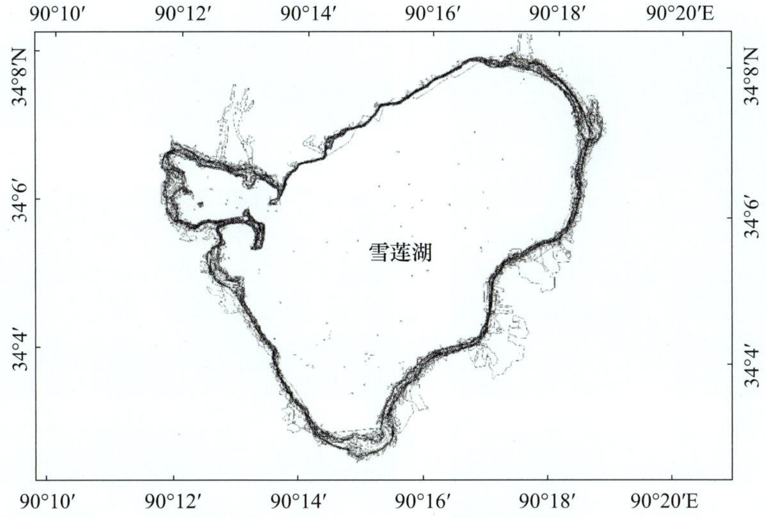

图 6-43　1987—2022 年雪莲湖边界变化

表 6-14　1987—2022 年雪莲湖逐五年面积统计　　单位：km^2

年份	1987	1990	1995	2000	2005	2010	2015	2020	2022
雪莲湖	52.95	51.73	52.11	52.30	56.13	54.58	55.06	55.46	55.27

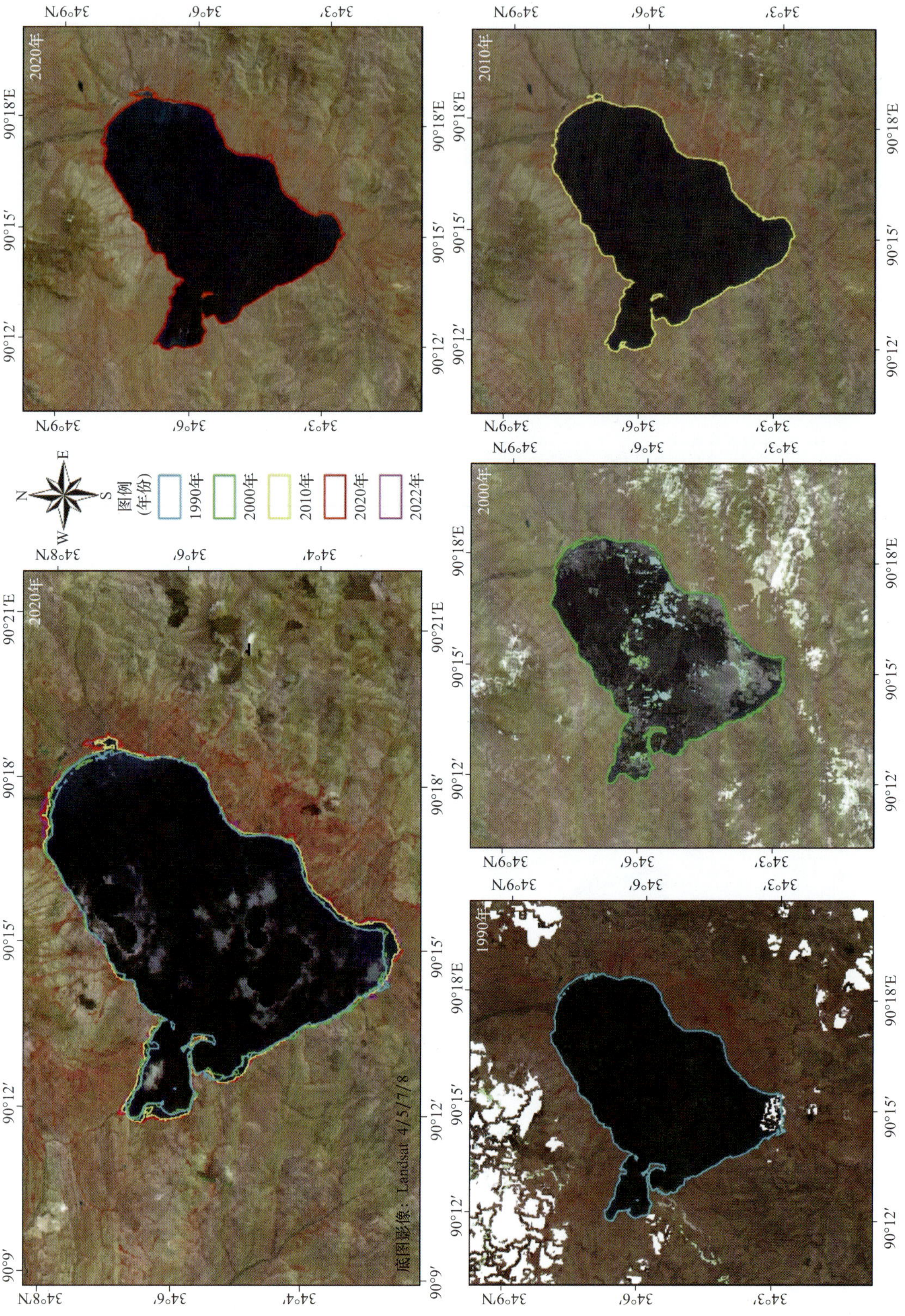

图 6-44 1987—2022 年雪莲湖湖面时空变化

6.15　可鲁克湖(库尔雷克湖)

可鲁克湖，又名库尔雷克湖。可鲁克，本是蒙古语，意思是“多草的芨芨滩”，也有说是“水草茂美的地方”。位于青海省海西蒙古族藏族自治州德令哈市，宗务隆山前德令哈盆地内，地理坐标为东经 96°51′—96°57′，北纬 37°14′—37°20′。滨湖东部为巴音河谷地，地势低洼，河曲发育，沼泽湿地灌丛密布；西部为大片刺灌丛林；南、北湖滨为盐碱地和沙砾地。湖水主要依赖地表径流补给，入湖河流 2 条，其中巴音河最大，源于祁连山支脉野牛脊山和哈尔科山，源区分布有 11 条小冰川。河水进入德令哈盆地后，大量河水被引入农场、村镇等。其次为巴罗根河，源于宗务隆山脉的埃斯肯山北坡；河流上建有水库，且河水被用来引水灌溉；出流经西部连水河流入托素湖，可鲁克湖与托素湖一淡一咸水域相通，称为褡裢湖。湖面水位海拔 2817.00 m，面积 56.7 km^2(王苏民 等，1998)，2020 年卫星遥感监测水位海拔 2814.99 m(Xu et al.，2021，2022；许风林 等，2021)。

多源卫星遥感监测显示，1987—2022 年可鲁克湖面积呈显著萎缩趋势，平均每年萎缩 0.04 km^2。2022 年可鲁克湖面积为 54.13 km^2，较 1987 年(55.44 km^2)萎缩 1.31 km^2，萎缩率为 2.36%(图 6-45a，表 6-15)。2011—2020 年期间，可鲁克湖水量显著增加，平均每年增加 0.004 Gt，2020 年水量较 2011 年增加了 0.03 Gt(图 6-45b)。在空间变化上，滨湖东部巴音河谷地、滨湖南部出流区是变化最明显的区域(图 6-46，图 6-47)。

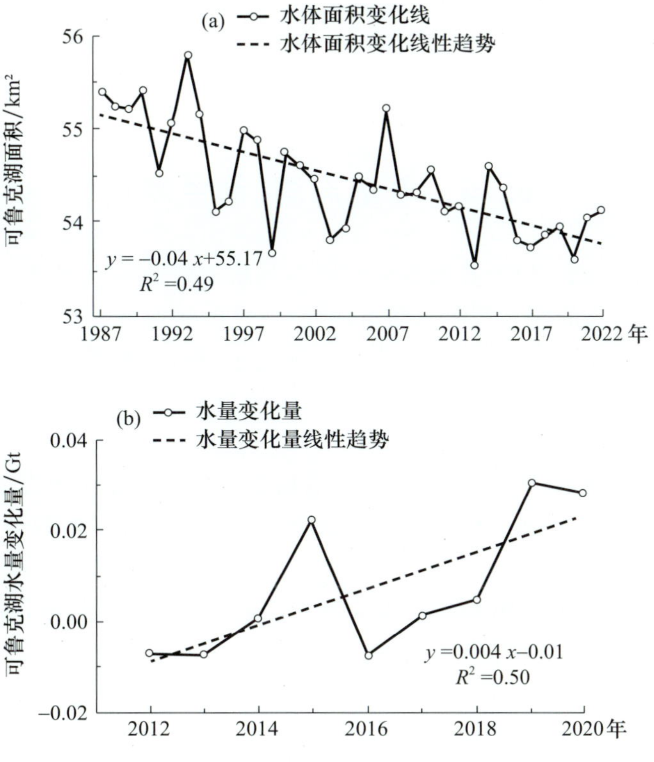

图 6-45　1987—2022 年可鲁克湖面积变化(a)；
2011—2020 年可鲁克湖水量变化量(b)

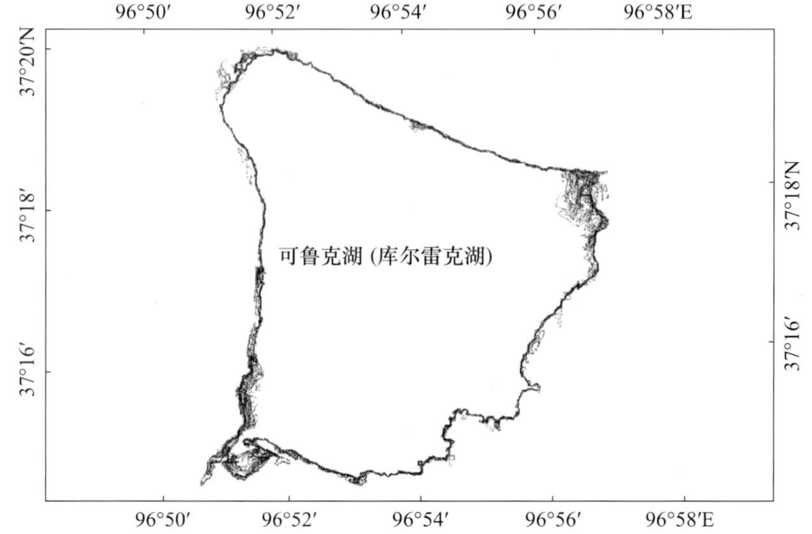

图 6-46　1987—2022 年可鲁克湖边界变化

表 6-15　1987—2022 年可鲁克湖逐五年面积统计　　单位:km^2

年份	1987	1990	1995	2000	2005	2010	2015	2020	2022
可鲁克湖	55.44	55.42	54.11	54.74	54.49	54.57	54.38	53.59	54.13

6.16　希里沟湖(都兰湖)

希里沟湖,又名都兰湖。位于青海省海西蒙古族藏族自治州乌兰县,柴达木盆地东北部,祁连山山前晚第三纪形成的西北西向山间盆地内,地理坐标为东经 98°27′,北纬 36°51′。湖水主要依赖地表径流补给,入湖河流 2 条,分别为沙柳河和塞什克河。湖面水位海拔 2936.00 m,面积 11.6 km^2(王苏民 等,1998),2020 年卫星遥感监测水位海拔 2939.77 m(Xu et al.,2021,2022;许风林 等,2021)。

多源卫星遥感监测显示,1987—2022 年希里沟湖面积整体呈显著扩张趋势,平均每年扩张 0.73 km^2。其中,1987—1998 希里沟湖面积萎缩,1989 年面积萎缩至 13.68 km^2;1999—2022 年希里沟湖面积扩张,2022 年希里沟湖面积达 51.27 km^2,较 1987 年(26.00 km^2)扩张 25.27 km^2,扩张率为 97.19%(图 6-48a,表 6-16)。2011—2020 年期间,希里沟湖水量显著增加,平均每年增加 0.004 Gt,2020 年水量较 2011 年增加了 0.02 Gt(图 6-48b)。在空间变化上,湖泊呈整体向外扩或内缩的变化趋势,湖北部沿岸扩张明显(图 6-49,图 6-50)。

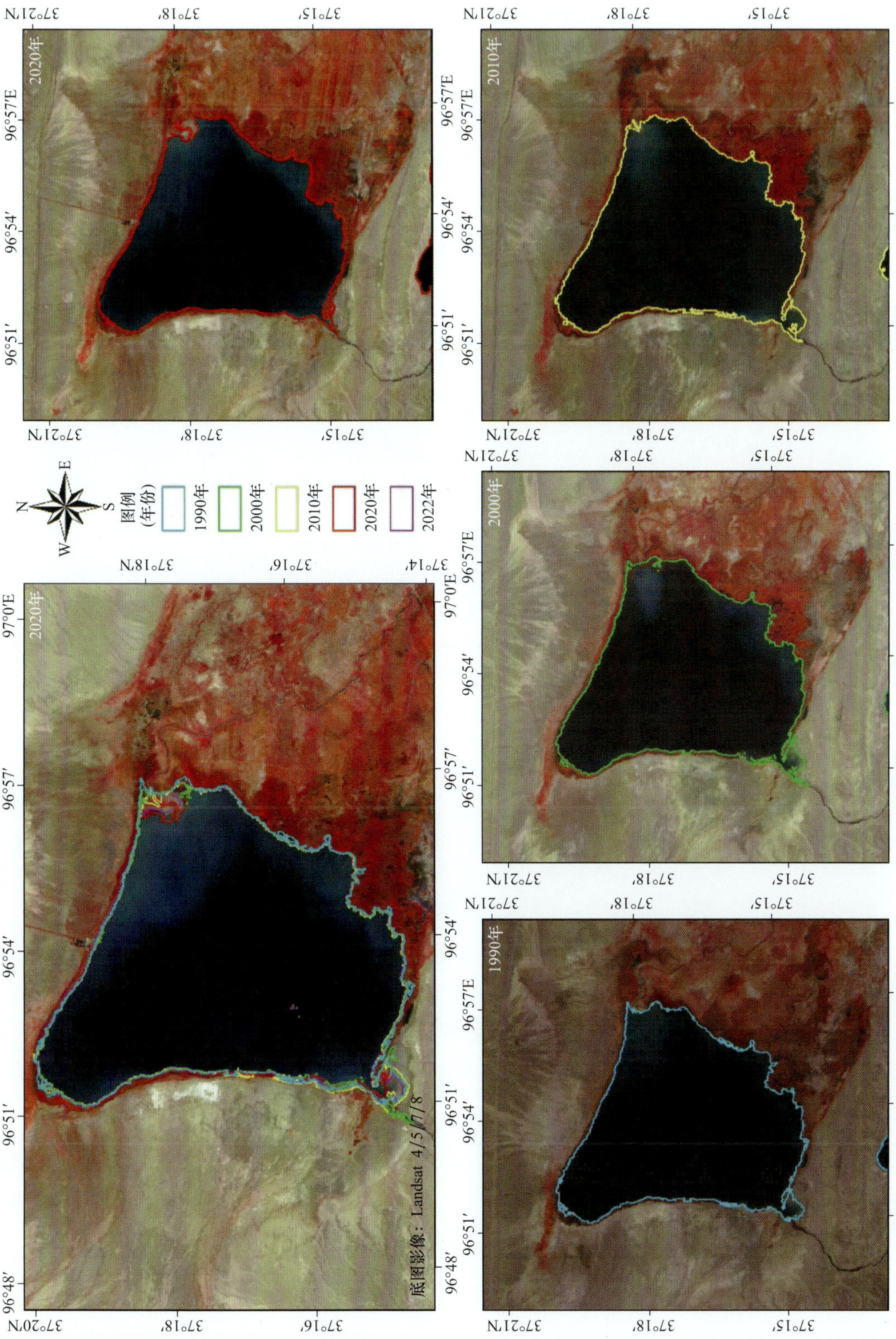

图 6-47　1987—2022 年可鲁克湖湖面时空变化

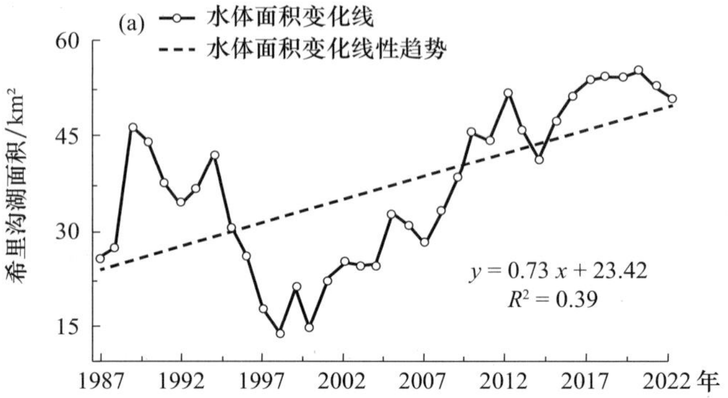

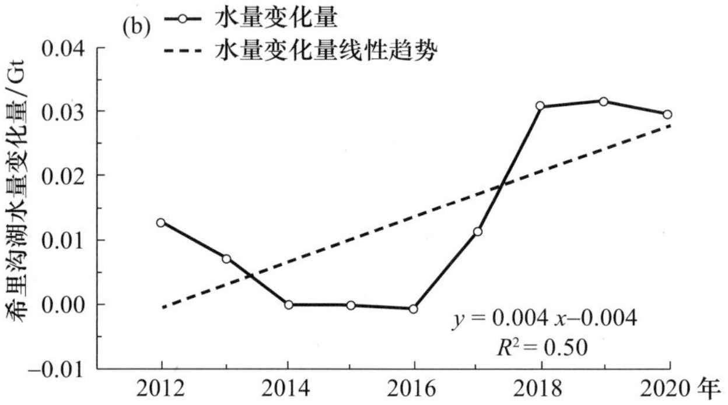

图 6-48　1987—2022 年希里沟湖面积变化(a)；2011—2020 年希里沟湖水量变化量(b)

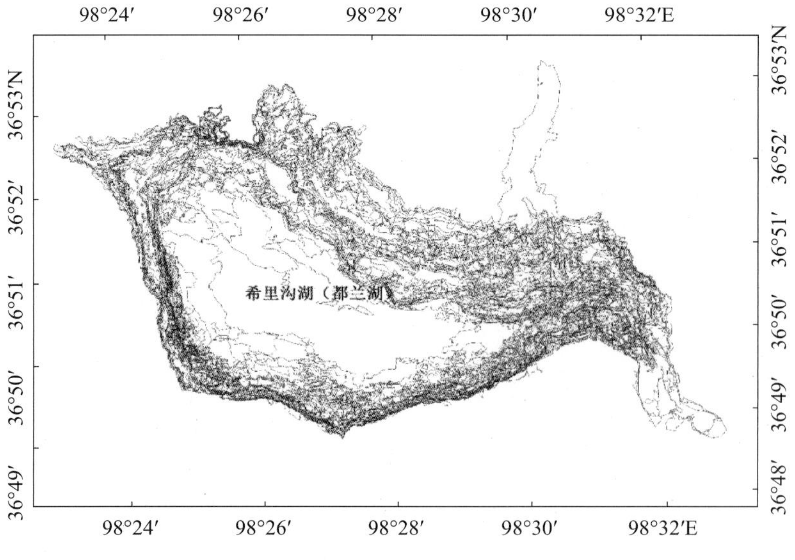

图 6-49　1987—2022 年希里沟湖边界变化

表 6-16　1987—2022 年希里沟湖逐五年面积统计　　单位：km^2

年份	1987	1990	1995	2000	2005	2010	2015	2020	2022
希里沟湖	26.00	43.99	30.68	14.78	32.76	45.57	47.30	52.18	51.27

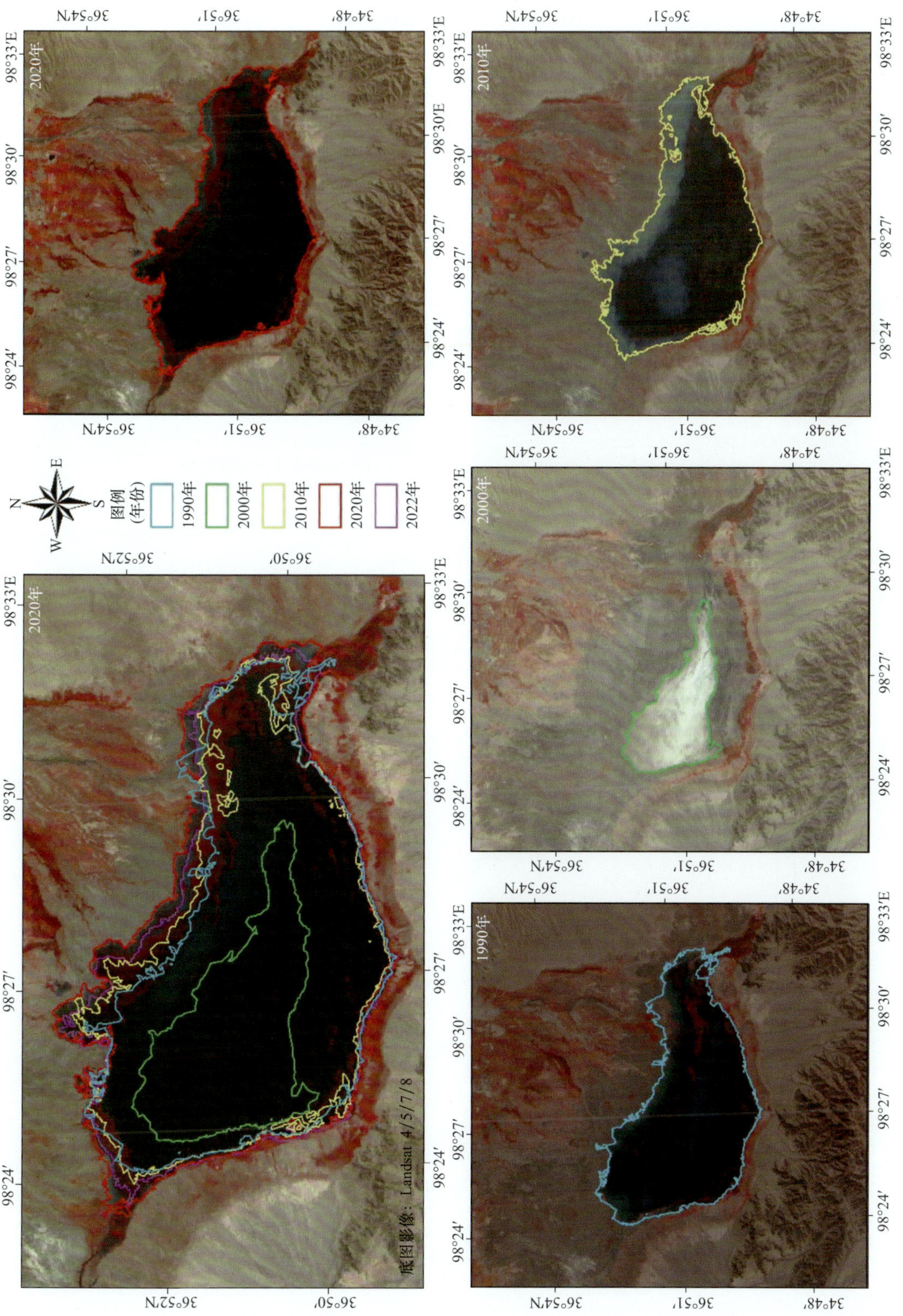

图 6-50　1987—2022 年希里沟湖湖面时空变化

6.17 葫芦湖

葫芦湖，因形似葫芦得名。位于青海省海西蒙古族藏族自治州格尔木市代管的唐古拉山镇，乌兰乌拉山和肯尔祖乌拉山之间一构造盆地内，湖南部与沱沱河支流半咸河河谷相连，湖东岸有很多大大小小的小湖发育，地理坐标为东经 91°02′，北纬 34°25′。湖水主要依赖冰川融水和地下渗流补给。湖面水位海拔 4800.00 m，面积 29.1 km^2（胡东生，1994a；王苏民 等，1998），2020 年卫星遥感监测水位海拔 4792.65 m（Xu et al.，2021，2022；许风林 等，2021）。

多源卫星遥感监测显示，1987—2022 年葫芦湖面积整体呈显著扩张趋势，平均每年扩张 0.53 km^2。2022 年葫芦湖面积达 39.79 km^2，较 1987 年（23.62 km^2）扩张 16.17 km^2，扩张率为 68.46%（图 6-51a，表 6-17）。2010—2020 年期间，葫芦湖水量显著增加，平均每年增加 0.005 Gt，2020 年水量较 2010 年增加了 0.06 Gt（图 6-51b）。在空间变化上，湖泊呈整体向外扩张的变化形势，湖南部和北部的扩张更为明显（图 6-52，图 6-53）。

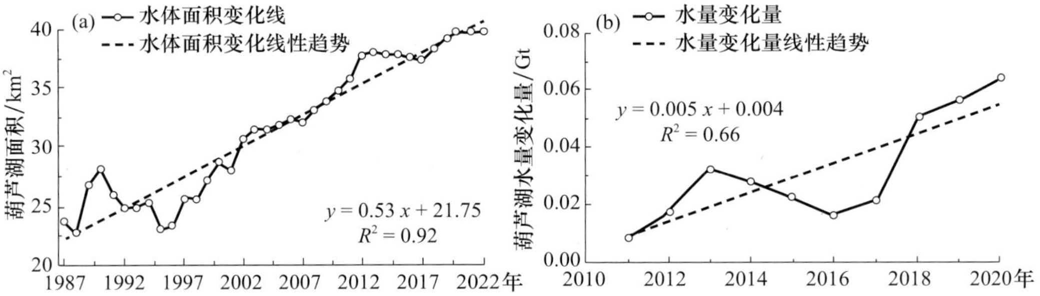

图 6-51　1987—2022 年葫芦湖面积变化(a)；2010—2020 年葫芦湖水量变化量(b)

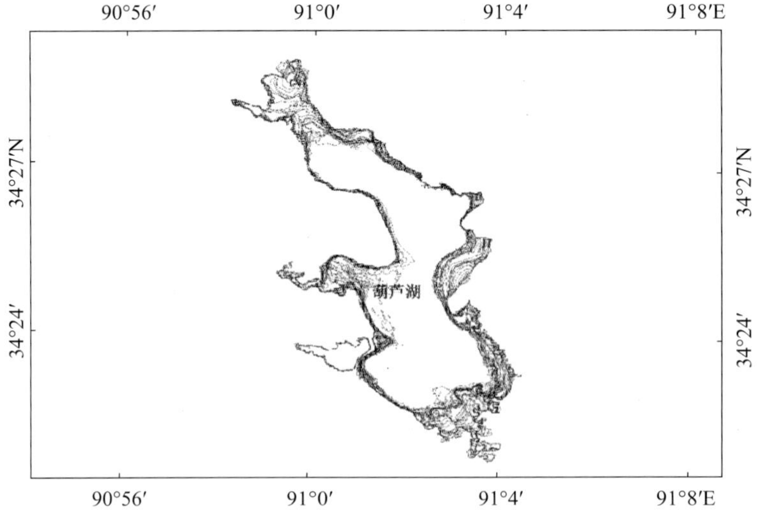

图 6-52　1987—2022 年葫芦湖边界变化

表 6-17　1987—2022 年葫芦湖逐五年面积统计　　单位：km^2

年份	1987	1990	1995	2000	2005	2010	2015	2020	2022
葫芦湖	23.62	28.17	23.00	28.62	31.89	34.65	37.78	39.73	39.79

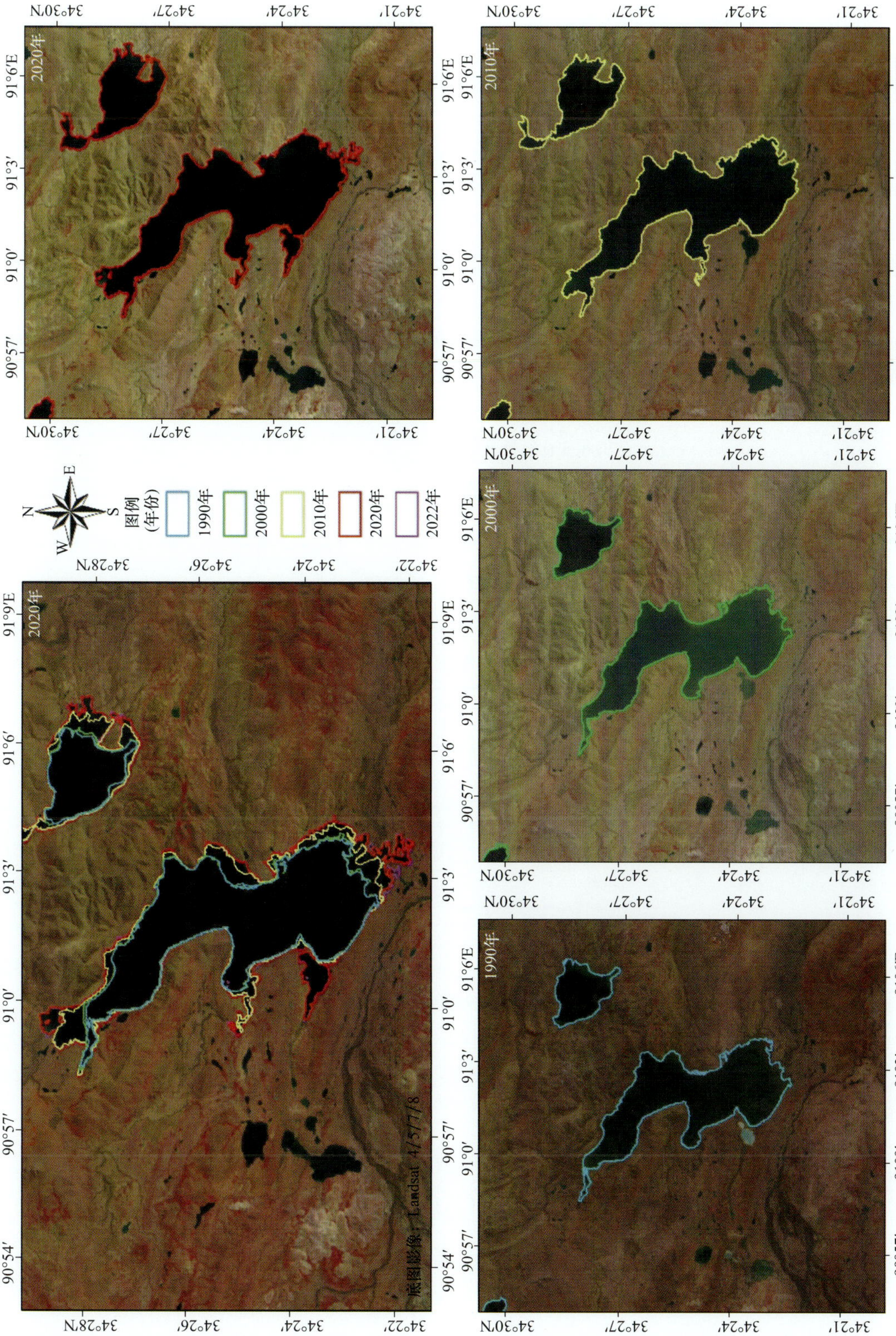

图 6-53　1987—2022 年葫芦湖湖面时空变化

6.18 阿拉克湖

阿拉克湖，位于青海省海西蒙古族藏族自治州都兰县，布尔汗布达山南麓，东西向延伸的河谷盆地内，地理坐标为东经 97°07′，北纬 35°34′。湖水主要依赖地表径流补给，入湖河流 5 条，其中乌苏屋矮河最大，有哈拉河和日诺乌拉河两条支流。其次为时令河，夏季汇水入湖。出流由东部注入乌兰乌苏河，然后汇入柴达木河，属南霍鲁逊湖水系柴达木河上游的内陆吞吐湖。湖面水位海拔 4094.00 m，面积 36.0 km^2（王苏民 等，1998）。

多源卫星遥感监测显示，1987—2022 年阿拉克湖面积呈显著扩张趋势，平均每年扩张 0.13 km^2。2022 年阿拉克湖面积为 35.62 km^2，较 1987 年（34.67 km^2）扩张 0.95 km^2，扩张率为 2.74%（图 6-54，表 6-18）。在空间变化上，河流入湖的湖西部是变化最明显的区域（图 6-55，图 6-56）。

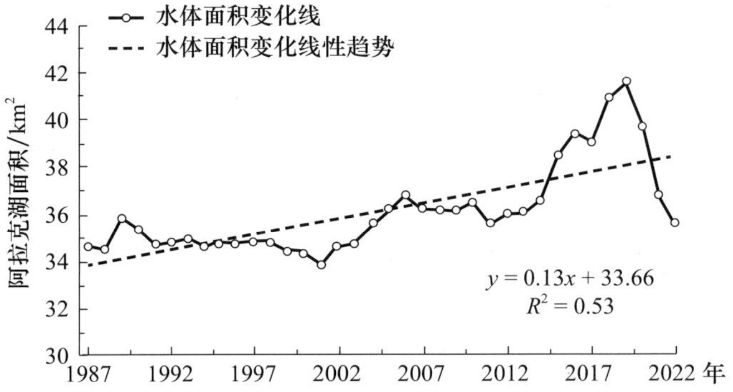

图 6-54 1987—2022 年阿拉克湖面积变化

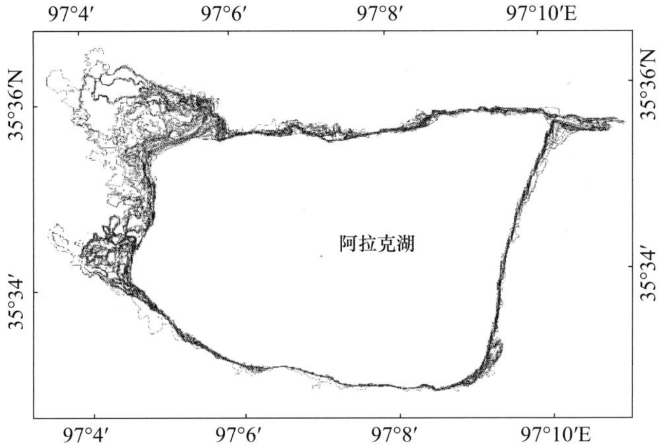

图 6-55 1987—2022 年阿拉克湖边界变化

表 6-18 1987—2022 年阿拉克湖逐五年面积统计 单位：km^2

年份	1987	1990	1995	2000	2005	2010	2015	2020	2022
阿拉克湖	34.67	35.34	34.71	34.36	36.24	36.51	38.47	39.68	35.62

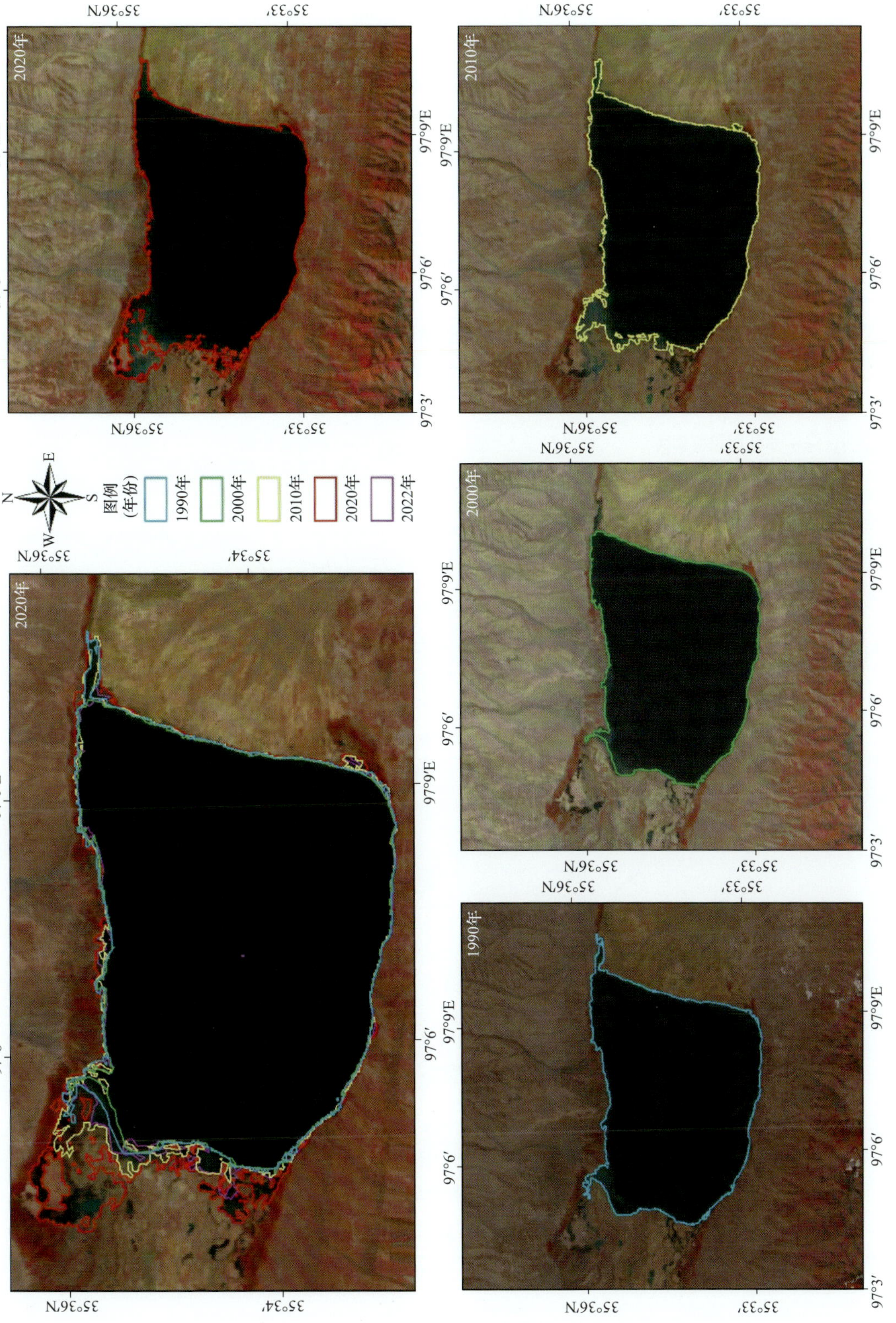

图 6-56 1987—2022 年阿拉克湖湖面时空变化

6.19 黑　　海

黑海，位于青海省海西蒙古族藏族自治州格尔木市，东昆仑山—山间盆地内，地理坐标为东经93°15′，北纬36°00′。滨湖为第四系全新统湖相沉积，地势平坦，平原上残留8个小湖。湖水主要依赖2个泉水溪流和地下渗流补给；出流由东部泄入昆仑河，汇入格尔木河，属达布逊湖水系格尔木河上游内陆吞吐湖。湖面水位海拔4431.00 m，面积38.7 km²（王苏民 等，1998），2020年卫星遥感监测水位海拔4435.48 m（Xu et al.，2021，2022；许风林 等，2021）。

多源卫星遥感监测显示，1987—2022年黑海面积呈显著扩张趋势，平均每年扩张0.03 km²。2022年黑海面积为39.36 km²，较1987年（38.46 km²）扩张0.90 km²，扩张率为2.34%（图6-57a，表6-19）。2011—2020年期间，黑海水量增加，平均每年增加0.001 Gt，2020年水量较2011年增加了0.006 Gt（图6-57b）。在空间变化上，黑海面积变化较小，滨湖四周无明显变化（图6-58，图6-59）。

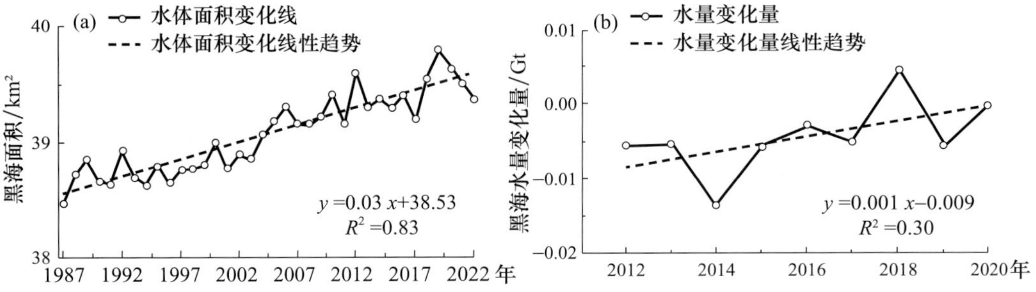

图 6-57　1987—2022年黑海面积变化（a）；2011—2020年黑海水量变化量（b）

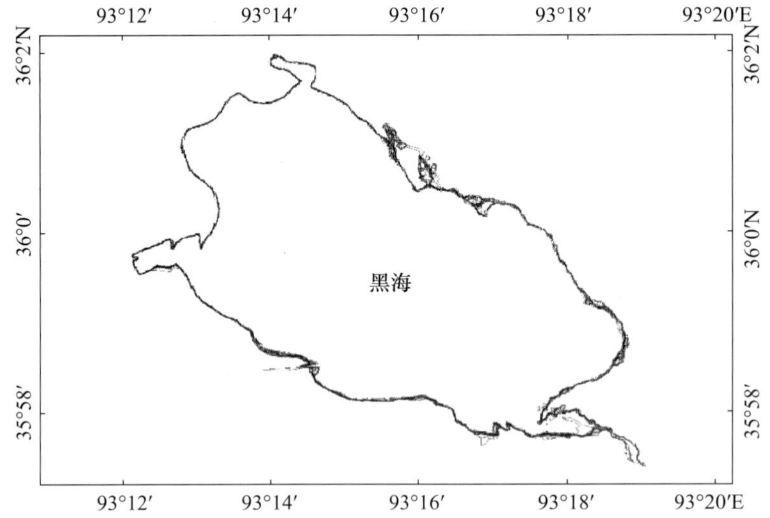

图 6-58　1987—2022年黑海边界变化

表 6-19　1987—2022年黑海逐五年面积统计　　单位：km²

年份	1987	1990	1995	2000	2005	2010	2015	2020	2022
黑海	38.46	38.66	38.79	39.01	39.18	39.40	39.29	39.53	39.36

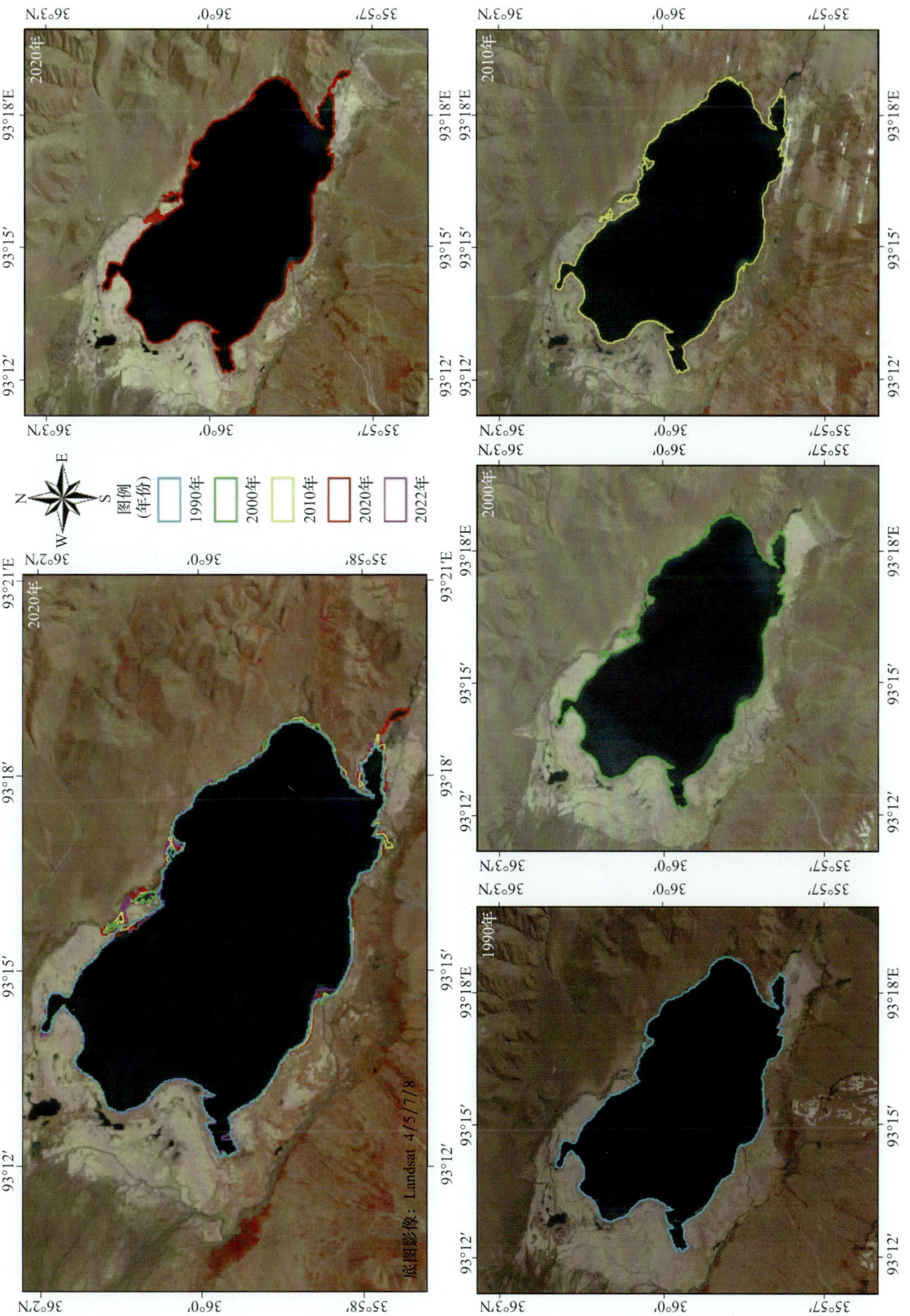

图 6-59　1987—2022 年黑海湖面时空变化

6.20 尕海(德令哈市)

尕海,位于青海省海西蒙古族藏族自治州德令哈市尕海镇境内,柴达木盆地东北缘,宗务隆山南坡,西距托素湖、可鲁克湖 43 km,地理坐标为东经 97°33′,北纬 37°08′。青海省高速公路茶德高速(S2013)、青藏铁路,青藏公路从湖区东部穿过。无常年性地表入湖河流注入,湖水主要依靠大气降水和地下潜水补给。湖面水位海拔 2849.0 m,面积 32.0 km²(中华人民共和国水利部建设与管理司 等,1998)。

多源卫星遥感监测显示,1987—2022 年尕海面积呈显著扩张趋势,平均每年扩张0.29 km²。2022 年尕海湖面积为 39.19 km²,较 1987 年(28.97 km²)扩张 10.22 km²,扩张率为 35.28%(图 6-60,表 6-20)。在空间变化上,湖泊向四周扩张,湖南部扩张最为明显(图 6-61,图 6-62)。

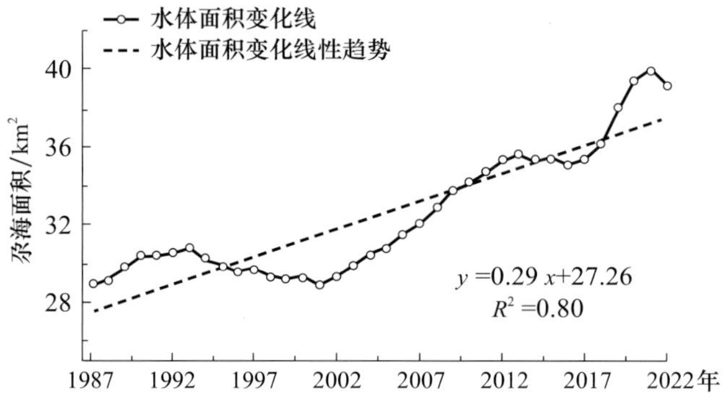

图 6-60 1987—2022 年尕海(德令哈市)面积变化

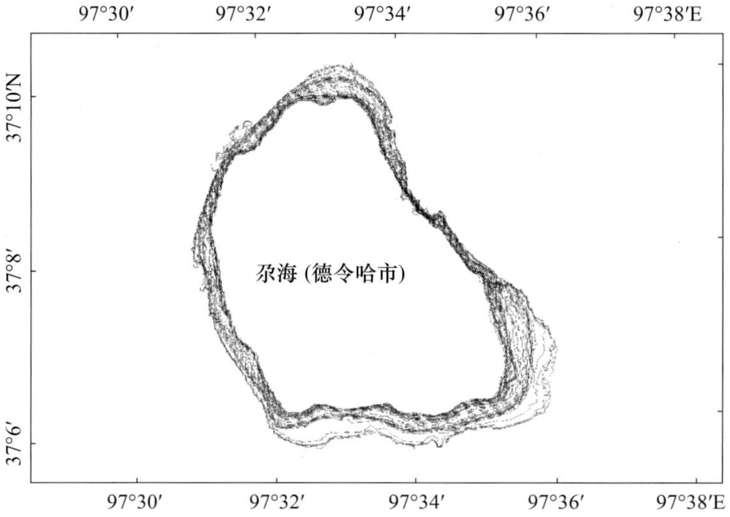

图 6-61 1987—2022 年尕海(德令哈市)边界变化

表 6-20 1987—2022 年尕海(德令哈市)逐五年面积统计 单位:km²

年份	1987	1990	1995	2000	2005	2010	2015	2020	2022
尕海	28.97	30.47	29.85	29.33	30.77	34.24	35.44	39.41	39.19

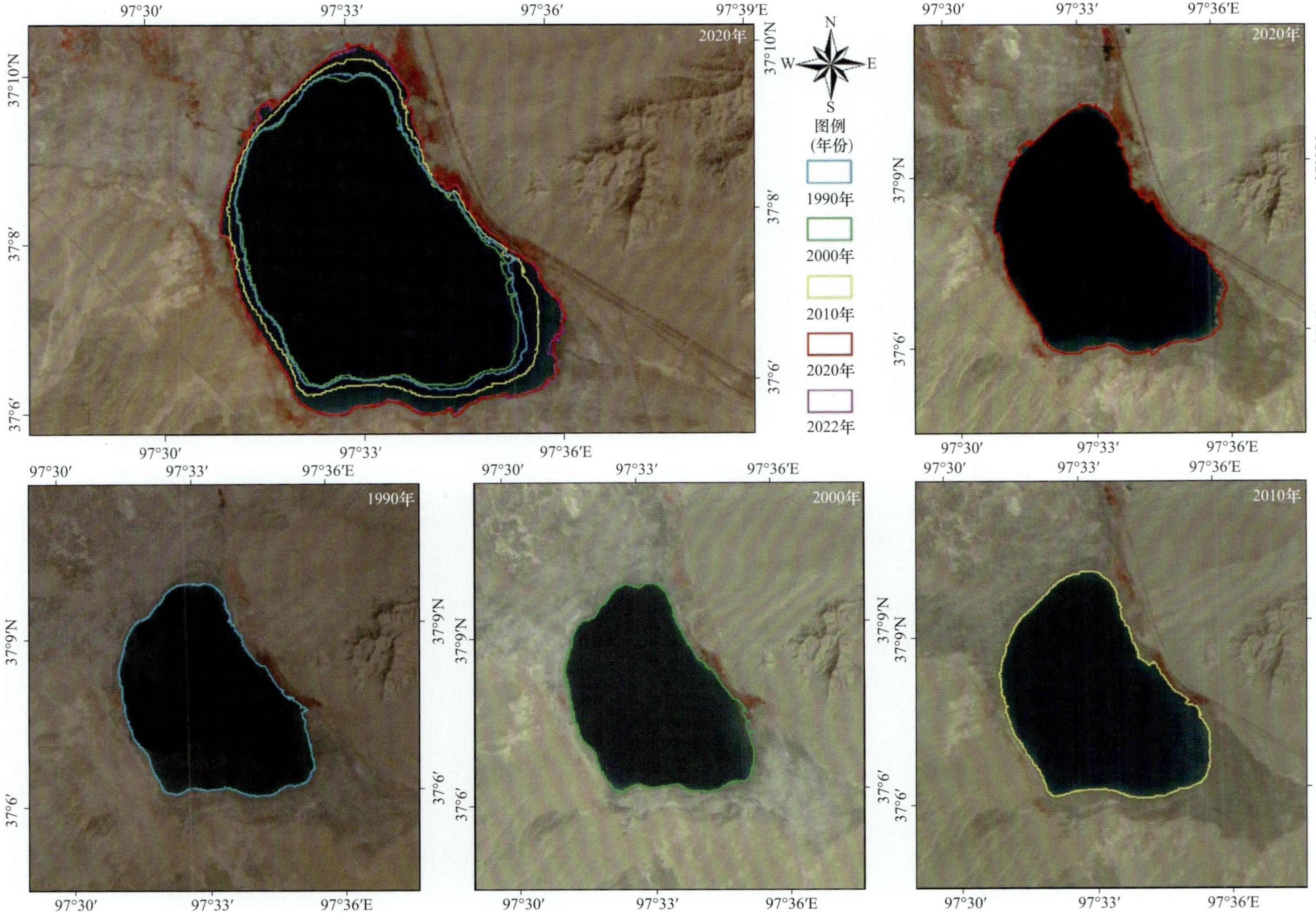

图 6-62　1987—2022 年尕海（德令哈市）湖面时空变化

6.21 加木称错

加木称错，位于青海省海西蒙古族藏族自治州格尔木市代管的唐古拉山镇，祖尔肯乌拉山—岗钦雪山南部山间盆地内，地理坐标为东经 90°38′，北纬 33°40′。盆地南部与米提江占木错水系切尔恰藏布相距不足 1.0 km，其间以残丘和岗地相隔。湖水主要依赖地表径流补给，较大的河流有 2 条，另有 10 多条泉集时令河入湖。出流经切尔恰藏布注入米提江占木错。湖面水位海拔 4995.00 m，面积 30.5 km^2（胡东生，1994a；王苏民 等，1998）。2020 年卫星遥感监测水位海拔 5002.82 m（Xu et al.，2021，2022；许凤林 等，2021）。

多源卫星遥感监测显示，1987—2022 年加木称错面积呈显著扩张趋势，平均每年扩张 0.27 km^2。1987—1996 年，湖面积萎缩；1997—2022 年湖面积扩张，2022 年加木称错面积为 35.52 km^2，较 1987 年（31.16 km^2）扩张 4.36 km^2，扩张率为 13.99%（图 6-63a，表 6-21）。2011—2020 年期间，加木称错水量减少，平均每年减少 0.003 Gt，2020 年水量较 2011 年增加了 0.006 Gt（图 6-63b）。在空间变化上，加木称错北部背靠陡峭山势，东、西、南三面入湖的地表补给径流较多，长期以来形成的洪积扇也为湖泊向湖东部、西部、南部三面扩张提供了条件（图 6-64，图 6-65）。

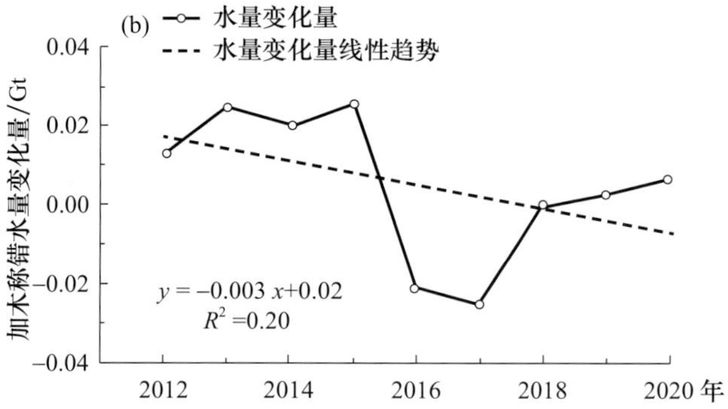

图 6-63 1987—2022 年加木称错面积变化（a）；2011—2020 年加木称错水量变化量（b）

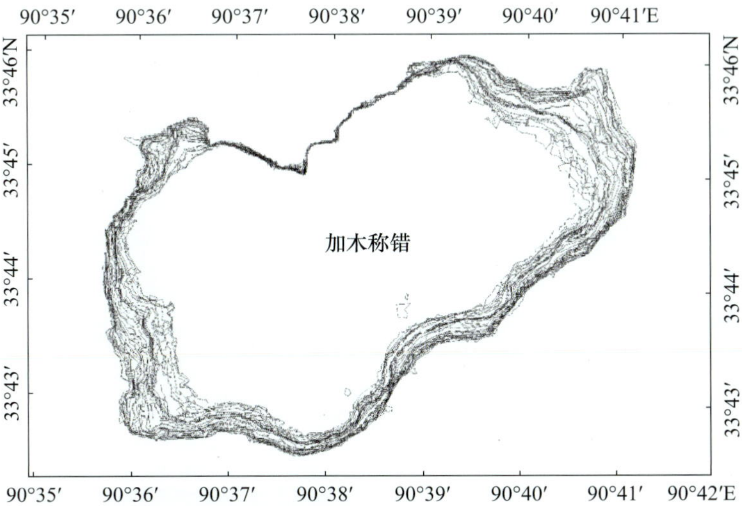

图 6-64　1987—2022 年加木称错边界变化

表 6-21　1987—2022 年加木称错逐五年面积统计　　单位：km^2

年份	1987	1990	1995	2000	2005	2010	2015	2020	2022
加木称错	31.16	28.87	25.92	26.93	32.19	33.14	34.52	34.40	35.52

6.22　玛巧错

玛巧错，位于青海海西蒙古族藏族自治州格尔木市代管的唐古拉山镇，与地跨青海、西藏两省（区）的赤布张错相连，地理坐标为东经 90°12′，北纬 33°38′。第四纪时期是赤布张错（米提江占木错）的一部分，后因气候变干，湖泊退缩，逐渐分离成两个湖泊。现今，随着湖泊面积的扩张，又与赤布张错相连。湖水主要依赖邦陇陇巴河及地表径流汇集注入。出流经东部连水河流入赤布张错，连接两湖的水道在 1987 年初较细，随着玛巧错和赤布张错面积的增大，湖岸相向扩张，水道变宽。湖面水位海拔 4940.00 m，面积 26.8 km^2（王苏民 等，1998）。

多源卫星遥感监测显示，1987—2022 年玛巧错面积呈显著扩张趋势，平均每年扩张 0.24 km^2。2022 年玛巧错面积为 35.40 km^2，较 1987 年（26.79 km^2）扩张 8.61 km^2，扩张率为 32.14%（图 6-66，表 6-22）。在空间变化上，湖北部入湖河流注入口以及湖西部与赤布张错的水道是变化最明显的区域（图 6-67，图 6-68）。

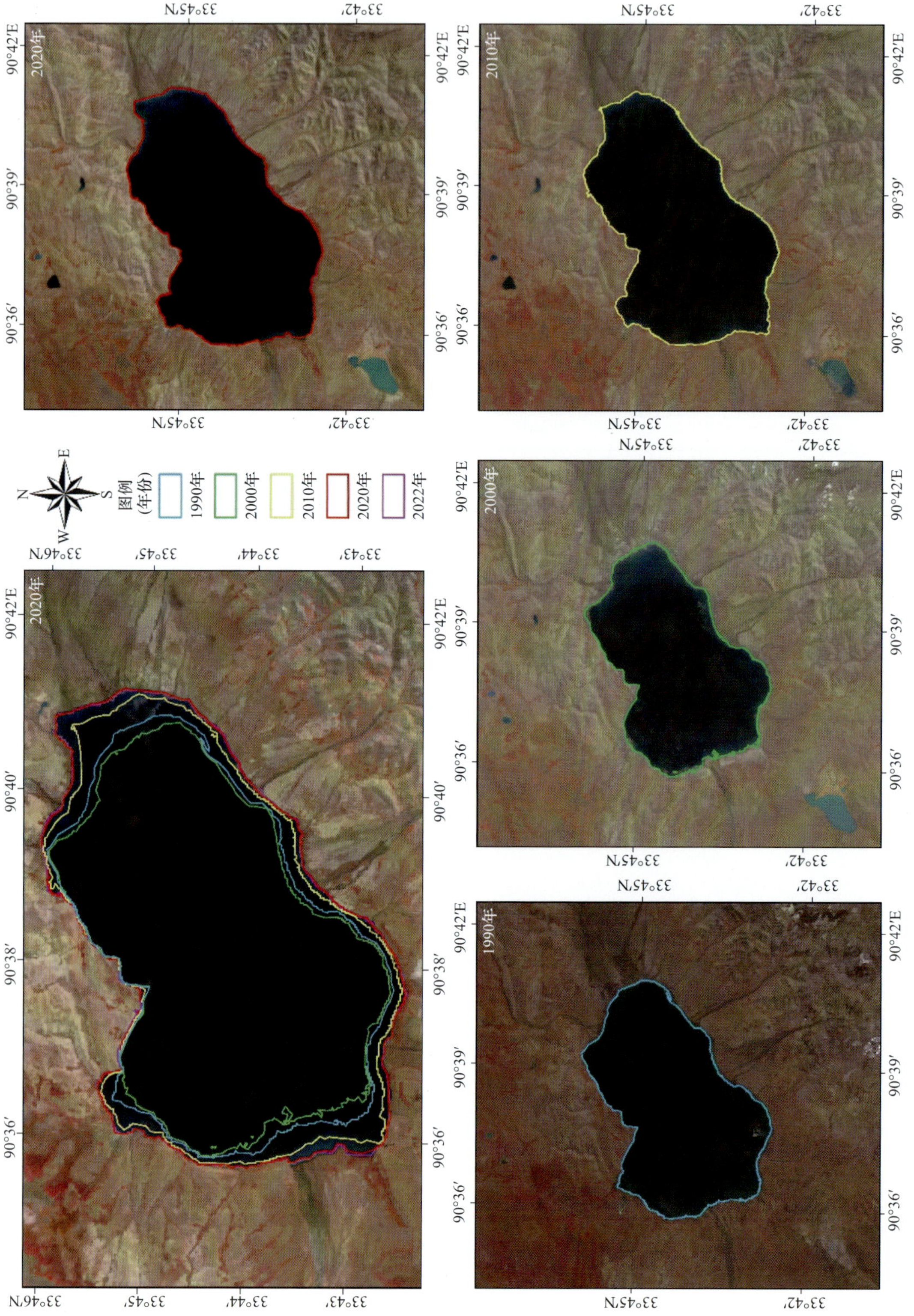

图 6-65 1987—2022 年加木称错湖面时空变化

图 6-66 1987—2022 年玛巧错面积变化

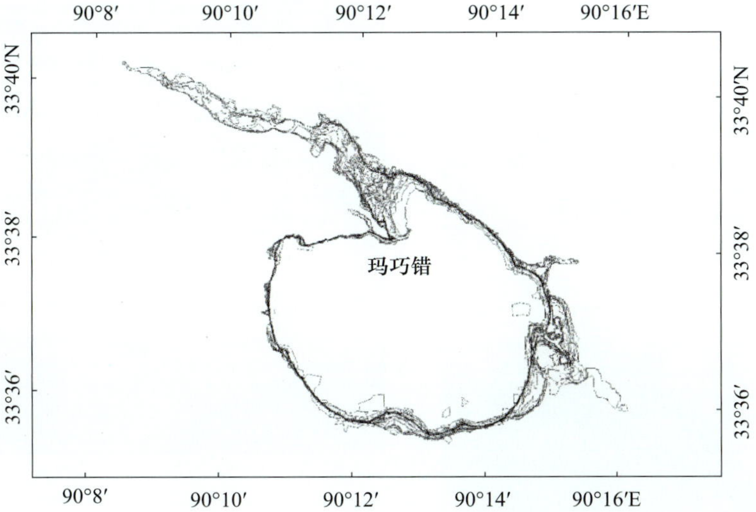

图 6-67 1987—2022 年玛巧错边界变化

表 6-22 1987—2022 年玛巧错逐五年面积统计 单位：km^2

年份	1987	1990	1995	2000	2005	2010	2015	2020	2022
玛巧错	26.79	27.08	25.78	25.92	27.45	29.30	31.58	34.24	35.40

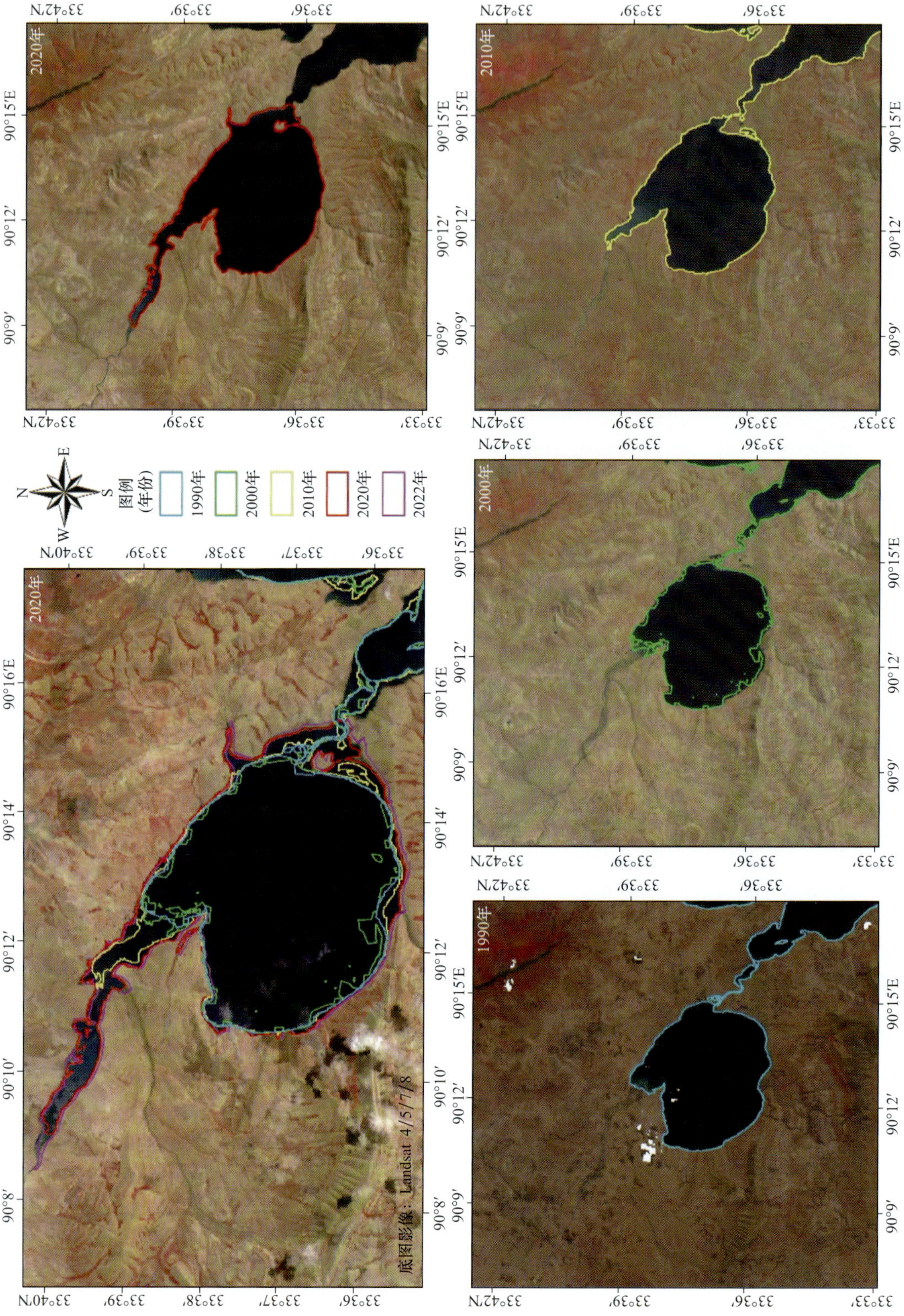

图 6-68　1987—2022 年玛巧错湖面时空变化

6.23　卡巴纽尔多

卡巴纽尔多，位于青海省海西蒙古族藏族自治州格尔木市，东昆仑山脉宽阔的山间河谷盆地内，地理坐标为东经 95°06′，北纬 35°26′。滨湖东、西部地势较开阔，尤其西部刚欠河入湖口，三角洲发育，开阔平坦；南、北部地势陡峭。湖水主要依赖刚欠河补给；出流经北部山间峡谷流入霍兰郭勒河，属达布逊湖水系格尔木河源头内陆吞吐湖。湖面水位海拔 4575.00 m，面积 29.7 km^2（王苏民 等，1998）。

多源卫星遥感监测显示，1987—2022 年卡巴纽尔多面积呈显著扩张趋势，平均每年扩张 0.02 km^2。2022 年卡巴纽尔多面积为 29.60 km^2，较 1987 年（28.94 km^2）扩张 0.66 km^2，扩张率为 2.28%（图 6-69，表 6-23）。在空间变化上，湖西部刚欠河入湖口是变化最明显的区域（图 6-70，图 6-71）。

图 6-69　1987—2022 年卡巴纽尔多面积变化

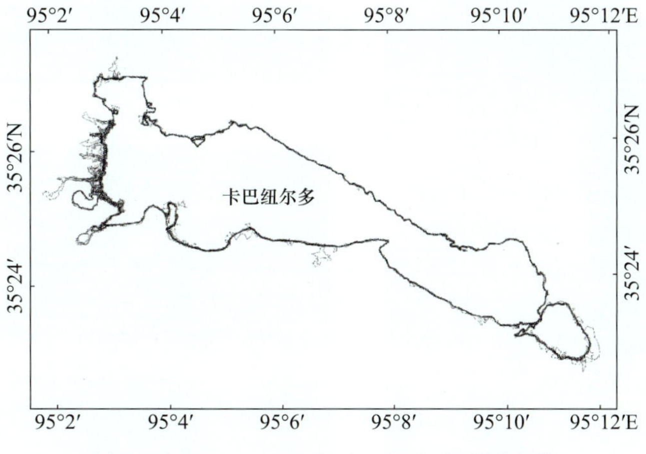

图 6-70　1987—2022 年卡巴纽尔多边界变化

表 6-23　1987—2022 年卡巴纽尔多逐五年面积统计　　单位：km^2

年份	1987	1990	1995	2000	2005	2010	2015	2020	2022
卡巴纽尔多	28.94	29.05	28.95	29.18	29.34	29.46	29.34	30.32	29.60

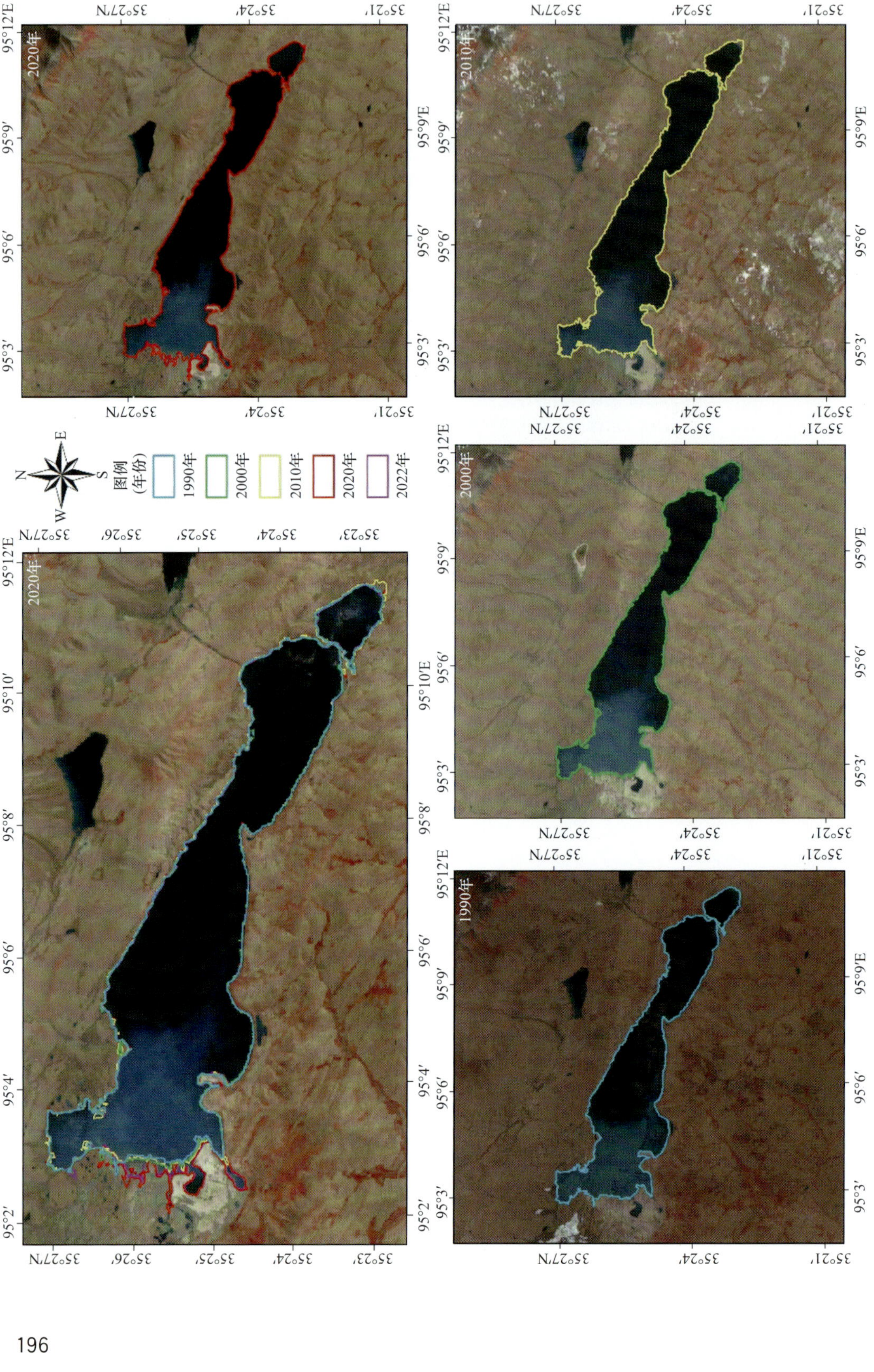

图 6-71 1987—2022 年卡巴纽尔多湖面时空变化

6.24　豌豆湖

豌豆湖，位于青海海西蒙古族藏族自治州格尔木市代管的唐古拉山镇，乌兰乌拉山晚第三纪陆相断陷盆地内，地理坐标为东经 90°51′，北纬 34°33′。豌豆湖是乌兰乌拉湖退缩后残留的最大湖泊，乌兰乌拉湖在豌豆湖西北方 12 km 处，两湖之间和豌豆湖周边面积在 1 km^2 以下的湖泊星罗棋布。湖水主要依赖 2 条时令河补给。湖面水位海拔 4860.00 m，面积 17.9 km^2。（胡东生，1994a；王苏民等，1998），2020 年卫星遥感监测水位海拔 4861.84 m（Xu et al.，2021，2022；许凤林 等，2021）。

多源卫星遥感监测显示，1987—2022 年豌豆湖面积呈显著扩张趋势，平均每年扩张 0.45 km^2。2022 年豌豆湖面积为 28.53 km^2，较 1987 年（13.64 km^2）扩张 14.89 km^2，扩张率为 109.16%。2011 年开始，豌豆湖向东部扩张，在湖东部形成了一个约 3 km^2 大小的湖体（图 6-72，表 6-24）。在空间变化上，湖东部和西部扩张明显（图 6-73，图 6-74）。

图 6-72　1987—2022 年豌豆湖面积变化

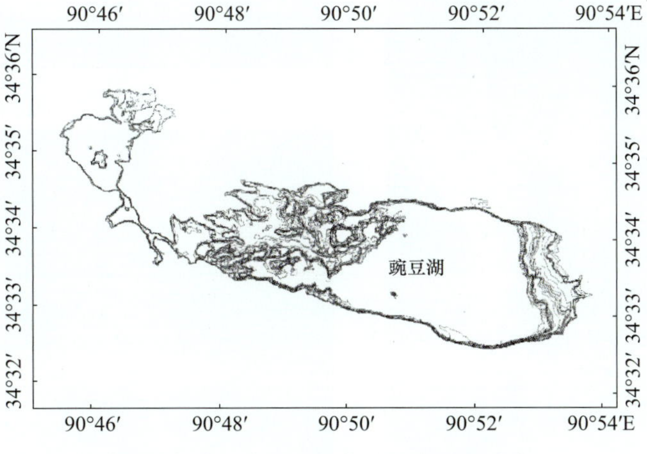

图 6-73　1987—2022 年豌豆湖边界变化

表 6-24　1987—2022 年豌豆湖逐五年面积统计　　单位：km^2

年份	1987	1990	1995	2000	2005	2010	2015	2020	2022
豌豆湖	13.64	15.08	12.99	15.51	17.77	19.95	25.20	27.02	28.53

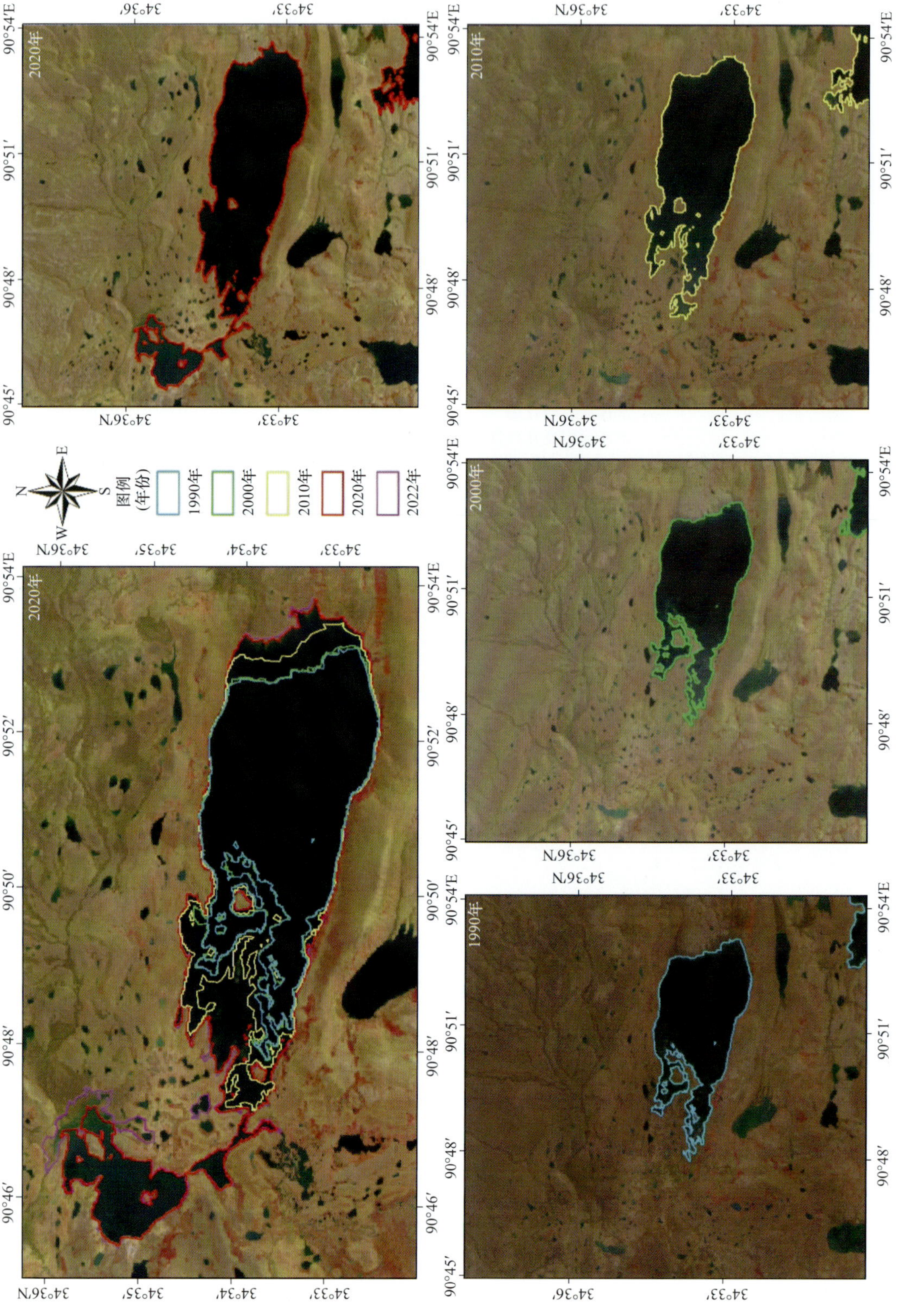

图 6-74 1987—2022 年豌豆湖湖面时空变化

6.25 日居错

日居错，位于青海海西蒙古族藏族自治州格尔木市代管的唐古拉山镇，羌塘高原东部一山间盆地内，第四纪时期与赤布张错相连，现两湖分离，地理坐标为东经 90°21′，北纬 33°48′。湖水主要依赖波陇章巴曲补给，属内陆吞吐湖，源于北部祖尔肯乌拉山，以冰雪融水径流为主；出流经曲郎岛日曲，注入赤布张错。湖面水位海拔 4935.00 m，面积 25.9 km^2（王苏民 等，1998）。

多源卫星遥感监测显示，1987—2022 年日居错面积呈萎缩态势，平均每年萎缩 0.02 km^2。2022 年日居错面积为 26.57 km^2，较 1987 年（26.59 km^2）几近相同（图 6-75，表 6-25）。在空间变化上，湖东部变化最明显（图 6-76，图 6-77）。

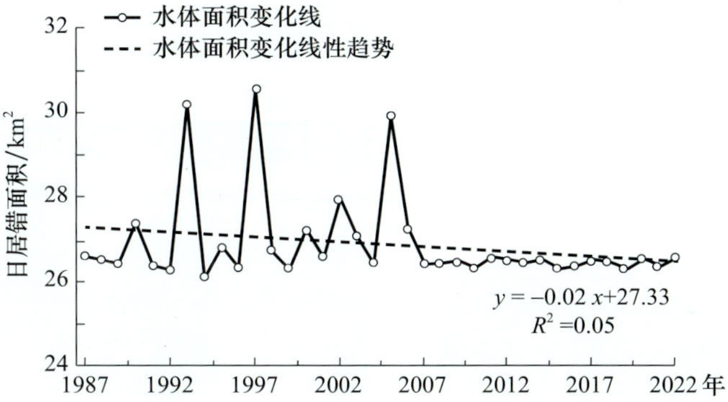

图 6-75　1987—2022 年日居错面积变化

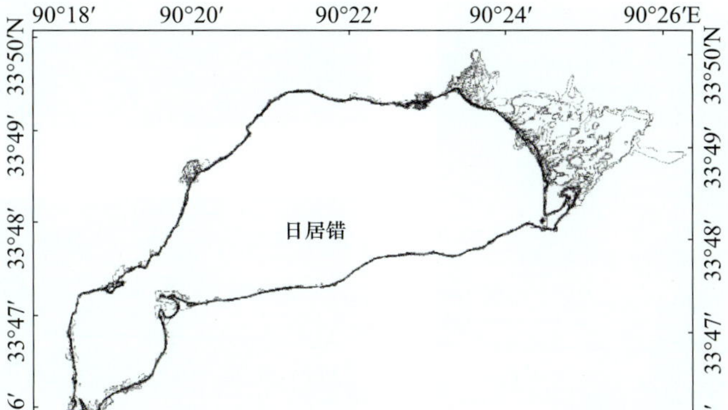

图 6-76　1987—2022 年日居错边界变化

表 6-25　1987—2022 年日居错逐五年面积统计　　单位：km^2

年份	1987	1990	1995	2000	2005	2010	2015	2020	2022
日居错	26.59	27.34	26.81	27.20	29.98	26.33	26.31	26.53	26.57

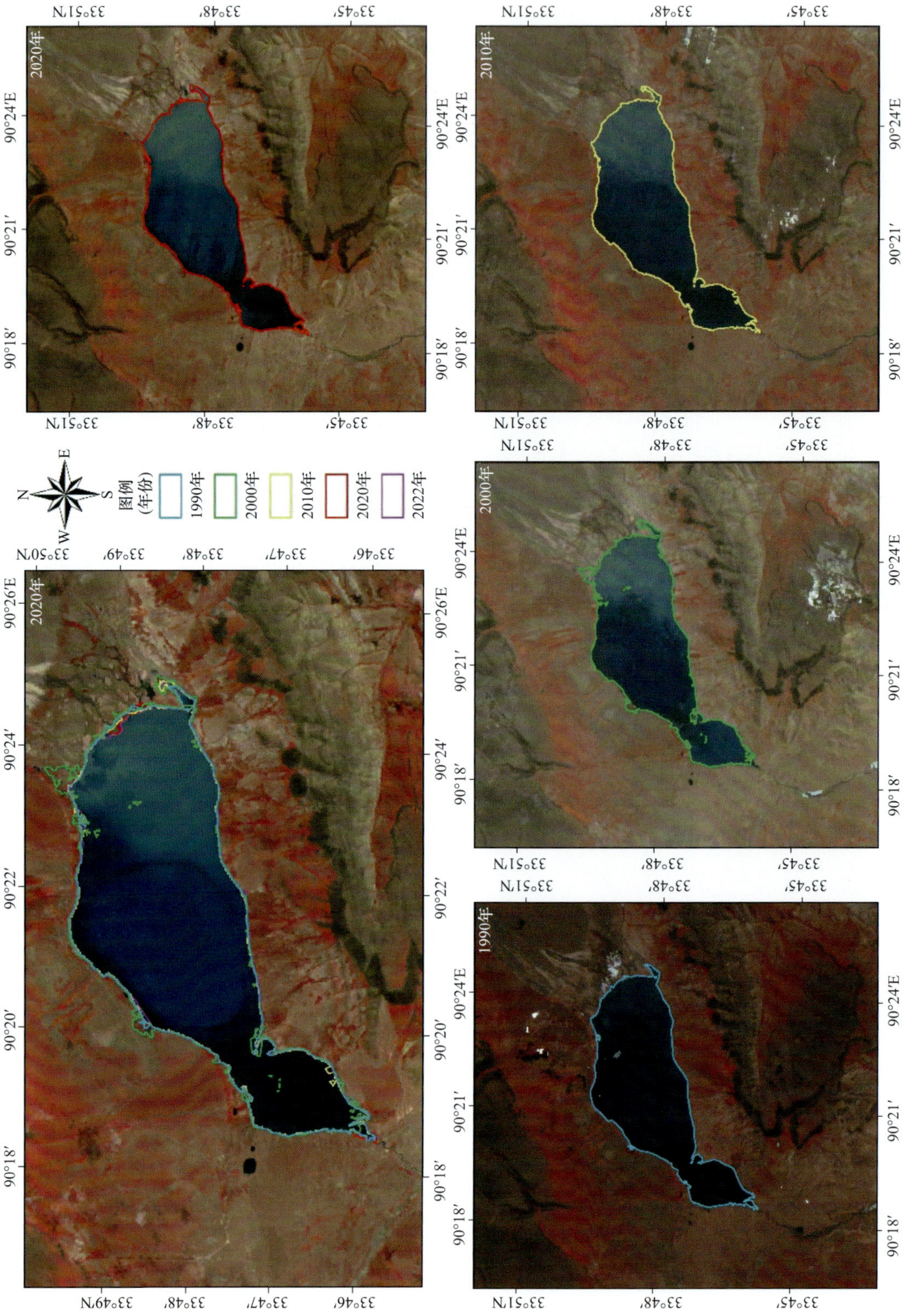

图 6-77 1987—2022 年日居错湖面时空变化

6.26 小库赛湖

小库赛湖，位于青海省海西蒙古族藏族自治州格尔木市，与库赛湖相隔于昆仑山脉南北两边，库赛湖坐落于南。小库赛湖地理坐标为东经 92°47′59″，北纬 36°5′24″（中华人民共和国水利部建设与管理司 等，1998）。

多源卫星遥感监测显示，1987—2022 年小库赛湖面积呈显著扩张趋势，平均每年扩张 0.46 km²。2022 年小库赛湖面积为 22.85 km²，较 1987 年（7.17 km²）扩张 15.68 km²，扩张率为 218.69%（图 6-78，表 6-26）。在空间变化上，小库赛湖背靠南面陡峭的山势向其他三个方位扩张（图 6-79，图 6-80）。

图 6-78 1987—2022 年小库赛湖面积变化

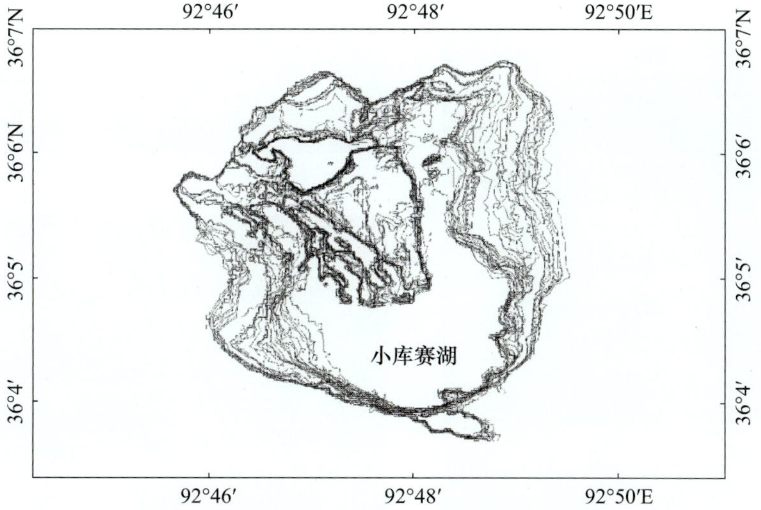

图 6-79 1987—2022 年小库赛湖边界变化

表 6-26 1987—2022 年小库赛湖逐五年面积统计 单位：km²

年份	1987	1990	1995	2000	2005	2010	2015	2020	2022
小库赛湖	7.17	13.43	7.42	9.39	10.81	21.62	19.94	22.62	22.85

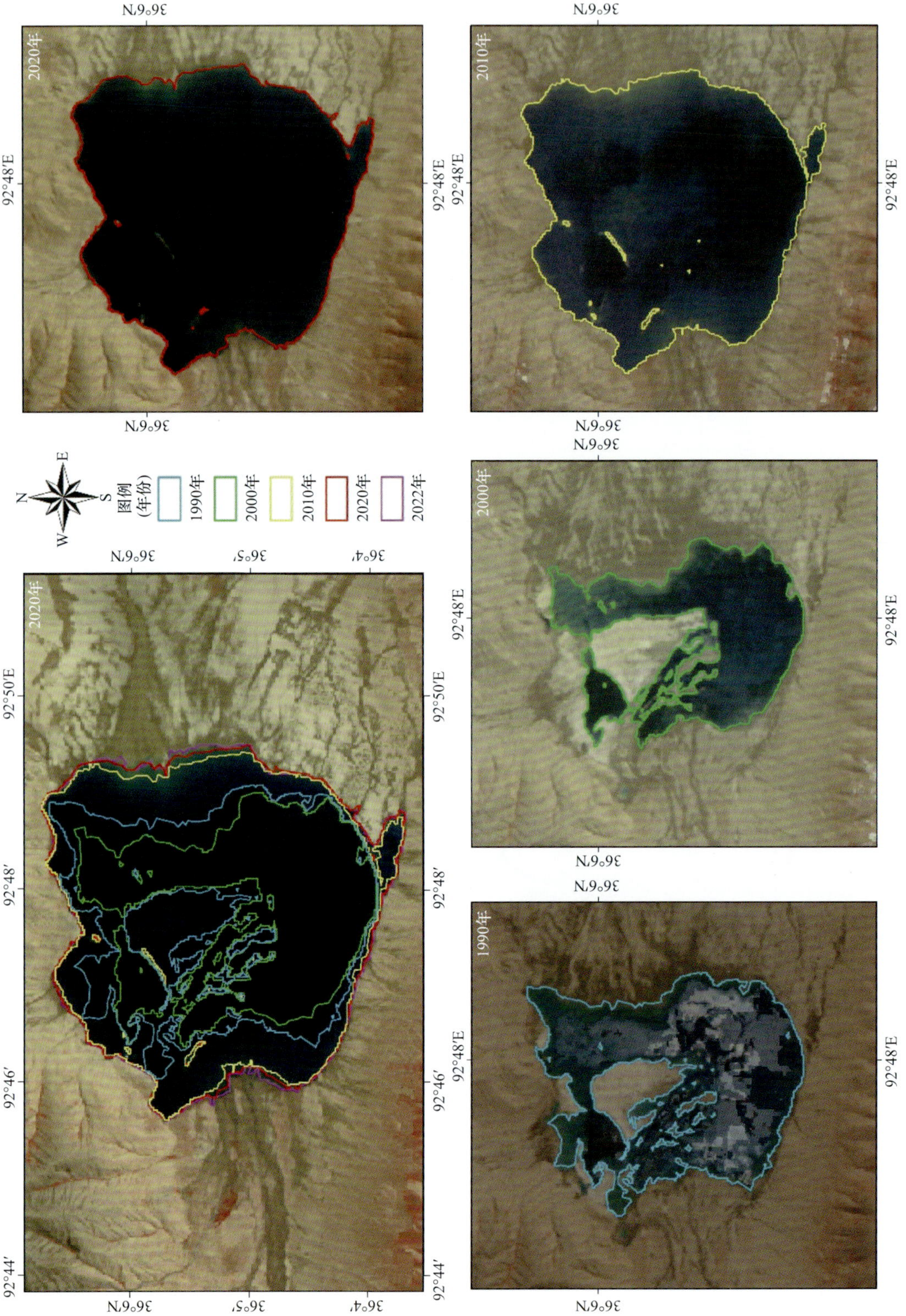

图 6-80 1987—2022 年小库赛湖湖面时空变化

6.27　章江头木错(错木斗江章湖)

章江头木错，也称错木斗江章湖，位于青海省海西蒙古族藏族自治州格尔木市，巴颜喀拉山一山间盆地内，地理坐标为东经 95°36′，北纬 35°20′。湖水主要依赖泉集小河补给，水量较小；丰水期，湖水从东出口向东南流入格涌曲，最终汇入格尔木河。该湖属于达布逊流域格尔木河上游季节性内陆吞吐淡水湖。湖面水位海拔 4396.00 m，面积 20 km^2(王苏民 等，1998)。

多源卫星遥感监测显示，1987—2022 年章江头木错面积呈"V"字形变化，1987—2003 年湖面积萎缩，2004—2020 年湖面积扩张，整体呈扩张态势，平均每年扩张 0.02 km^2。2022 年章江头木错面积为 20.95 km^2，较 1987 年(19.85 km^2)扩张 1.10 km^2，扩张率为 5.54%(图 6-81，表 6-27)。在空间变化上，章江头木错在北向、西向、南向扩张明显(图 6-82，图 6-83)。

图 6-81　1987—2022 年章江头木错面积变化

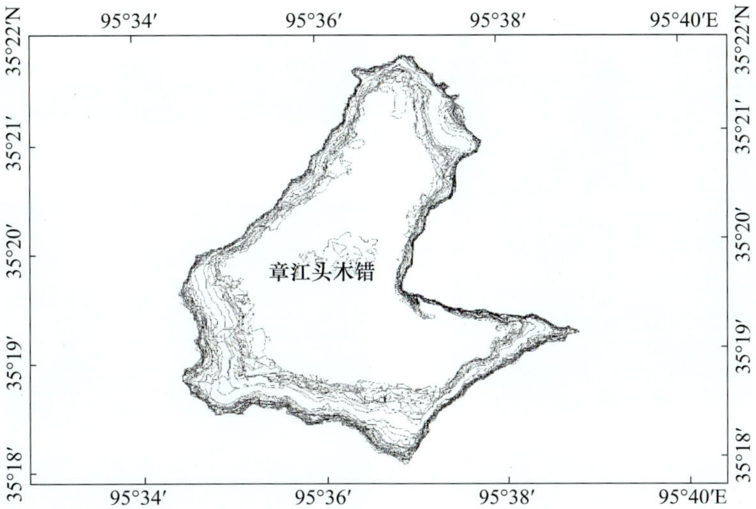

图 6-82　1987—2022 年章江头木错边界变化

表 6-27　1987—2022 年章江头木错逐五年面积统计　　单位：km^2

年份	1987	1990	1995	2000	2005	2010	2015	2020	2022
章江头木错	19.85	20.91	19.65	15.49	14.02	21.01	20.76	21.08	20.95

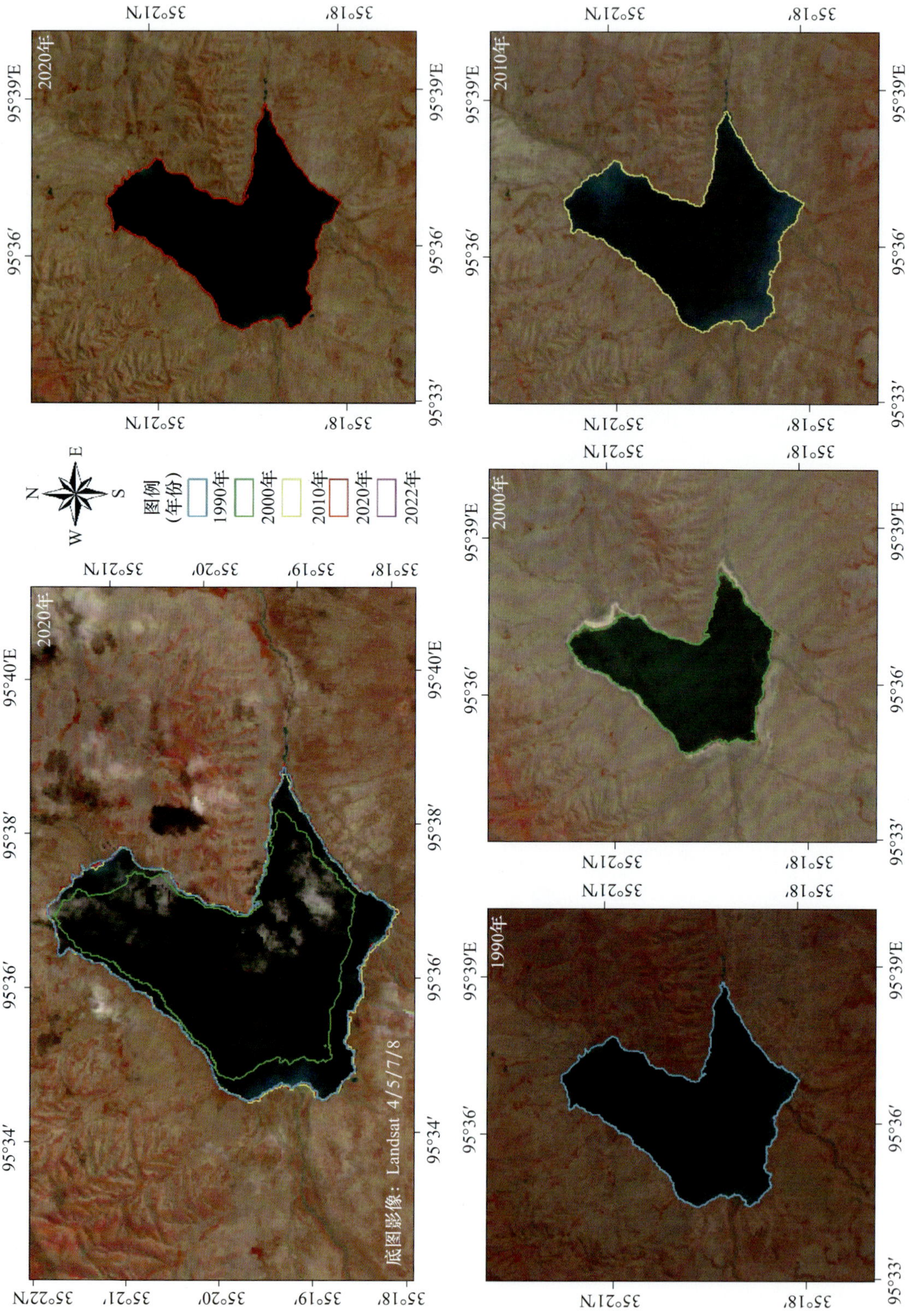

图 6-83　1987—2022 年章江头木错湖面时空变化

6.28 欧 错

欧错，位于青海省海西蒙古族藏族自治州格尔木市代管的唐古拉山镇，岗钦雪山南部一山间盆地内，地理坐标为东经 90°31′，北纬 33°48′。滨湖东北部为冰缘倾斜平原，北部分布有小面积沼泽，地势较开阔，湖面近似圆形。湖水主要依赖冰雪融水径流补给，入湖河流 3 条，冰雪融水较丰。湖面水位海拔 5047.00 m，面积 16.3 km^2（王苏民 等，1998）。

多源卫星遥感监测显示，1987—2022 年欧错面积呈显著扩张趋势，平均每年扩张 0.17 km^2。2022 年欧错面积为 20.95 km^2，较 1987 年（16.28 km^2）扩张 4.67 km^2，扩张率为 28.69%（图 6-84，表 6-28）。在空间变化上，欧错向东北部冰缘倾斜平原扩张明显（图 6-85，图 6-86）。

图 6-84 1987—2022 年欧错面积变化

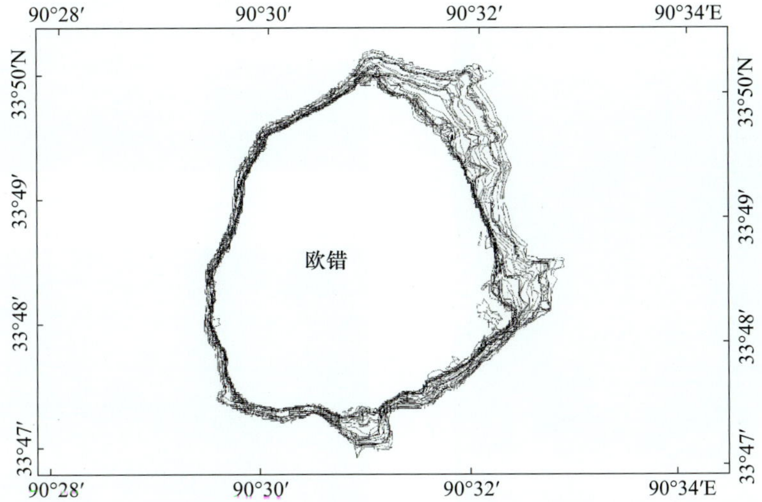

图 6-85 1987—2022 年欧错边界变化

表 6-28 1987—2022 年欧错逐五年面积统计 单位：km^2

年份	1987	1990	1995	2000	2005	2010	2015	2020	2022
欧错	16.28	15.94	15.69	16.51	17.48	18.35	19.42	20.78	20.95

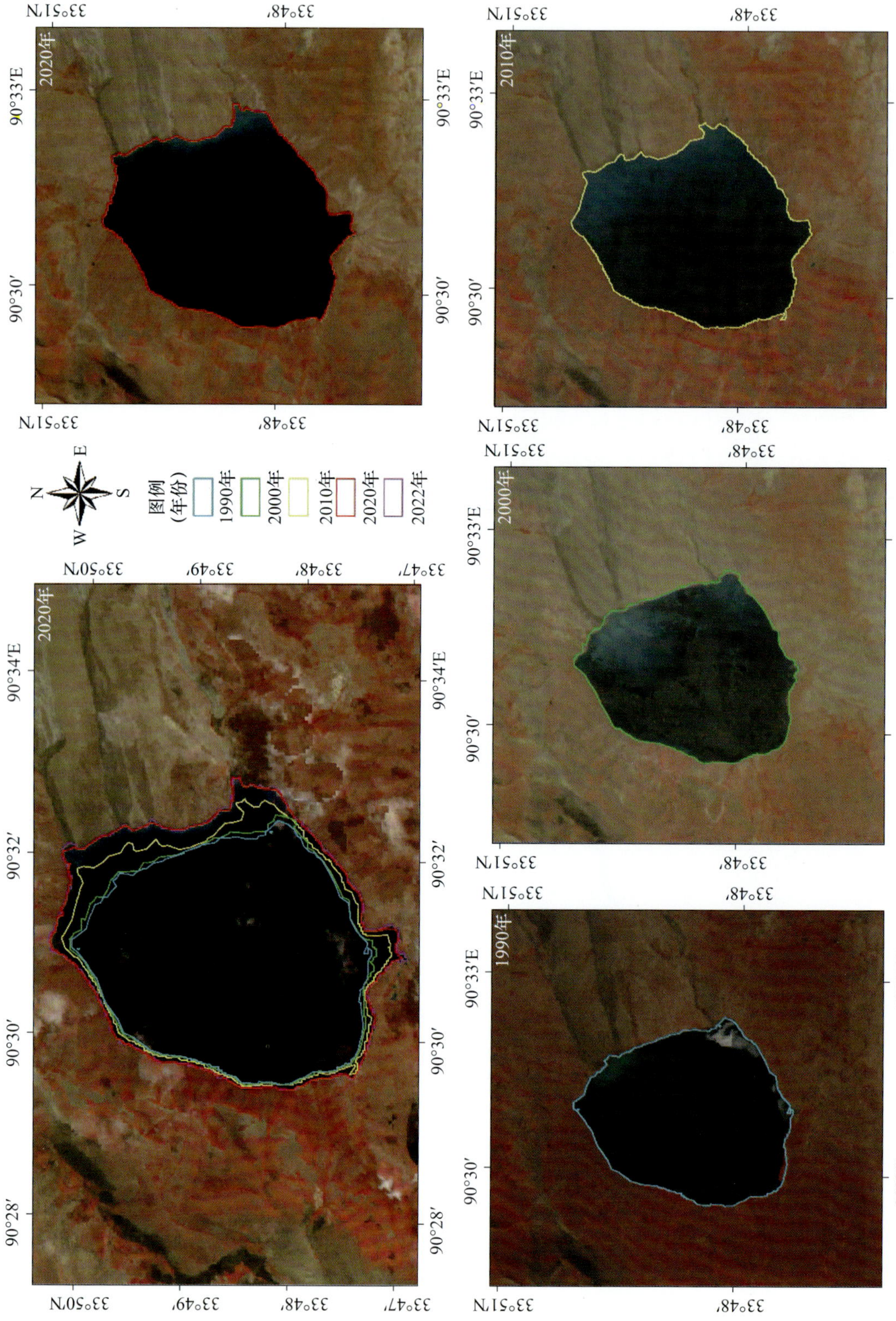

图 6-86 1987—2022 年欧错湖面时空变化

6.29　燕子湖

燕子湖，位于青海省海西蒙古族藏族自治州格尔木市代管的唐古拉山镇，羌塘高原东部一山间盆地内，为藏北内流区湖泊，地理坐标为东经 89°55′，北纬 33°52′。湖水主要依赖节节河及少量区间地表径流补给，出流经南部的尾巴河注入诺多错，属内陆吞吐湖。湖面水位海拔 4973.00m，面积 16.1 km^2（王苏民 等，1998），2020 年卫星遥感监测水位海拔 4971.28 m（Xu et al.，2021，2022；许风林 等，2021）。

多源卫星遥感监测显示，1987—2022 年燕子湖湖泊面积整体稳定，趋势变化率为−0.01 km^2/a。2022 年燕子湖面积为 15.42 km^2，较 1987 年（14.92 km^2）增加 0.50 km^2，增加率为 3.35%（图 6-87，表 6-29）。在空间变化上，湖北部时令河入湖区和东部地表径流入湖区是变化最明显的区域（图 6-88，图 6-89）。

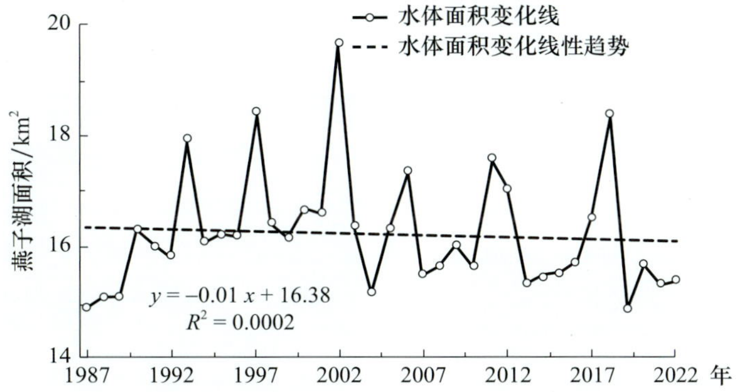

图 6-87　1987—2022 年燕子湖面积变化

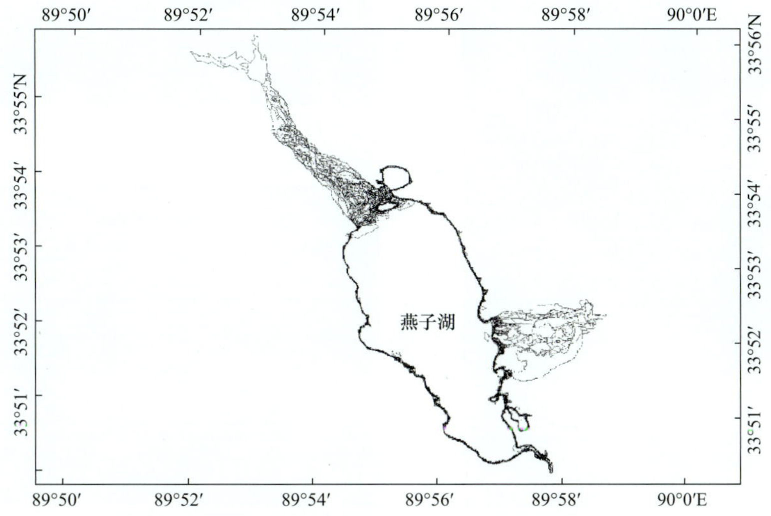

图 6-88　1987—2022 年燕子湖边界变化

表 6-29　1987—2022 年燕子湖逐五年面积统计　　单位：km^2

年份	1987	1990	1995	2000	2005	2010	2015	2020	2022
燕子湖	14.92	13.33	16.26	16.70	16.31	15.67	15.53	15.69	15.42

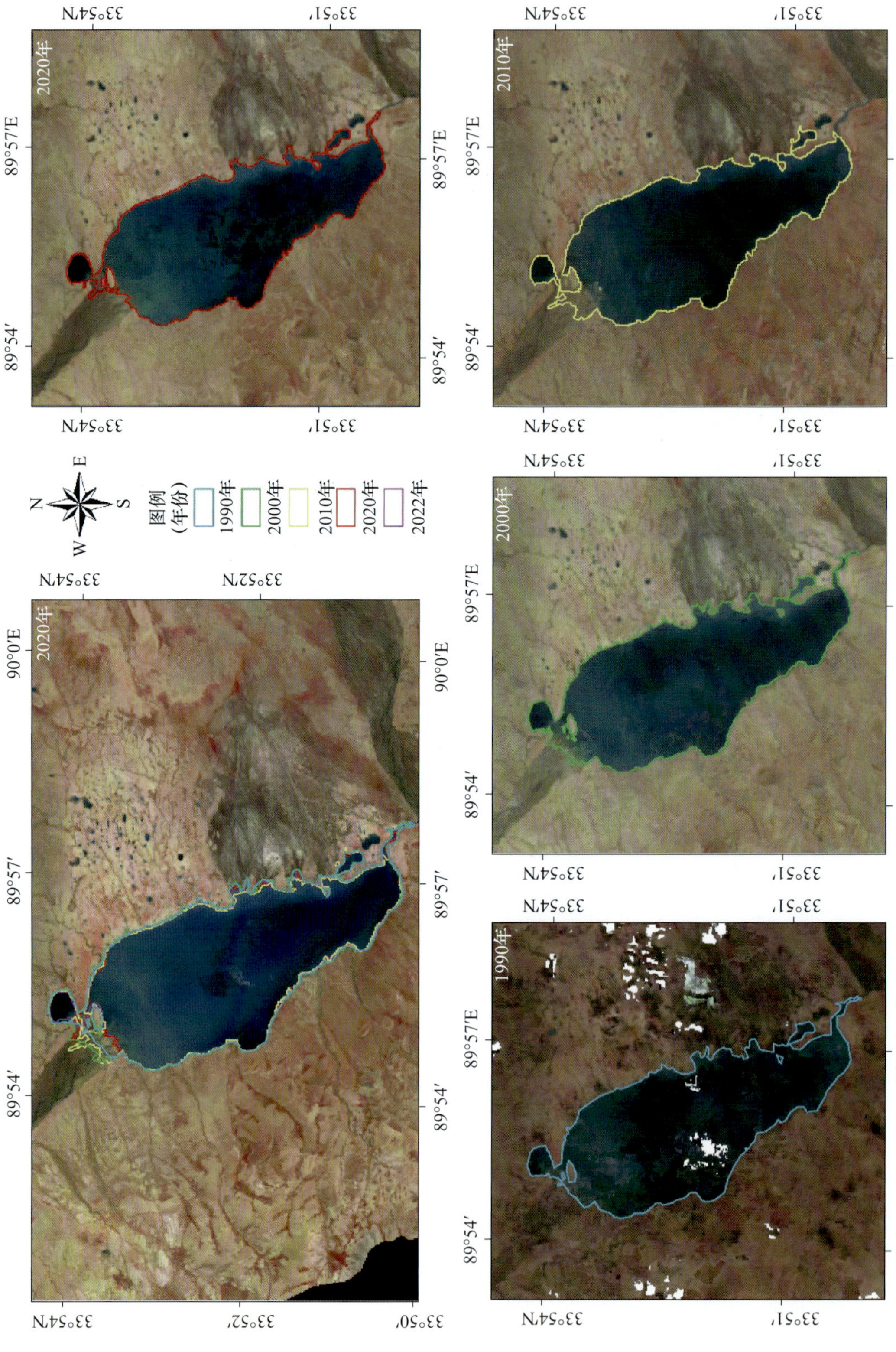

图 6-89　1987—2022 年燕子湖湖面时空变化

6.30 错拉巴鄂阿东

错拉巴鄂阿东，位于青海省海西蒙古族藏族自治州格尔木市，昆仑山东端一山间谷地内，地理坐标为东经 95°25′，北纬 35°26′。系格尔木河上游霍兰郭勒河携带的沙砾堵塞支流出口堰塞而成，湖泊总体南北走向，狭长状。滨湖东、西部有小型洪积扇分布。湖水主要以南部几条时令河补给，水源不足；出流经北部的小河注入霍兰郭勒河。湖面水位海拔 4485.00 m，面积 14.8 km²（王苏民 等，1998）。

多源卫星遥感监测显示，1987—2022 年错拉巴鄂阿东面积呈稳定态势，略有扩张。2022 年错拉巴鄂阿东湖面积为 14.04 km²，较 1987 年（13.79 km²）扩张 0.25 km²，扩张率为 1.81%（图 6-90，表 6-30）。湖泊整体空间变化不明显（图 6-91，图 6-92）。

图 6-90 1987—2022 年错拉巴鄂阿东面积变化

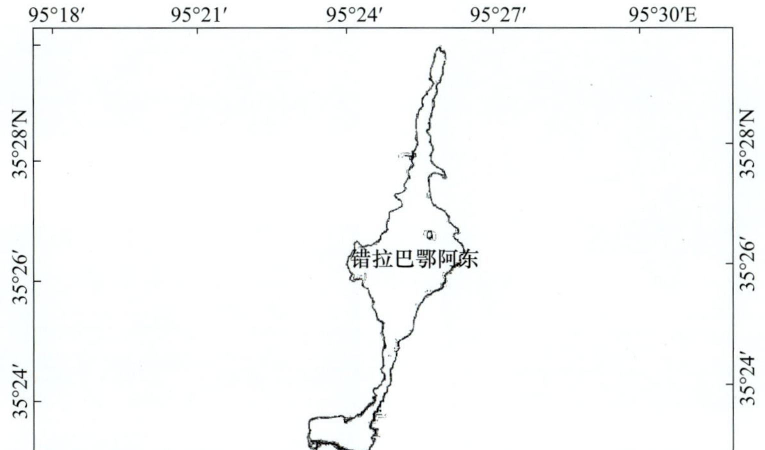

图 6-91 1987—2022 年错拉巴鄂阿东边界变化

表 6-30 1987—2022 年错拉巴鄂阿东逐五年面积统计 单位：km²

年份	1987	1990	1995	2000	2005	2010	2015	2020	2022
错拉巴鄂阿东	13.79	13.77	13.34	13.41	13.77	13.98	13.56	13.92	14.04

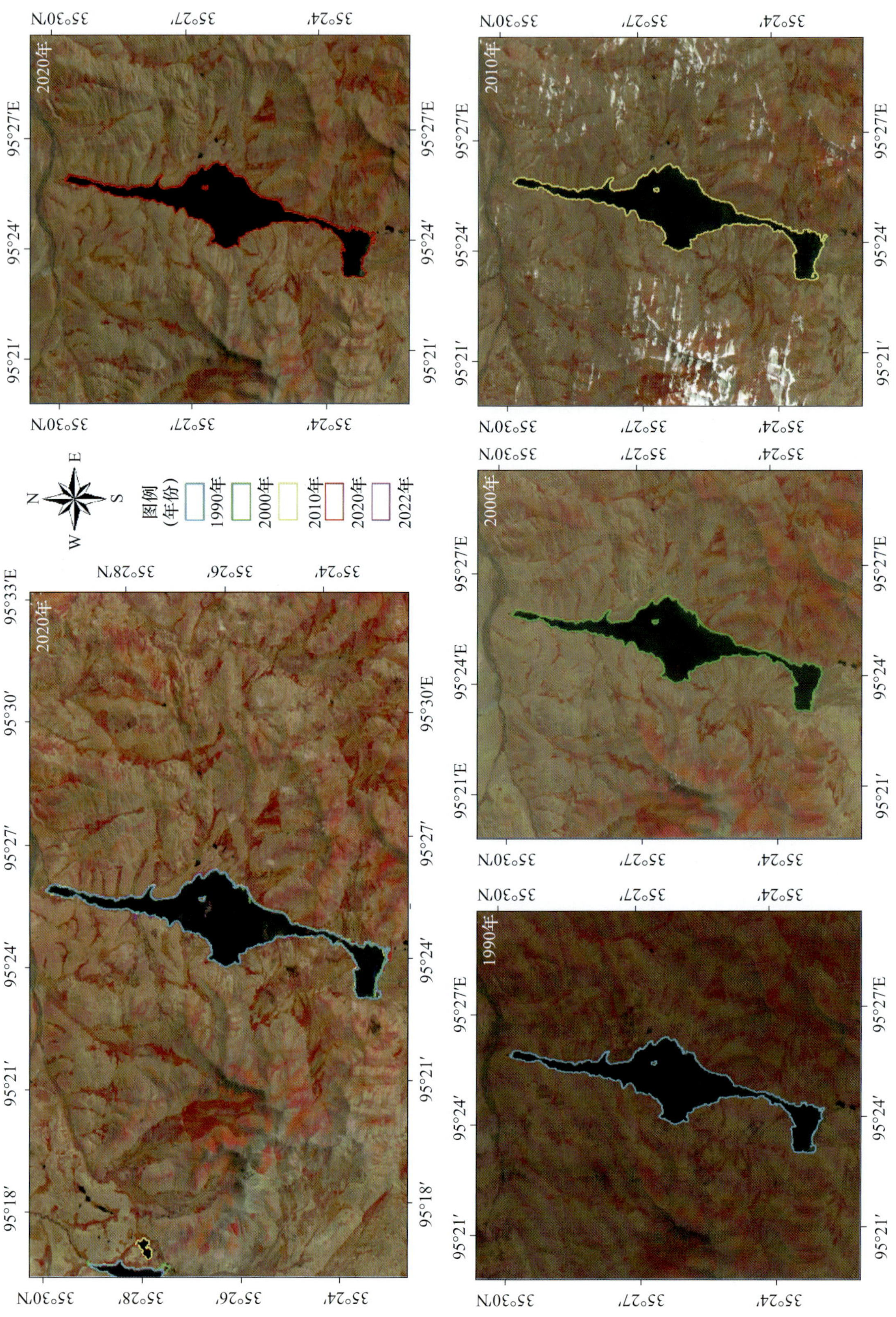

图 6-92 1987—2022 年错拉巴鄂阿东湖面时空变化

6.31　日九错(错阿日玛)

日九错，又名错阿日玛，位于青海省海西蒙古族藏族自治州格尔木市代管的唐古拉山镇，滨湖东部分布众多古湖泊退缩后形成的残留小湖，地理坐标为东经 91°42′，北纬 34°12′。日九错属长江源头季节性外流淡水湖。湖水主要依赖地表径流补给，入湖河流中吾果曲最大，水系复杂，呈树枝状；出流经东部小河入沱沱河。湖面水位海拔 4654.00 m，面积 12.30 km^2(王苏民 等，1998)。

多源卫星遥感监测显示，1987—2022 年日九错湖泊面积整体稳定，趋势变化率为 0.02 km^2/a。2022 年日九错面积为 10.44 km^2，较 1987 年(11.35 km^2)萎缩 0.91 km^2，萎缩率为 8.02%(图 6-93，表 6-31)。在空间变化上，湖东部入湖河流吾果曲注入的洪积扇区是变化最明显的区域(图 6-94，图 6-95)。

图 6-93　1987—2022 年日九错面积变化

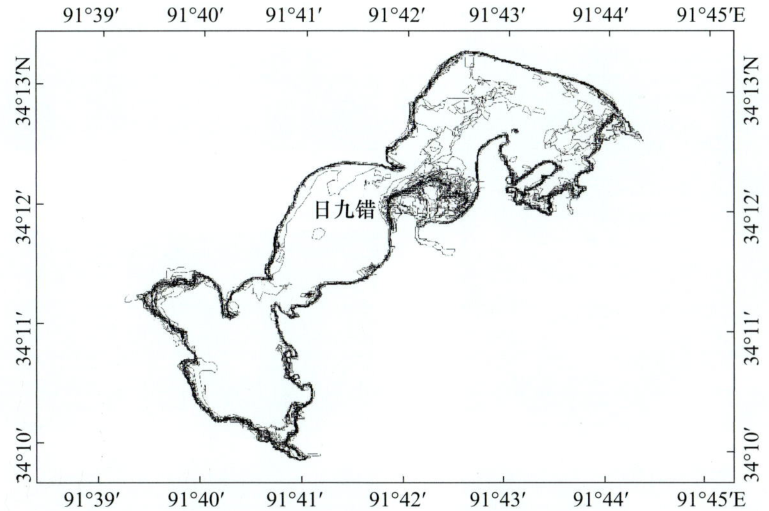

图 6-94　1987—2022 年日九错边界变化

表 6-31　1987—2022 年日九错逐五年面积统计　　单位：km^2

年份	1987	1990	1995	2000	2005	2010	2015	2020	2022
日九错	11.35	11.63	12.12	12.07	12.79	11.57	11.01	12.33	10.44

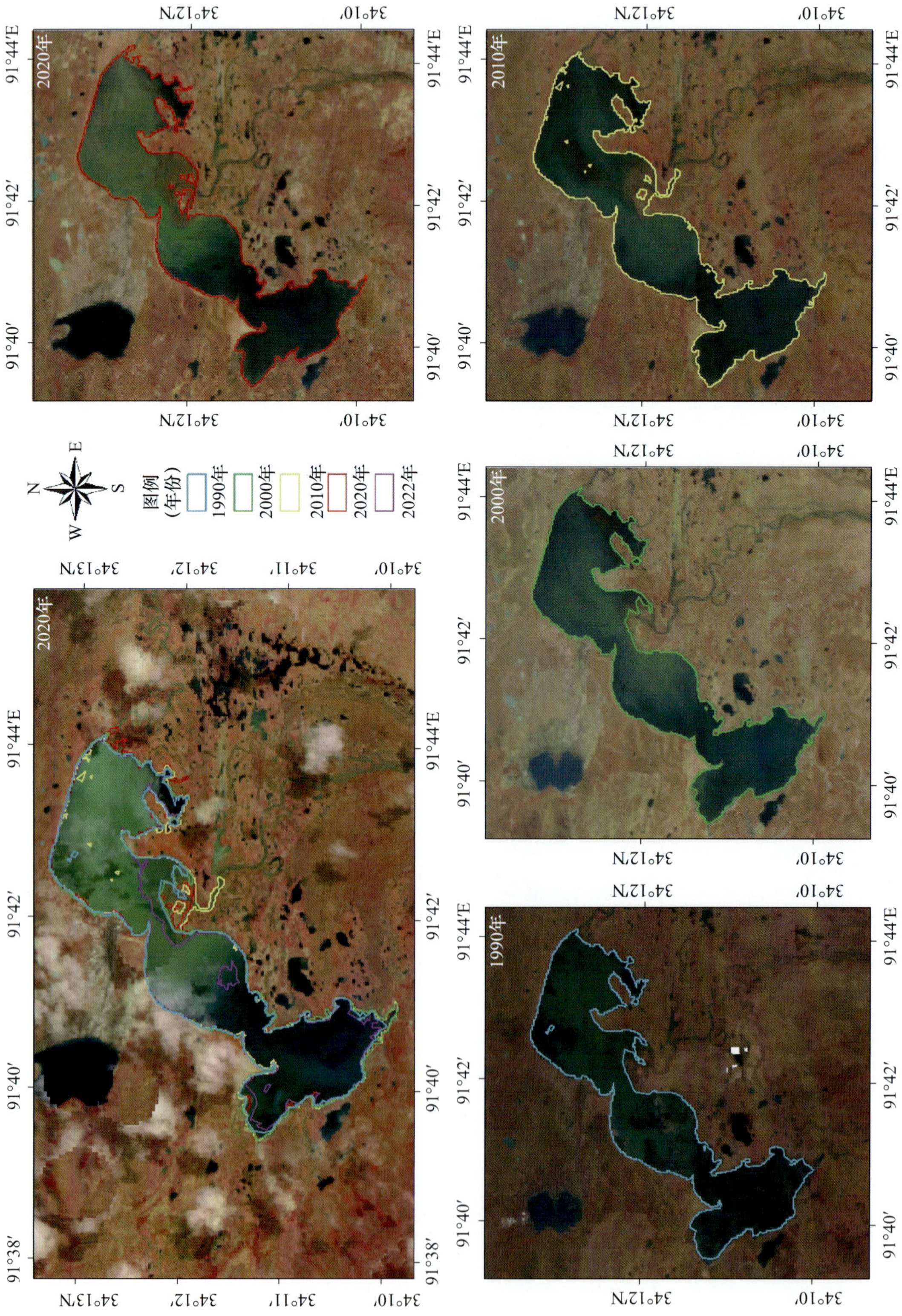

图 6-95 1987—2022 年日九错湖面时空变化

6.32 常 错

常错，位于青海省海西蒙古族藏族自治州格尔木市代管的唐古拉山镇。地理坐标为东经 92°16′12″，北纬 33°6′0″。湖水主要依赖冰雪融水径流补给。湖面积约为 8.88 km²（中华人民共和国水利部建设与管理司 等，1998）。

多源卫星遥感监测显示，1987—2022 年常错面积呈稳定态势。2022 年常错面积为 8.95 km²，较 1987 年（8.72 km²）扩张 0.23 km²，扩张率为 2.64%（图 6-96，表 6-32）。湖泊整体空间变化不明显（图 6-97，图 6-98）。

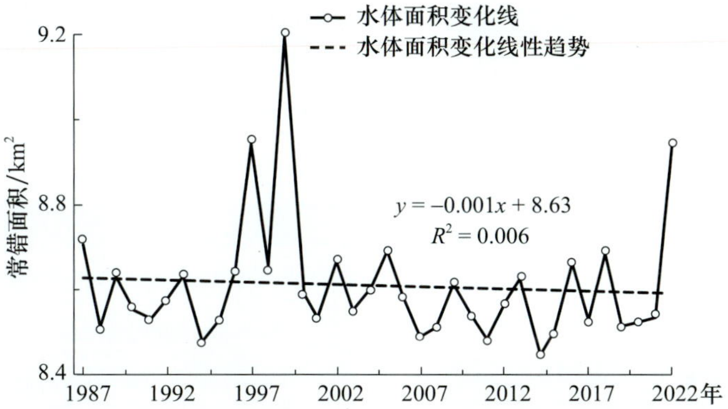

图 6-96 1987—2022 年常错面积变化

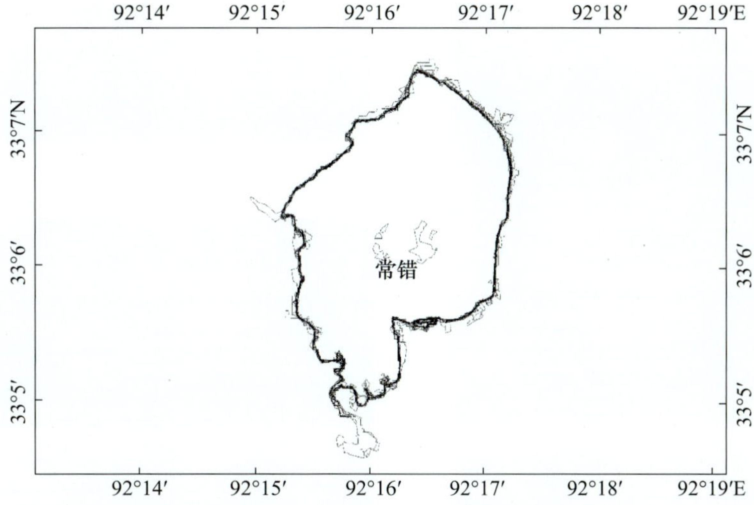

图 6-97 1987—2022 年常错边界变化

表 6-32 1987—2022 年常错逐五年面积统计 单位：km²

年份	1987	1990	1995	2000	2005	2010	2015	2020	2022
常错	8.72	8.56	8.52	8.59	8.69	8.54	8.49	8.52	8.95

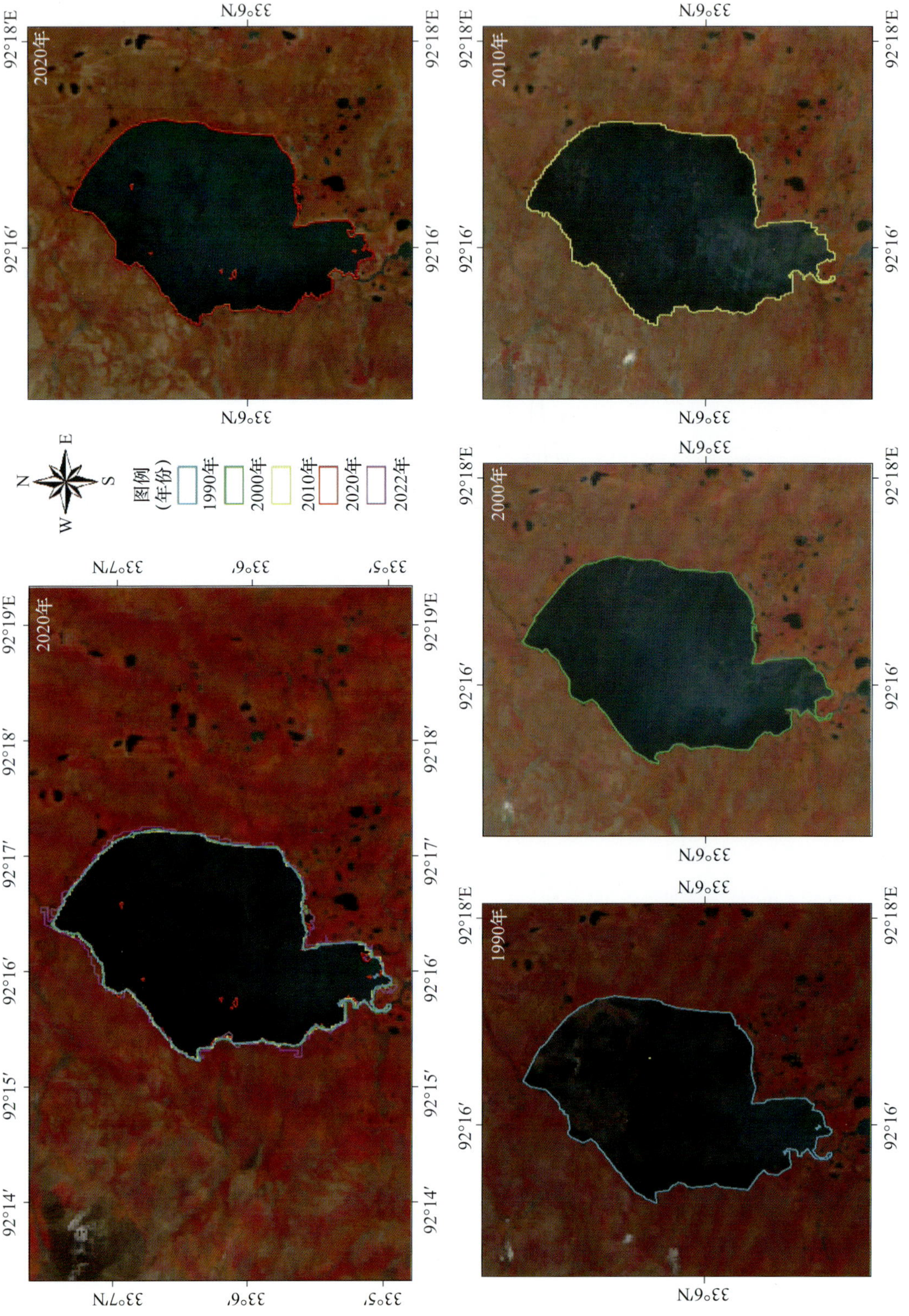

图 6-98　1987—2022 年常错湖面时空变化

6.33　尺埃错

尺埃错，位于青海省海西蒙古族藏族自治州格尔木市代管的唐古拉山镇。湖水主要依赖冰雪融水径流补给。地理坐标为东经 92°4′12″，北纬 32°53′24″（中华人民共和国水利部建设与管理司 等，1998）。

多源卫星遥感监测显示，1987—2022 年尺埃错面积呈稳定态势。2022 年尺埃错面积为 7.89 km²，较 1987 年（7.78 km²）扩张 0.11 km²，扩张率为 1.41%（图 6-99，表 6-33）。湖泊整体空间变化不明显（图 6-100，图 6-101）。

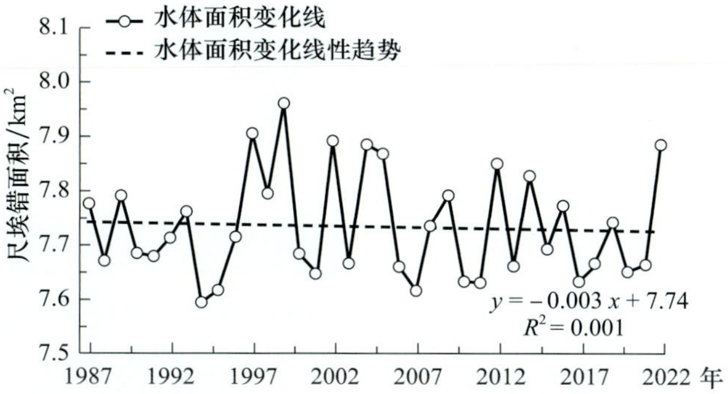

图 6-99　1987—2022 年尺埃错面积变化

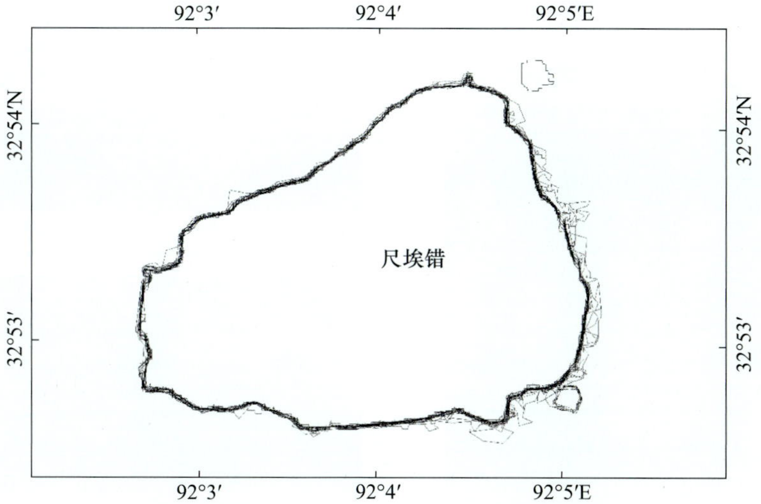

图 6-100　1987—2022 年尺埃错边界变化

表 6-33　1987—2022 年尺埃错逐五年面积统计　　单位：km²

年份	1987	1990	1995	2000	2005	2010	2015	2020	2022
尺埃错	7.78	7.68	7.62	7.69	7.87	7.63	7.69	7.65	7.89

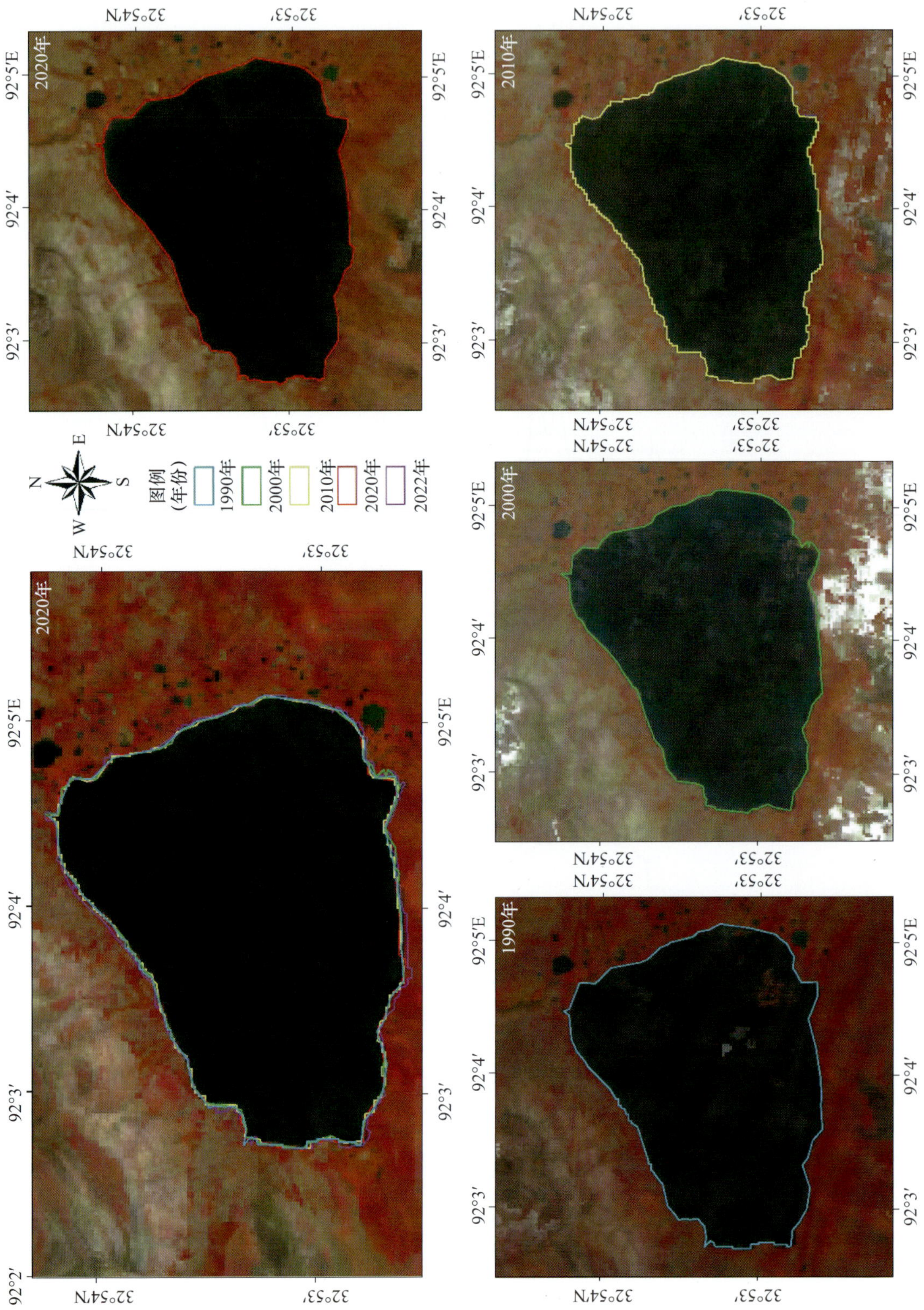

图 6-101 1987—2022 年尺埃错湖面时空变化

6.34 奔　　错

奔错，位于青海省海西蒙古族藏族自治州格尔木市代管的唐古拉山镇，南部有一面积差不多大小的无名湖流出的水道与之相连，地理坐标为东经 90°52′48″，北纬 33°40′12″。湖水主要依赖冰雪融水径流和南部湖泊湖水补给。湖面积约为 7.06 km^2（中华人民共和国水利部建设与管理司 等，1998）。

多源卫星遥感监测显示，1987—2022 年奔错面积呈显著萎缩趋势，平均每年萎缩 0.03 km^2。2022 年奔错面积为 6.87 km^2，较 1987 年（9.74 km^2）萎缩 2.87 km^2，萎缩率为 29.47%（图 6-102，表 6-34）。在空间变化上，湖体北部和南部的滩涂因湖水面积减小、水位下降而消失（图 6-103，图 6-104）。

图 6-102　1987—2022 年奔错面积变化

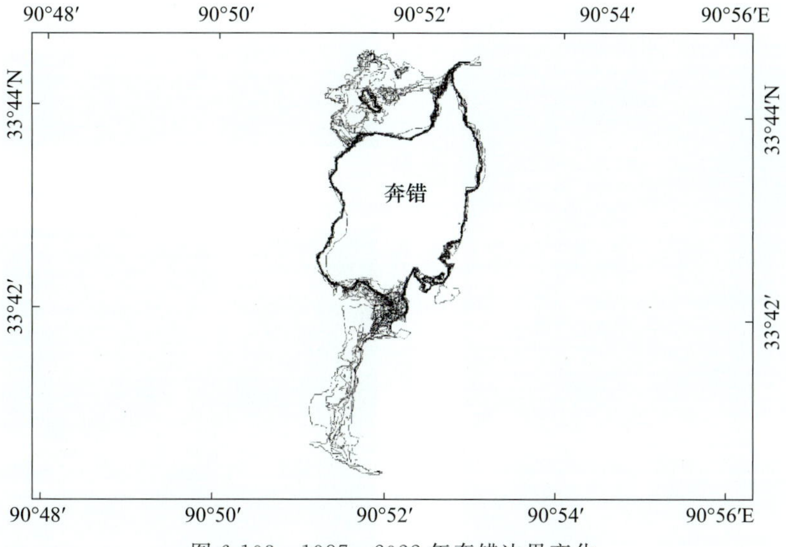

图 6-103　1987—2022 年奔错边界变化

表 6-34　1987—2022 年奔错逐五年面积统计　　单位：km^2

年份	1987	1990	1995	2000	2005	2010	2015	2020	2022
奔错	9.74	8.24	7.01	7.24	7.76	7.03	6.89	6.87	6.87

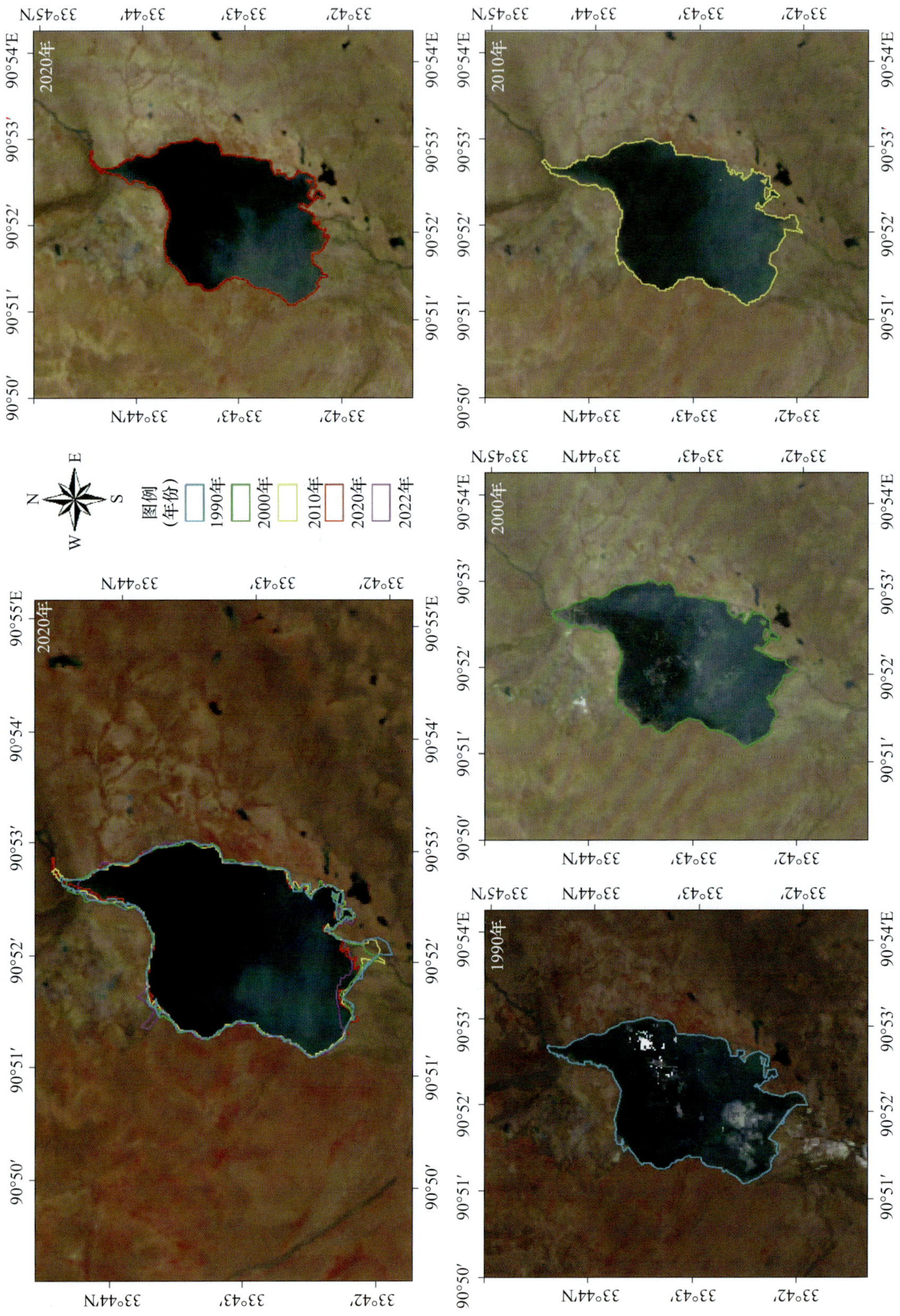

图 6-104　1987—2022 年奔错湖面时空变化

6.35　瑙滚诺尔(诺干诺尔)

瑙滚诺尔，又名诺干诺尔，位于青海省海西蒙古族藏族自治州德令哈市，湖东岸距哈拉湖约 27 km。地理坐标为东经 97°9′0″，北纬 38°27′36″。湖水主要依赖冰雪融水径流和南部湖泊出流湖水补给。湖面积约为 3.04 km^2(中华人民共和国水利部建设与管理司 等，1998)

多源卫星遥感监测显示，1987—2022 年瑙滚诺尔湖面积呈扩张态势，平均每年扩张 0.06 km^2。2022 年瑙滚诺尔湖面积为 6.38 km^2，较 1987 年(4.60 km^2)扩张 1.78 km^2，扩张率为 38.70%，其中，1996 年、1997 年湖泊干涸(图 6-105，表 6-35)。在空间变化上，湖泊向东部扩张最为明显(图 6-106，图 6-107)。

图 6-105　1987—2022 年瑙滚诺尔面积变化

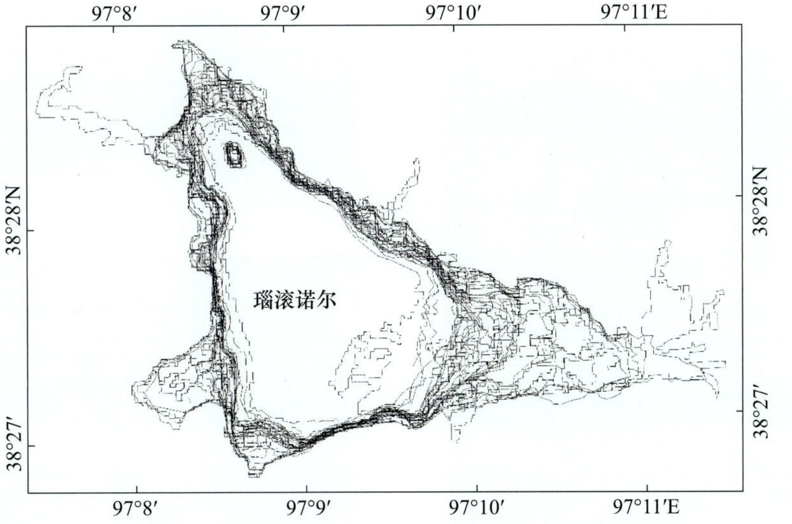

图 6-106　1987—2022 年瑙滚诺尔边界变化

表 6-35　1987—2022 年瑙滚诺尔逐五年面积统计　　单位：km^2

年份	1987	1990	1995	2000	2005	2010	2015	2020	2022
瑙滚诺尔	4.60	4.55	4.09	3.15	4.08	4.82	5.25	6.67	6.38

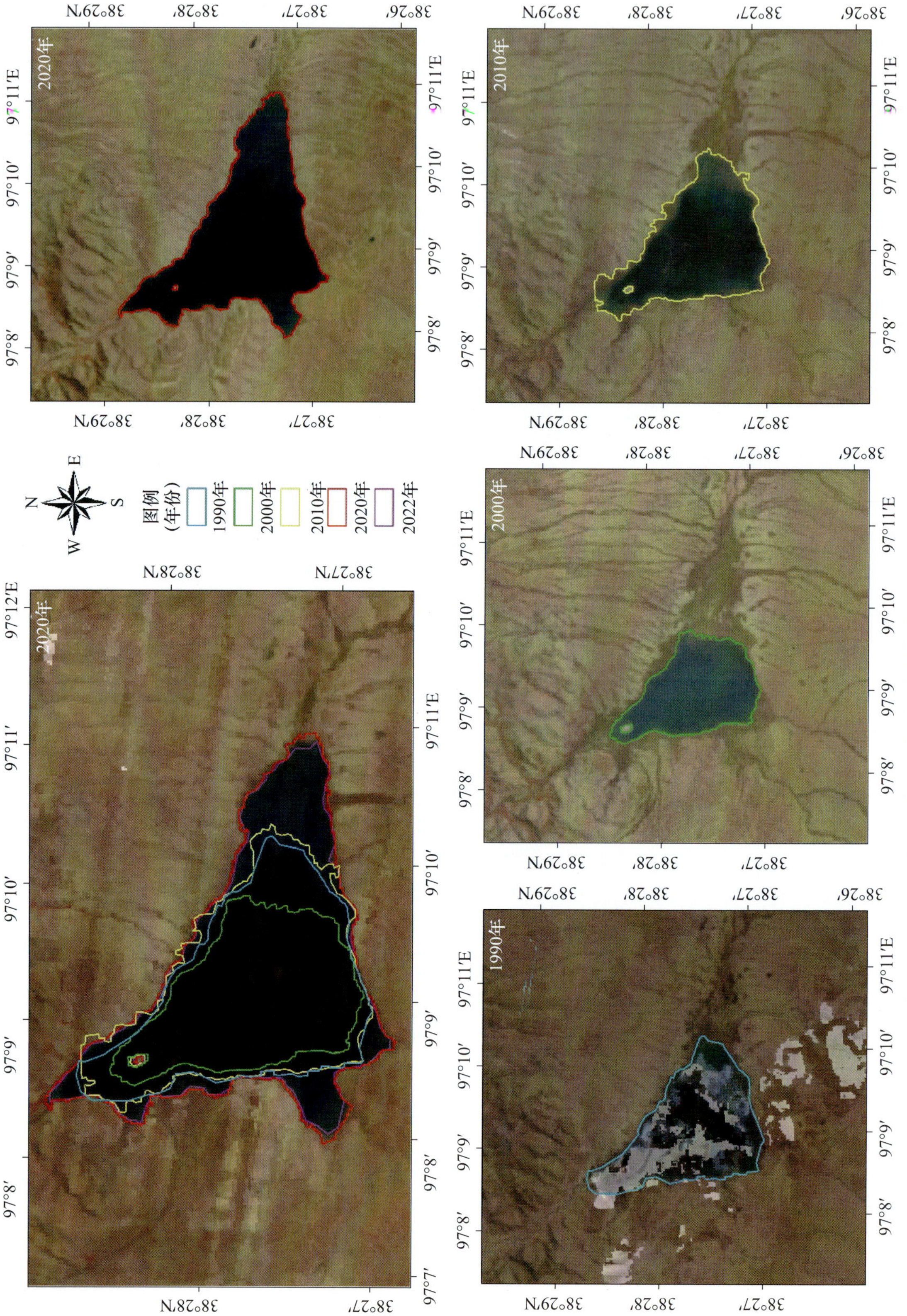

图 6-107　1987—2022 年瑙滚诺尔湖面时空变化

6.36　俄尕湖

俄尕湖，位于青海省海西蒙古族藏族自治州格尔木市，属于东台吉乃尔河上的河成湖。地理坐标为东经 92°57′，北纬 37°16′。

多源卫星遥感监测显示，1987—2022 年俄尕湖面积变化起伏较大，整体变化趋势率为 0.01 km²/a。2022 年俄尕湖湖面积为 6.29 km²，较 1987 年（7.11 km²）减小 0.82 km²（图 6-108，表 6-36）。在空间变化上，滨湖东南部是变化最明显的区域（图 6-109，图 6-110）。

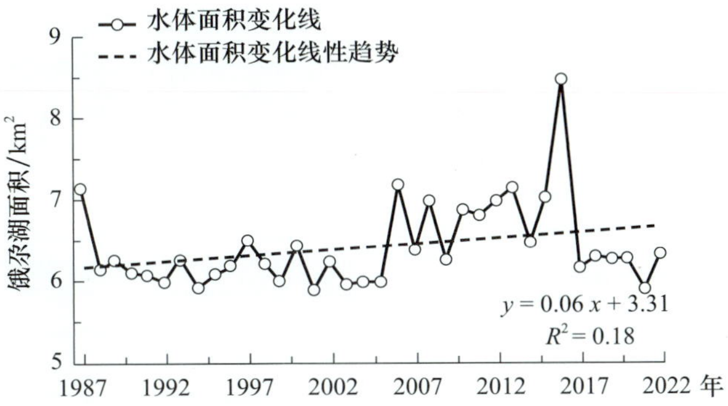

图 6-108　1987—2022 年俄尕湖面积变化

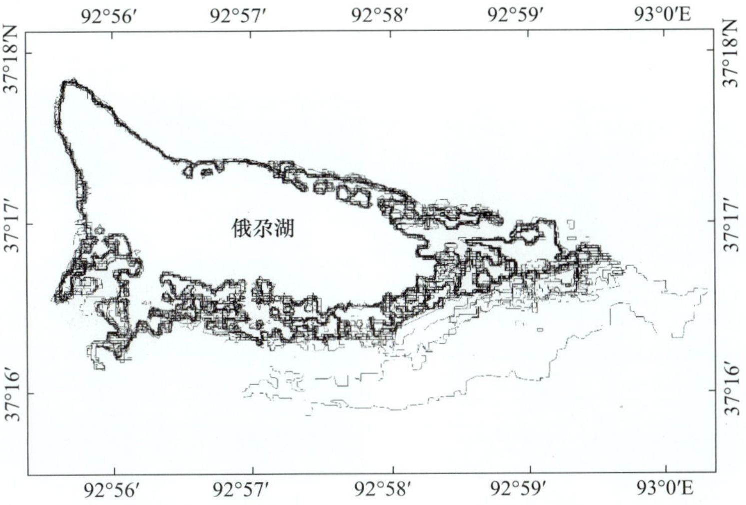

图 6-109　1987—2022 年俄尕湖边界变化

表 6-36　1987—2022 年俄尕湖逐五年面积统计　　单位：km²

年份	1987	1990	1995	2000	2005	2010	2015	2020	2022
俄尕湖	7.11	6.08	6.06	6.39	5.96	6.84	6.99	6.25	6.29

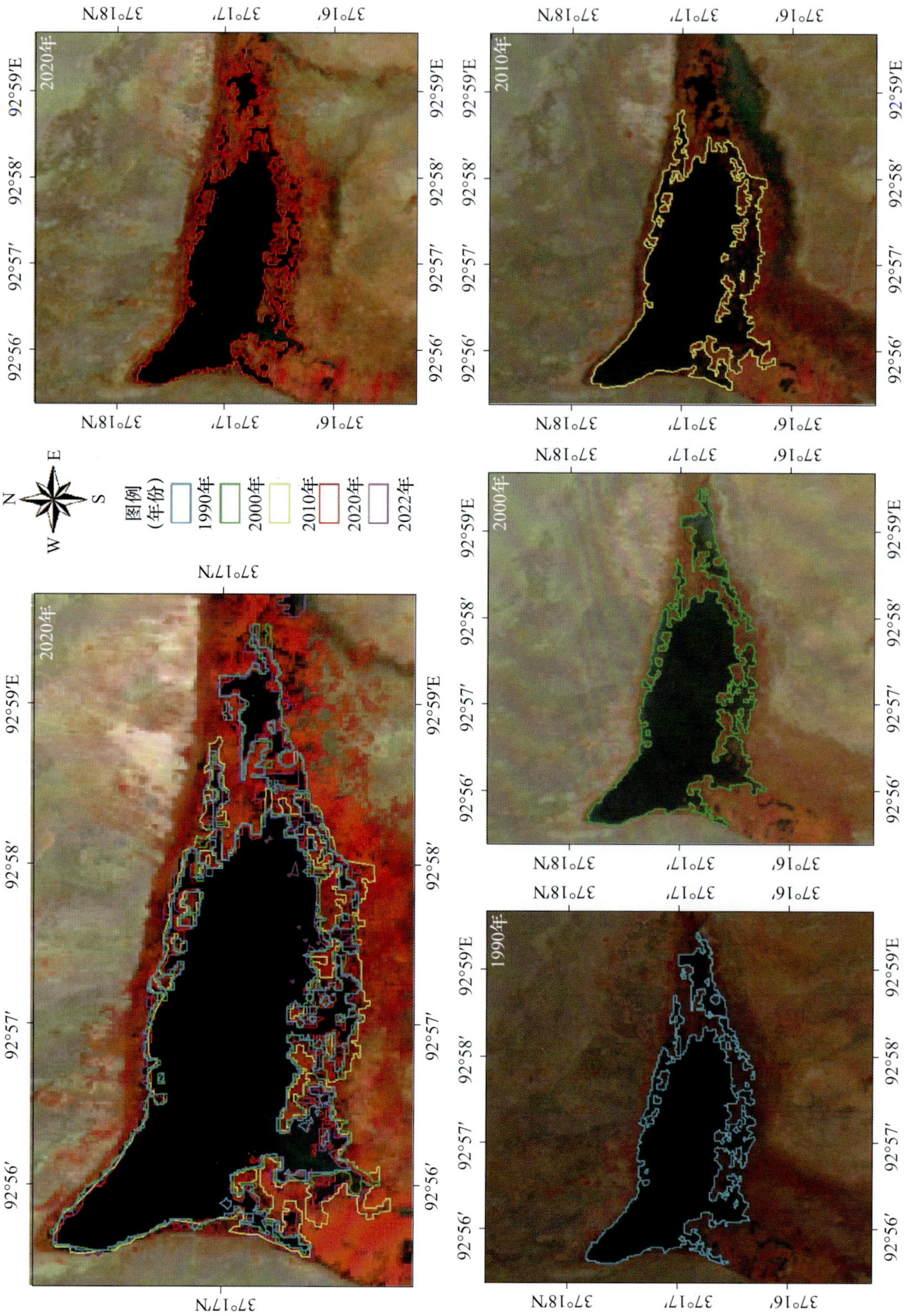

图 6-110 1987—2022 年俄尕湖湖面时空变化

6.37　多纳冻宰曲

多纳冻宰曲，位于青海省海西蒙古族藏族自治州格尔木市。地理坐标为东经 95°16′12″，北纬 35°27′12″。湖面积约为 2.52 km^2（中华人民共和国水利部建设与管理司 等，1998）。

多源卫星遥感监测显示，1987—2022 年多纳冻宰曲湖面积呈显著扩张趋势，平均每年扩张 0.01 km^2。2022 年多纳冻宰曲湖面积为 2.75 km^2，较 1987 年（2.62 km^2）扩张 0.13 km^2，扩张率为 4.96%（图 6-111，表 6-37）。在空间变化上，湖朝西南—东北方向扩张（图 6-112，图 6-113）。

图 6-111　1987—2022 年多纳冻宰曲面积变化

图 6-112　1987—2022 年多纳冻宰曲边界变化

表 6-37　1987—2022 年多纳冻宰曲逐五年面积统计　　单位：km^2

年份	1987	1990	1995	2000	2005	2010	2015	2020	2022
多纳冻宰曲	2.62	2.70	2.70	2.98	2.89	3.20	3.04	3.19	2.75

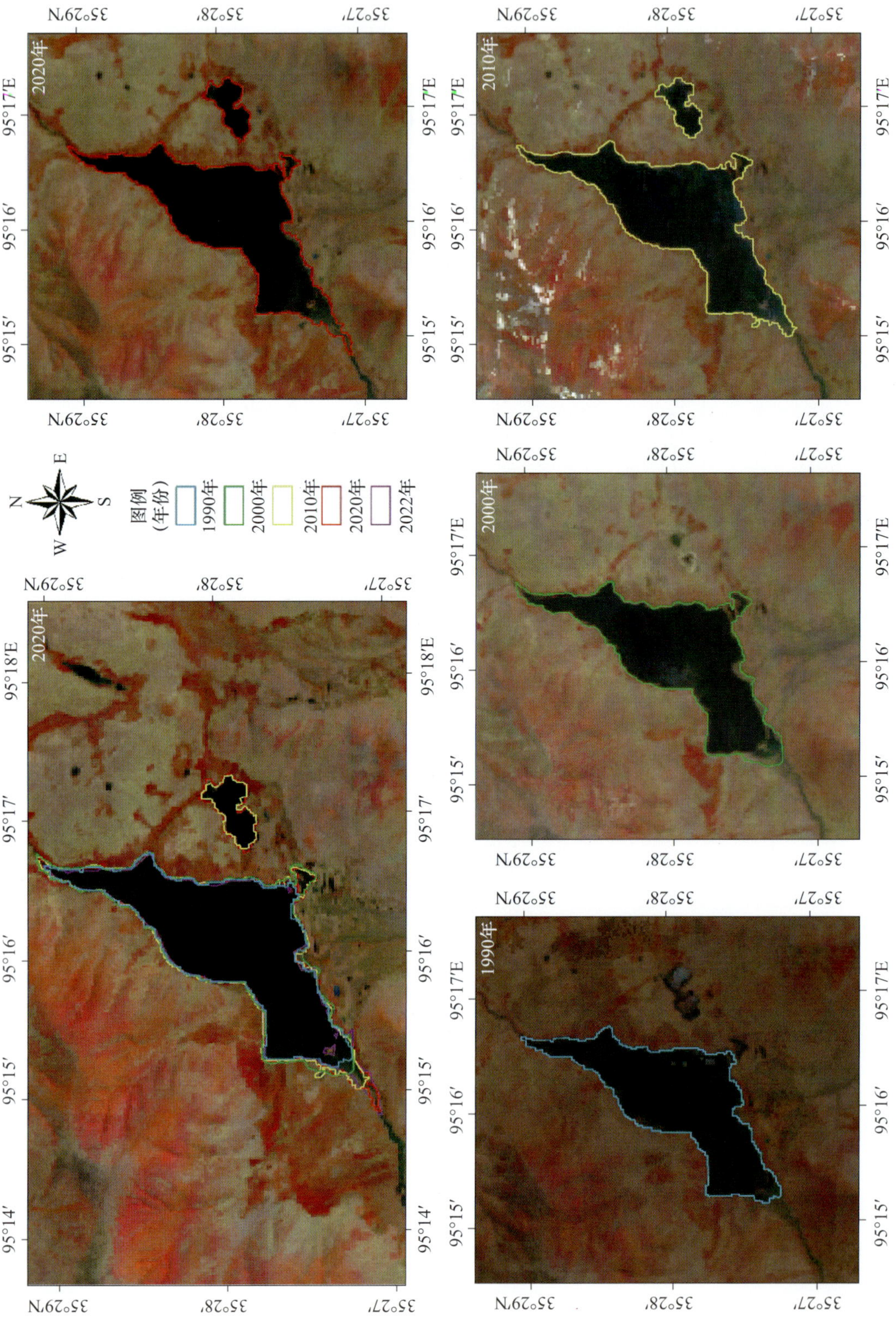

图 6-113 1987—2022 年多纳冻宰曲湖面时空变化

6.38　芒崖盐湖

芒崖盐湖，在青海省海西蒙古族藏族自治州，昆仑山芒崖凹陷带内。地理坐标为东经 91°50′，北纬 37°46′。第四纪时期湖面较大，后因气候变干，湖水浓缩沉积了石盐、石膏，湖面也随之缩小。由沼泽、盐滩和 2 个时令小湖组成，湖面水位海拔 2866.00 m，沼泽面积 92.0 km^2，盐滩面积 33.6 km^2，时令小湖面积分别为 1.5 km^2、1.3 km^2（王苏民 等，1998）。湖水主要依赖泉水补给。

多源卫星遥感监测显示，1987—1989 芒崖盐湖北侧的时令湖有水量，湖泊整体面积相对较大；1987—2022 年，湖泊面积呈显著萎缩趋势，平均每年萎缩 0.03 km^2。2022 年芒崖盐湖面积为 1.29 km^2，较 1987 年（2.77 km^2）萎缩 1.48 km^2，萎缩率为 53.43%（图 6-114，表 6-38）。在空间变化上，湖泊北部是变化最明显的区域（图 6-115，图 6-116）。

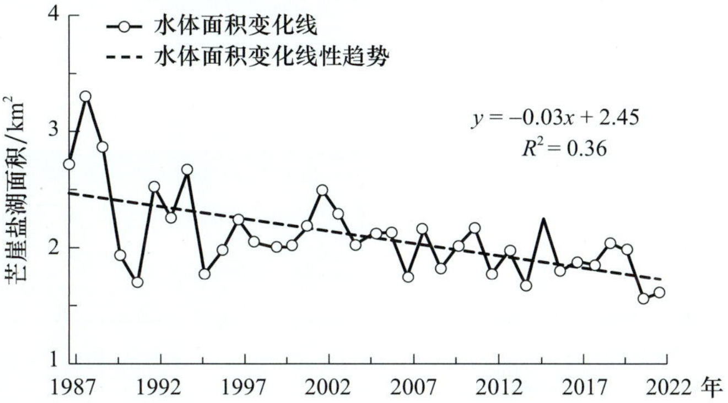

图 6-114　1987—2022 年芒崖盐湖面积变化

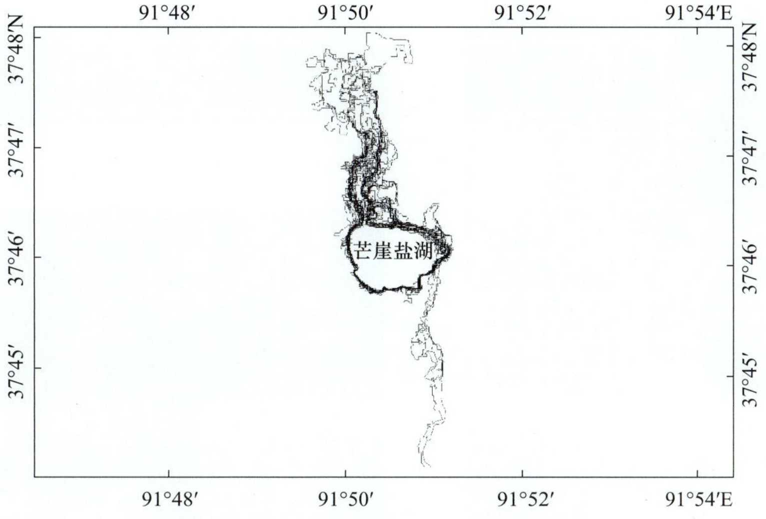

图 6-115　1987—2022 年芒崖盐湖边界变化

表 6-38　1987—2022 年芒崖盐湖逐五年面积统计　　单位：km^2

年份	1987	1990	1995	2000	2005	2010	2015	2020	2022
芒崖盐湖	2.77	1.72	1.50	1.81	1.96	1.82	2.13	1.77	1.29

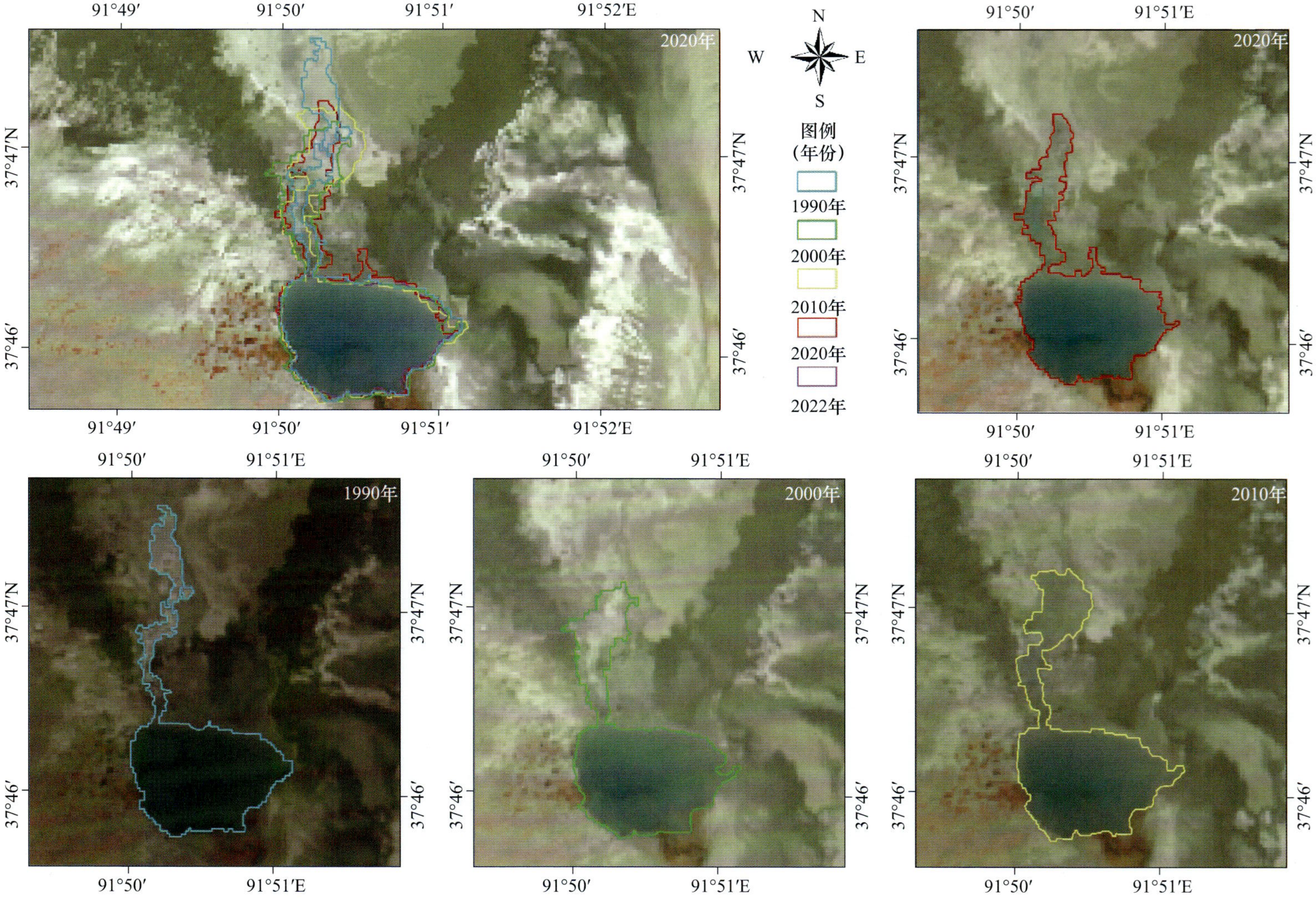

图 6-116 1987—2022 年芒崖盐湖湖面时空变化

6.39 温泉水库

温泉水库，位于青海省海西蒙古族藏族自治州格尔木市。地理坐标为东经 95°20′，北纬 35°44′，湖面水位海拔 3959.00 m。温泉水库于 1987 年经国家计委批准立项，并于同年完成工程的可行性研究，由青海省水电勘测设计院设计、青海省水电工程局施工。温泉水库于 1991 年 8 月开工建设，1993 年 8 月开始蓄水，1996 年年底全部竣工，1997 年 10 月通过国家验收。

多源卫星遥感监测显示，温泉水库从 1993 年开始蓄水后，水库面积达到 17.83 km^2，截至 2022 年，水库面积为 40.53 km^2(图 6-117，表 6-39)。在空间变化上，水库东向蓄水，随着水量的不断增加，水库向东扩张(图 6-118，图 6-119)。

图 6-117　1987—2022 年温泉水库面积变化

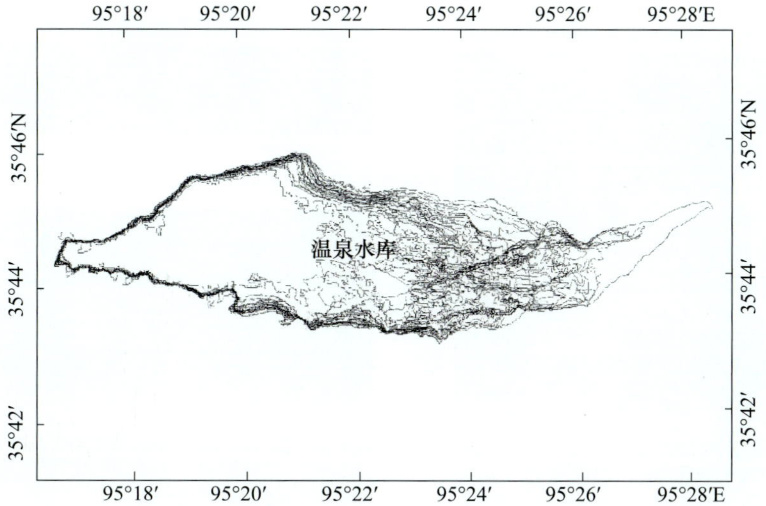

图 6-118　1987—2022 年温泉水库边界变化

表 6-39　1987—2022 年温泉水库逐五年面积统计　　单位：km^2

年份	1987	1990	1995	2000	2005	2010	2015	2020	2022
温泉水库	未建设	未建设	27.00	21.70	28.01	45.22	34.74	40.12	40.53

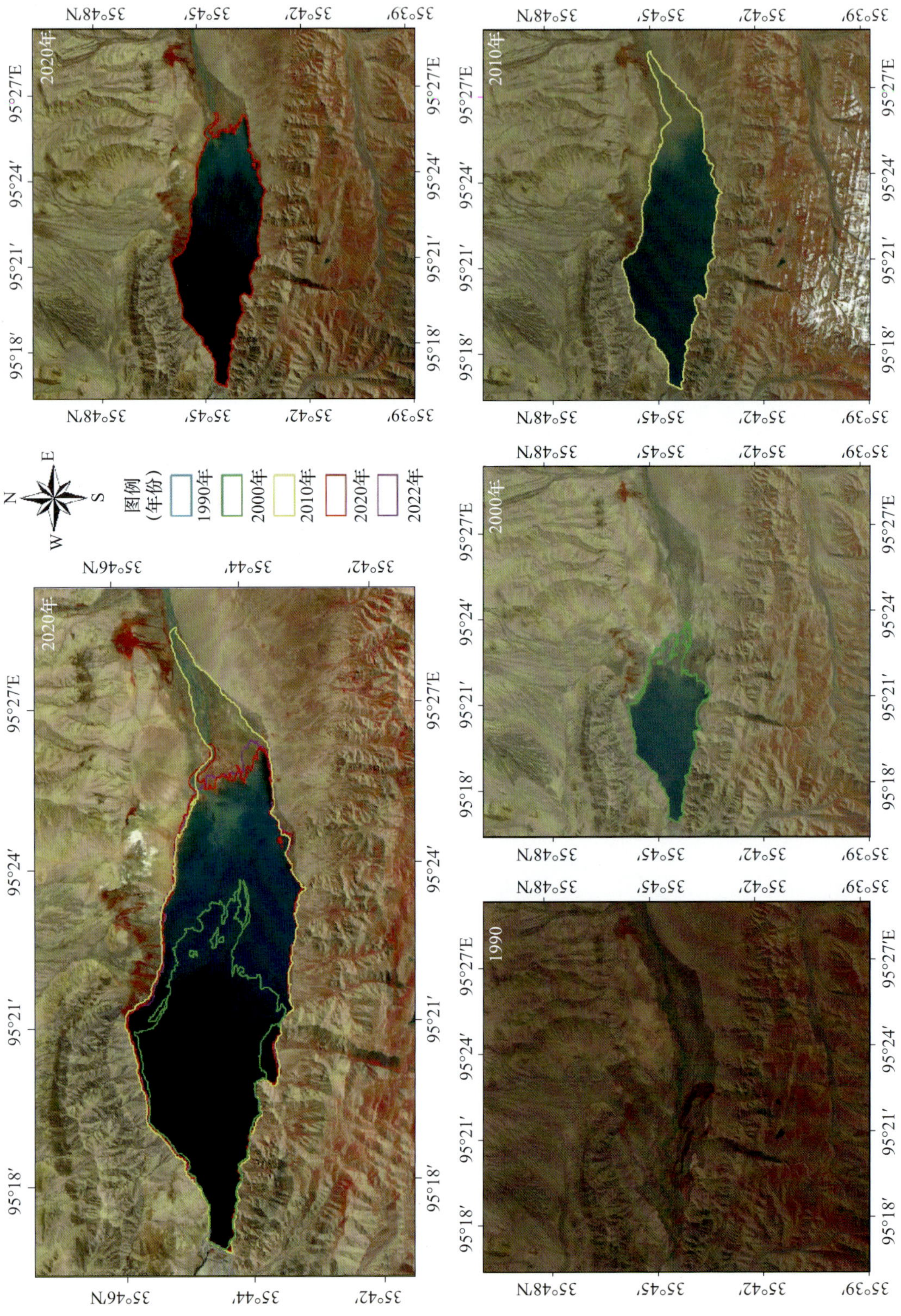

图 6-119 1987—2022 年温泉水库湖面时空变化

6.40 S63003

S63003，位于青海省海西蒙古族藏族自治州格尔木市代管的唐古拉山镇。地理坐标为东经 91°5′24″，北纬 34°28′12″（中华人民共和国水利部建设与管理司 等，1998）。

多源卫星遥感监测显示，1987—2022 年 S63003 湖面积呈显著扩张趋势，平均每年扩张 0.19 km²。2022 年 S63003 湖面积为 10.62 km²，较 1987 年（5.89 km²）扩张4.73 km²，扩张率为 80.31%（图 6-120，表 6-40）。在空间变化上，湖东部和西北角是变化最明显的区域（图 6-121，图 6-122）。

图 6-120 1987—2022 年 S63003 面积变化

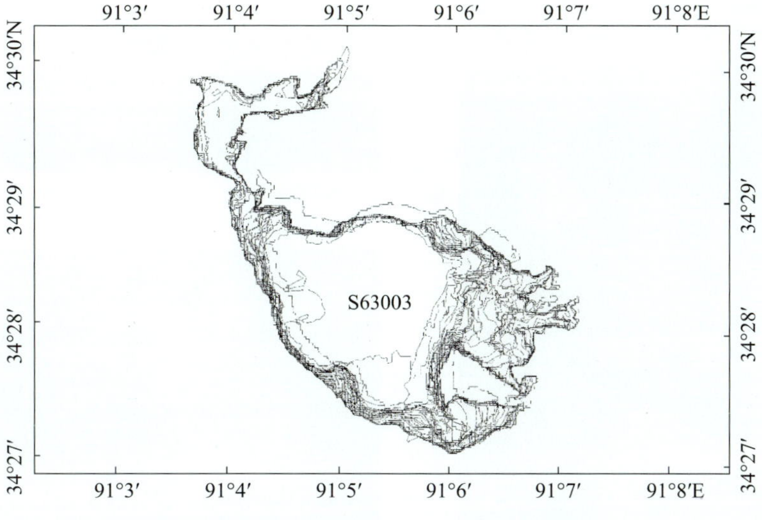

图 6-121 1987—2022 年 S63003 边界变化

表 6-40 1987—2022 年 S63003 逐五年面积统计 单位：km²

年份	1987	1990	1995	2000	2005	2010	2015	2020	2022
S63003	5.89	6.25	4.59	6.54	7.45	9.37	10.04	10.77	10.62

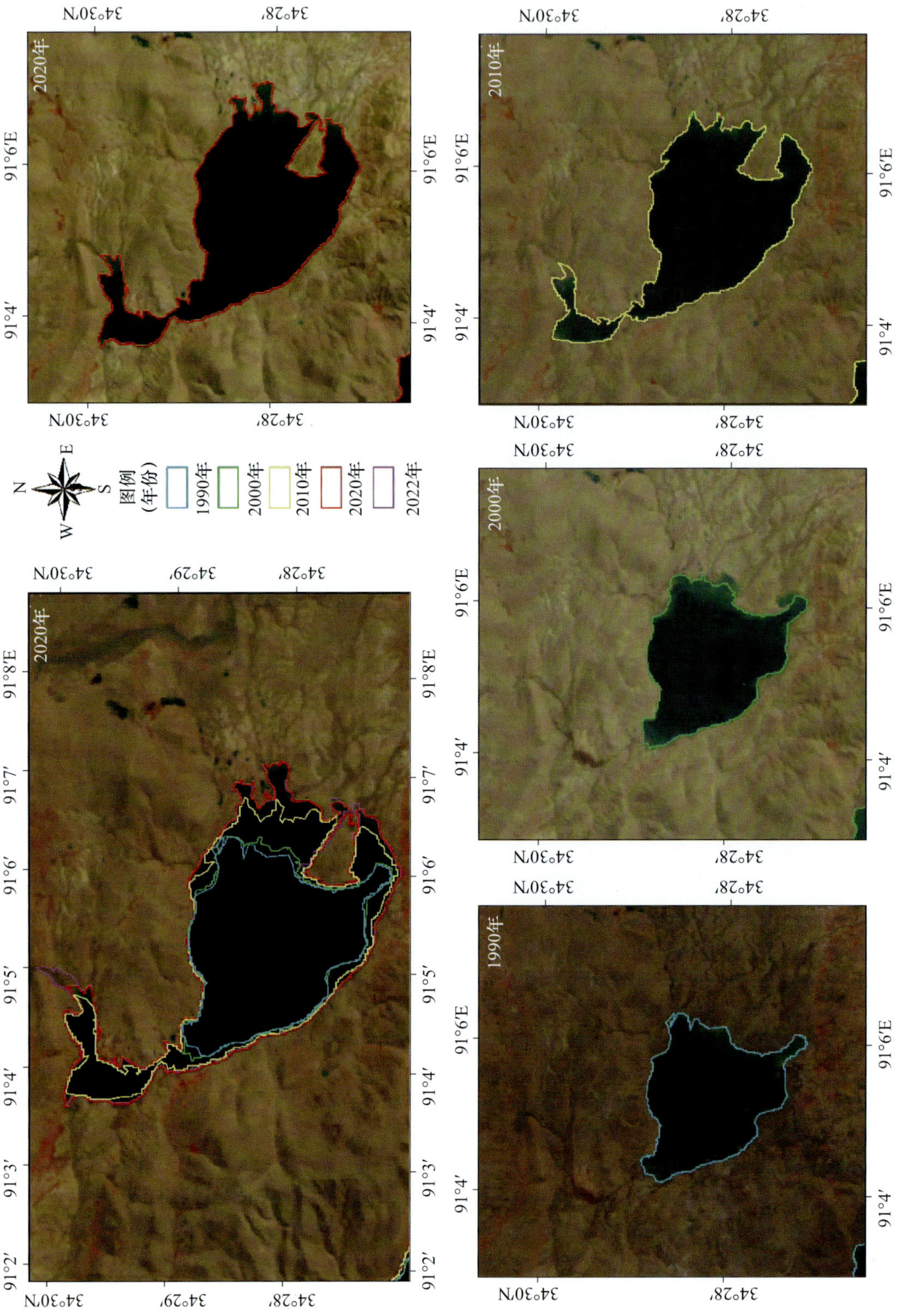

图 6-122　1987—2022 年 S63003 湖面时空变化

6.41　S63006

S63006,位于青海省海西蒙古族藏族自治州格尔木市代管的唐古拉山镇。地理坐标为东经 91°42′0″,北纬 34°28′24″(中华人民共和国水利部建设与管理司 等,1998)。

多源卫星遥感监测显示,1987—2022 年 S63006 湖面积呈显著扩张趋势,平均每年扩张 0.09 km^2。2022 年 S63006 湖面积为 8.06 km^2,较 1987 年(4.87 km^2)扩张 3.19 km^2,扩张率为 65.50%(图 6-123,表 6-41)。在空间变化上,湖体东北部是变化最明显的区域(图 6-124,图 6-125)。

图 6-123　1987—2022 年 S63006 面积变化

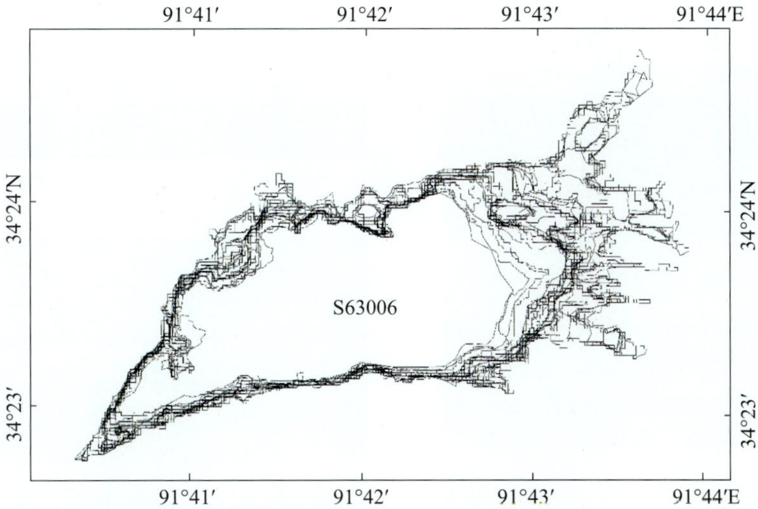

图 6-124　1987—2022 年 S63006 边界变化

表 6-41　1987—2022 年 S63006 逐五年面积统计　单位:km^2

年份	1987	1990	1995	2000	2005	2010	2015	2020	2022
S63006	4.87	5.26	3.76	4.90	5.43	6.22	6.93	7.65	8.06

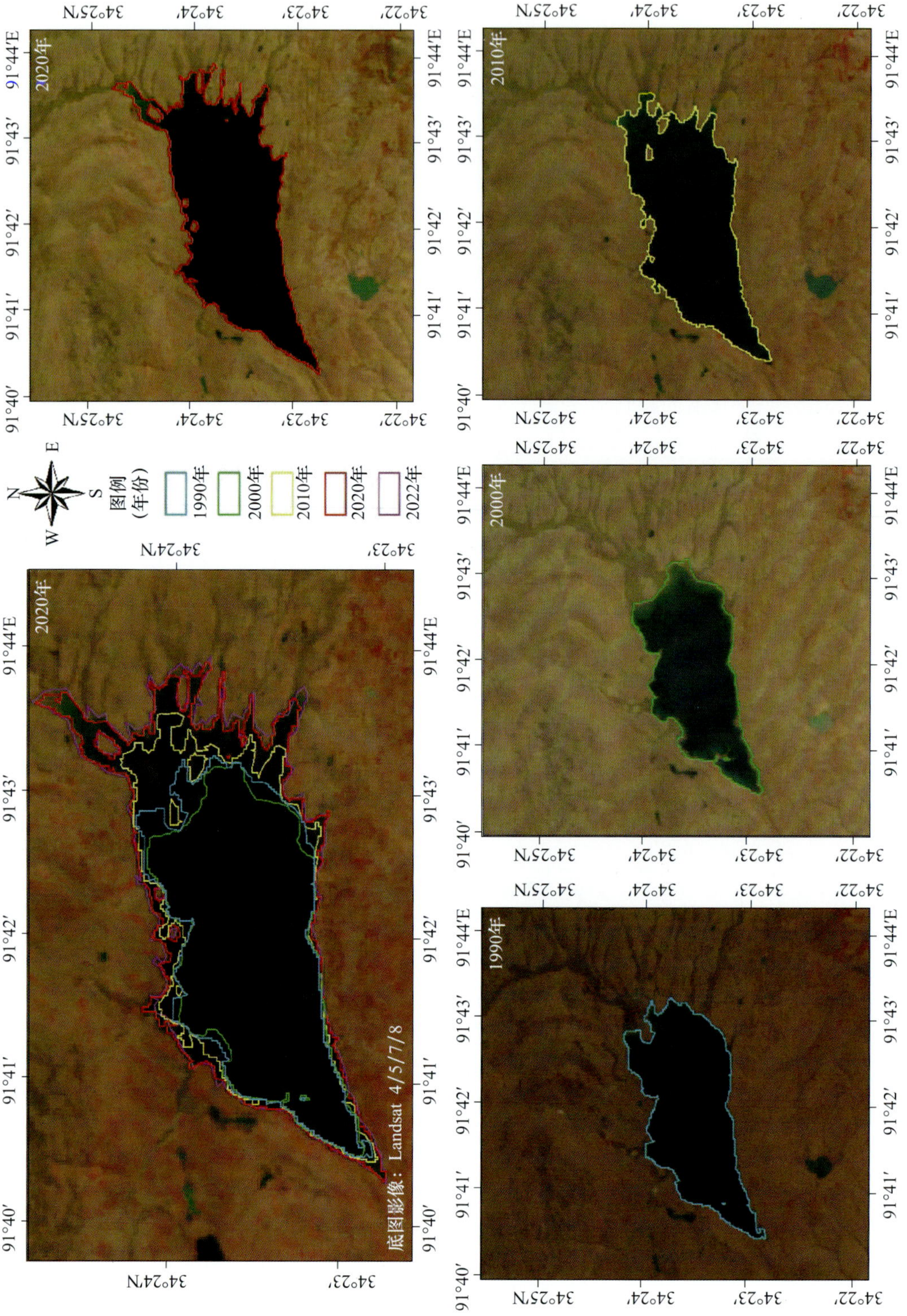

图 6-125　1987—2022 年 S63006 湖面时空变化

6.42 S63015

S63015，位于青海省海西蒙古族藏族自治州格尔木市代管的唐古拉山镇。地理坐标为东经 90°54′0″，北纬 34°30′36″（中华人民共和国水利部建设与管理司 等，1998）。

多源卫星遥感监测显示，1987—2022 年 S63015 湖面积呈显著扩张趋势，平均每年扩张 0.12 km²。2022 年 S63015 湖面积为 5.29 km²，较 1987 年（2.03 km²）扩张 3.26 km²，扩张率为 160.59%（图 6-126，表 6-42）。在空间变化上，湖体向四周扩张明显（图 6-127，图 6-128）。

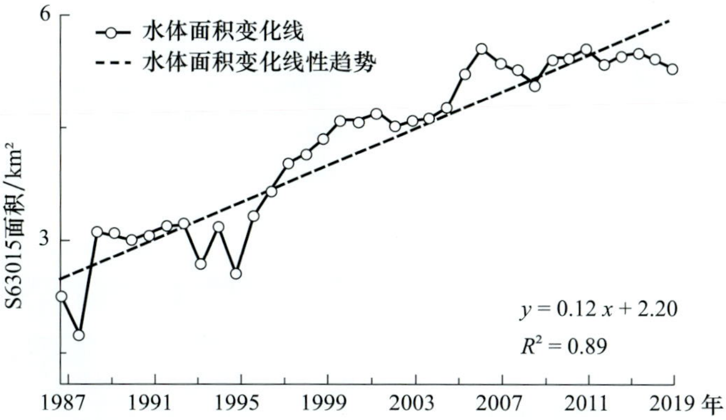

图 6-126 1987—2022 年 S63015 面积变化

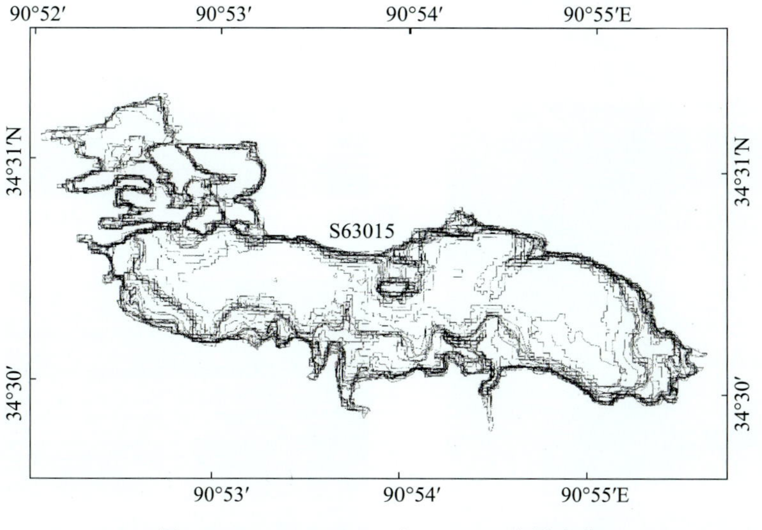

图 6-127 1987—2022 年 S63015 边界变化

表 6-42 1987—2022 年 S63015 逐五年面积统计 单位：km²

年份	1987	1990	1995	2000	2005	2010	2015	2020	2022
S63015	2.03	2.94	2.49	3.94	4.65	5.22	5.43	5.52	5.29

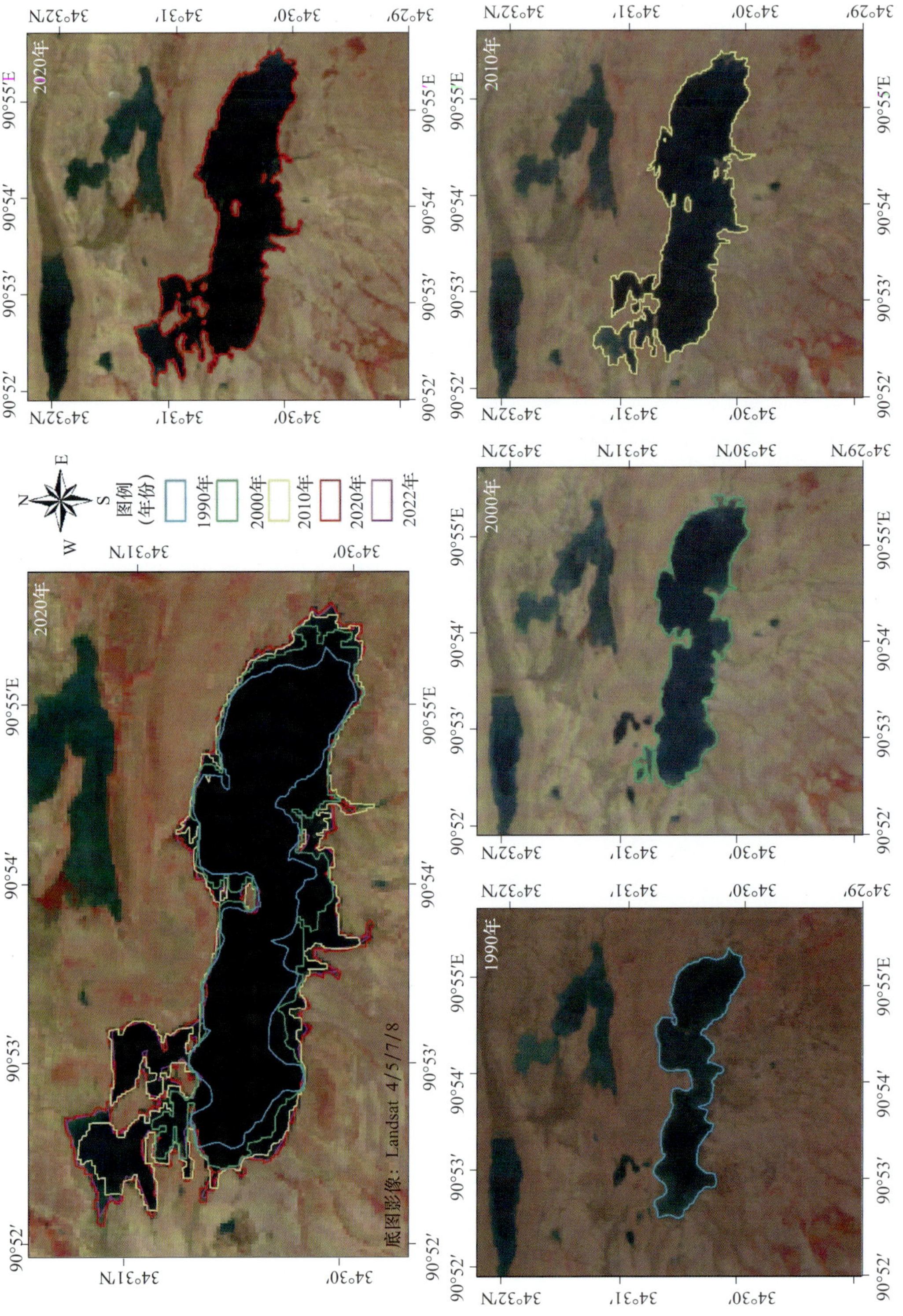

图 6-128 1987—2022 年 S63015 湖面时空变化

参考文献

陈奥，王建萍，陈亮，等，2020．东台吉乃尔盐湖景观格局变化遥感分析（1990—2015年）[J]．盐湖研究，28（1）：105-111．

段水强，2018．1976—2015年柴达木盆地湖泊演变及其对气候变化和人类活动的响应[J]．湖泊科学，30（1）：256-265．

付博，邓彩群，2013．基于GIS技术的环青海湖地区三维景观模拟及分析[J]．吉林建筑工程学院学报，30（5）：17-20．

胡东生，1989．青海湖的地质演变[J]．干旱区地理（2）：29-36．

胡东生，1991．1989年察尔汗盐湖地区暴发的特大洪水[J]．干旱区地理（2）：41-47．

胡东生，1994a．可可西里地区湖泊概况[J]．盐湖研究（3）：17-21．

胡东生，1994b．可可西里地区错达日玛陨坑湖成因初探[J]．盐湖研究（1）：31-37．

李森，颜长珍，宋翔，等，2011．近30a龙羊峡水库周边地区沙漠化遥感监测[J]．中国沙漠，31（4）：836-841．

青海省地方志编纂委员会，1995．青海省志·自然地理志[Z]．

沙占江，马海州，李玲琴，等，2005．共和盆地龙羊峡库区1987—1999年间土地覆被变化过程[J]．中国沙漠（1）：22-28．

史剑聪，国巧真，赵爽，等，2021．咸海流域地表水变化长期监测及驱动因素分析[J]．地球环境学报，12（5）：540-548．

王苏民，窦鸿身，1998．中国湖泊志[M]．北京：科学出版社．

谢昌卫，张钰鑫，刘文惠，等，2020．可可西里卓乃湖溃决后湖区环境变化及盐湖可能的溃决方式[J]．冰川冻土，42（4）：1344-1352．

徐涵秋，2005．利用改进的归一化差异水体指数（MNDWI）提取水体信息的研究[J]．遥感学报（5）：589-595．

徐涵秋，2021．水体遥感指数研究进展[J]．福州大学学报（自然科学版），49（5）：613-625．

许凤林，张国庆，2021．基于多源卫星测高数据的青藏高原湖泊水位（2010-2020）[Z]．国家青藏高原科学数据中心．

张学成，杨针娘，1991．祁连山冰沟流域水量平衡初析[J]．冰川冻土（1）35-42．

中华人民共和国水利部，1998．中国湖泊名称代码：SL 261-98 [S]．北京：中国水利水电出版社．

MENARGUEZ M，2015．Global Water body mapping from 1984 to 2015 using global high resolution multi-spectral satellite imagery[D]．Oklahoma：University of Oklahoma．

McFEETERS S K，1996．The use of the Normalized Difference Water Index (NDWI) in the delineation of open water features[J]．International Journal of Remote Sensing，17（7）：1425-1432．

WANG X X，XIAO X M，ZOU Z H，et al，2020．Gainers and losers of surface and terrestrial water resources in China during 1989—2016[J]．Nature Communications，11（1）：3471．

TAUBE C M，2000．Instructions for winter lake mapping．Chapter 12 in Schneider，James C．(ed.)．Manual of fisheries survey methods II：with periodic updates[R]．Michigan Department of Natural Resources，Fisheries Special Report 25，Ann Arbor．

XU F L，ZHANG G Q，2021．Lake-level over the Tibetan Plateau using multi-sensor satellite altimetry data (2010-2020)[Z]．National Tibetan Plateau Data Center．

XU F L,ZHANG G Q, YI S,et al, 2021. Seasonal trends and cycles of lake-level variations over the Tibetan Plateau using multi-sensor altimetry data[EB/OL]. (2021-12-17). https://www.sciencedirect.com/science/article/pii/S0022169421013019.

ZOU Z H,XIAO X M,DONG J W,et al,2018. Divergent trends of open-surface water body area in the contiguous United States from 1984 to 2016[J]. Proceedings of the National Academy of Sciences,115(15):3810-3815.

附录：湖泊信息汇总

附表 1　青海省湖泊信息表

省份	州	县	湖泊名称	经度(E)	纬度(N)	2022 年面积/km^2
青海省	跨海北藏族自治州和海南藏族自治州	跨多个县	青海湖(库库诺尔、错温布)*	99°36′—100°10′	36°32′—37°15′	4636.74
			错果(青海湖子湖，位于海南藏族自治州共和县)	100°43′48″	36°34′12″	
			尕海(青海湖子湖，位于海北藏族自治州海晏县)	100°34′	37°00′	
青海省	果洛藏族自治州	玛多县	DQH 无名湖 003	97°13′48″	34°47′24″	6.30
			Z63001	97°16′12″	34°47′24″	3.95
			阿涌尕玛错*	98°17′	34°46′	22.40
			阿涌吾哇马错*	98°12′	34°47′	38.67
			冬草阿龙	98°44′	34°30′	9.70
			冬格措纳湖(托索湖、黑海)*	98°20′—98°43′	35°13′—35°23′	258.26
			鄂陵湖(错鄂朗)*	97°31′—97°55′	34°45′—35°05′	664.98
			尕拉拉错*	97°44′	34°29′	21.96
			岗纳格玛错*	98°40′	34°20′	31.73
			哈江盐池(哈江盐湖)	97°54′0″	35°2′59″	8.74
			江蒙错	98°3′36″	34°38′24″	5.63
			苦海(豆错)*	99°10′	35°19′	50.19
			隆热错(龙日茶错)	98°1′	35°52′	20.11
			日格错(日格错岔玛)	98°45′	34°20′	14.62
			星星海(阿涌贡玛错)	98°09′	34°49′	28.96
			扎陵湖(错加郎)*	97°02′—97°30′	34°48′—35°01′	553.87
			卓让错	97°28′12″	34°57′36″	
			茶木错	97°22′	34°49′	
	海南藏族自治州	共和县	龙羊峡水库	100°12′2″—101°29′34″	35°19′52″—36°33′19″	377.19

续表

省份	州	县	湖泊名称	经度(E)	纬度(N)	2022年面积/km²
青海省	海西蒙古族藏族自治州	柴达木盆地	尕斯库勒湖*	90°42′—90°53′	38°03′—38°11′	148.61
		德令哈市	尕海(德令哈市)	97°33′	37°08′	39.19
			哈拉湖*	97°24′—97°47′	38°12′—38°25′	643.33
			可鲁克湖(库尔雷克湖)*	96°51′—96°57′	37°14′—37°20′	54.13
			瑙滚诺尔	97°9′0″	38°27′36″	6.38
			托素湖*	96°50′—97°03′	37°04′—37°13′	181.11
		都兰县	阿拉克湖	97°07′	35°34′	35.62
		格尔木市	S63003	91°5′24″	34°28′12″	10.62
			S63006	91°42′0″	34°28′24″	8.06
			S63015	90°54′0″	34°30′36″	5.29
			奔错	90°52′48″	33°40′12″	6.87
			波涛湖*	89°54′—90°01′	33°58′—34°04′	71.95
			常错	92°16′12″	33°6′0″	8.95
			尺埃错	92°4′12″	32°53′24″	7.89
			错拉巴鄂阿东	95°25′	35°26′	14.04
			东达布逊湖*	95°9′36″	37°0′36″	357.40
			多纳冻宰曲	95°16′12″	35°27′12″	2.75
			俄尕湖	92°57′	37°16′	6.29
			黑海*	93°15′	36°00′	39.36
			盖增孟将玛错钦玛	92°28′12″	33°51′0″	8.32
			Z63014	92°25′48″	33°49′48″	
			葫芦湖*	91°02′	34°25′	39.79
			加木称错*	90°38′	33°40′	35.52
			卡巴纽尔多	95°06′	35°26′	29.60
			玛巧错	90°12′	33°38′	35.40
			玛章错钦*	91°28′—91°39′	34°18′—34°23′	66.75
			欧错	90°31′	33°48′	20.95
			雀莫错*	91°05′—91°08′	33°49′—33°57′	97.32
			日九错	91°42′	34°12′	10.44
			日居错	90°21′	33°48′	26.57
			豌豆湖	90°51′	34°33′	28.53
			温泉水库	95°20′	35°44′	40.53
			乌兰乌拉湖(马池湖)*	90°14′—90°44′	34°41′—34°55′	699.57
			小库赛湖	92°47′59″	36°5′24″	22.85
			雪莲湖*	90°12′—90°19′	34°03′—34°08′	55.27

续表

省份	州	县	湖泊名称	经度(E)	纬度(N)	2022年面积/km²
青海省	海西蒙古族藏族自治州	格尔木市	燕子湖	89°55′	33°52′	15.42
			章江头木错	95°36′	35°20′	20.95
			东台吉乃尔湖	93°49′—94°01′	37°24′—37°36′	63.26
		乌兰县	茶卡盐湖(达乌苏诺尔)*	99°01′—99°11′	36°39′—36°45′	105.08
			希里沟湖(都兰湖)*	98°27′	36°51′	51.27
		直辖	大柴旦湖(大柴达木湖)	95°10′—95°17′	37°47′—37°54′	49.06
			芒崖盐湖	91°50′	37°46′	1.29
			小柴旦湖(小柴达木湖)*	95°26′—95°35′	37°27′—37°32′	125.86
	玉树藏族自治州	称多县	寇察错	97°14′	34°07′	18.24
		曲麻莱县	DQH 无名湖 002	93°49′12″	35°13′12″	5.26
			错龙扎	97°0′36″	35°17′59″	6.44
			坎巴卡东错(错坎巴昂日东)	95°8′	35°13′	21.63
		玉树县	年吉错(野鸭海)	96°17′59″	33°4′12″	20.91
			赛永错	96°4′48″	33°21′0″	6.48
		杂多县	尼日阿错改*	93°13′	33°06′	35.77
			孕鄂恩错纳玛	93°32′24″	32°57′36″	9.63
			扎木错	93°25′48″	33°0′0″	7.41
		治多县	DQH 无名湖 004	91°34′12″	35°1′48″	10.82
			DQH 无名湖 016	90°35′24″	34°57′0″	6.02
			S63005	90°49′	35°57′	11.45
			S63010	93°29′24″	35°25′12″	4.07
			S63011	91°49′12″	34°53′59″	5.49
			S63013	92°56′24″	35°36′0″	6.81
			S63022	91°12′35″	35°13′48″	12.44
			S63026	90°23′24″	35°2′59″	1.71
			茶错	92°43′48″	34°22′48″	8.85
			察日错	92°16′12″	34°25′12″	10.52
			错达日玛	91°47′—91°58′	35°16′—35°22′	107.17
			错江钦	92°50′	34°00′	13.63
			高台湖	90°57′36″	35°24′36″	9.90
			苟鲁都格措	91°49′48″	34°47′24″	8.75
			苟仁错(苟鲁错)	92°28′	34°36′	37.33

续表

省份	州	县	湖泊名称	经度(E)	纬度(N)	2022 年面积/km²
青海省	玉树藏族自治州	治多县	霍鲁诺尔(卓乃湖)*	91°47′—92°07′	35°29′—35°37′	149.60
			节约湖	90°16′	35°04′	17.33
			可考湖*	91°16′—91°28′	35°40′—35°43′	88.28
			可可西里湖*	90°56′—91°20′	35°31′—35°39′	401.29
			库赛湖*	92°37′—93°03′	35°38′—35°50′	328.89
			库水浣*	90°07′	35°59′	36.94
			勒斜武担错*	90°02′—90°21′	35°41′—35°49′	299.58
			连水湖	89°49′12″	35°16′48″	7.61
			马鞍湖	89°30′36″	35°13′48″	21.17
			尼阿希措	92°50′	34°11′	9.69
			太阳湖	90°33′—90°43′	35°53′—35°58′	101.95
			特拉什湖(苟鲁山克错)*	92°08′—92°18′	34°46′—34°51′	83.73
			雅西错(雅兴错)	92°41′	34°15′	19.15
			盐湖*	93°25′	35°32′	206.45
			叶鲁苏湖(加德仁错、多尔改错)*	91°57′—92°18′	35°12′—35°16′	199.69
			移山湖	90°55′	35°14′	30.49
			饮马湖*	90°29′—90°48′	35°34′—35°39′	105.73
			宰日子下湖(野马川湖)	91°13′	35°14′	10.36
			扎里娃错	92°27′0″	34°25′12″	9.66
			西金乌兰湖	90°06′—90°38′	35°09′—35°18′	646.74
			永红湖	89°55′—90°03′	35°11′—35°18′	
			湾湖	90°33′36″	35°10′12″	
			S63017	90°12′36″	35°16′12″	
			S63009	90°27′	35°10′	
			明镜湖*	90°26′—90°41′	35°02′—35°06′	142.55
			S63020	90°37′12″	35°1′48″	
			海丁诺尔	93°10′	35°35′	75.84
			S63001	93°12′0″	35°31′12″	
			月亮湖	90°23′	35°37′	90.07
			涟湖	90°10′—90°18′	35°29′—35°37′	

备注：* 表示该湖泊有水量变化数据。

附表 2　湖水量变化信息

省份	州	县	湖泊名称	数据年限	变化趋势(Gt/a)
青海省	跨两个州	跨多个县	青海湖(库库诺尔、错温布)含尕海、错果	1990—2020年	0.21
	果洛藏族自治州	玛多县	阿涌吾哇马错	2010—2020年	0.007
			阿涌尕玛错	2010—2020年	0.0005
			鄂陵湖(错鄂朗)	2010—2020年	−0.04
			扎陵湖(错加郎)、卓让错、茶木错	2010—2020年	−0.008
			冬格措纳湖(托索湖、黑海)	2010—2020年	0.01
			苦海(豆错)	2011—2020年	0.008
			岗纳格玛错	2010—2019年	0.001
			尕拉拉错	2010—2020年	0.001
	玉树藏族自治州	治多县	明镜湖	2010—2020年	0.04
			可可西里湖	2010—2020年	0.10
			库赛湖	2011—2020年	−0.03
			勒斜武担错	2010—2020年	0.08
			盐湖	2010—2020年	0.22
			叶鲁苏湖(加德仁错、多尔改错)	2010—2020年	−0.01
			霍鲁诺尔(卓乃湖)	2011—2020年	−0.04
			饮马湖	2010—2020年	−0.01
			可考湖	2010—2020年	0.02
			特拉什湖	2010—2020年	0.01
			库水浣	2010—2020年	0.002
		杂多县	尼日阿错改	2011—2020年	0.0003
	海西蒙古族藏族自治州	柴达木盆地	尕斯库勒湖	2011—2020年	0.004
		德令哈市	哈拉湖	2011—2020年	0.13
			托素湖	2011—2020年	0.10
			可鲁克湖(库尔雷克湖)	2011—2020年	0.004
		格尔木市	波涛湖	2010—2020年	0.004
			东达布逊湖	2010—2020年	0.005
			黑海	2010—2020年	0.001
			葫芦湖	2010—2020年	0.005
			加木称错	2011—2020年	−0.003
			玛章错钦	2010—2020年	0.004
			雀莫错	2010—2020年	0.009
			雪莲湖	2011—2020年	−0.005
		乌兰县	希里沟湖(都兰湖)	2011—2020年	0.004
			茶卡盐湖(达乌苏诺尔)	2010—2020年	0.003
		直辖	小柴旦湖(小柴达木湖)	2010—2020年	0.02

图表索引

1. 图索引

2. 表索引

碧波青海画卷(青海省湖泊景观集锦)

① 云雾缭绕的山峰与草原、牛羊构成美丽的画卷

② 盛夏青海湖北岸水丰草茂

③ 雪山、油菜花构成美丽的画卷

④ 紫色的野花在青海湖北面绽放

⑤ 青海湖畔悠闲的羊群

⑥ 青海湖畔震撼人心的油菜花

⑦ 开始封冻的青海湖

⑧ 春日冰雪消融堆积在湖面的冰块

⑨ 青海湖冰雪消融季景象

⑩ 青海湖大天鹅

⑪ 青海湖海鸟戏春

⑫ 青海湖景区

⑬ 7 月青海湖二郎剑景区

⑭ 7 月的青海湖云卷云舒

⑮ 青海湖碧波万顷、鱼翔天歌

⑯ 雨过天晴，光洒青海湖面

⑰ 夏日青海湖仙女湾夕阳西下，似童话仙境般美妙

⑱ 黄昏时分寂静的青海湖

⑲ 黄河上游大型的高原淡水湖——鄂陵湖

⑳ 扎陵湖烟波浩淼

㉑ 蓝宝石般的鄂陵湖宁静且深邃

㉒ 扎陵湖与白云编织的画卷

（碧波青海画卷中的③④⑩⑮号图片由金泉才摄影，㉑㉒号图片由李晓东摄影，其他图片和封面图片由赵海梅摄影）